NORDRHEIN WESTFÄLISCHE AKADEMIE DER WISSENSCHAFTEN

ABHANDLUNGEN
DER NORDRHEIN-WESTFÄLISCHEN AKADEMIE DER WISSENSCHAFTEN

Sonderreihe
PAPYROLOGICA COLONIENSIA

Herausgegeben von der
Nordrhein-Westfälischen Akademie der Wissenschaften
in Verbindung mit der Universität zu Köln
Vol. XXVIII

PAPYROLOGICA COLONIENSIA · Vol. XXVIII

GRIECHISCHE ANAPHORENFRAGMENTE AUS ÄGYPTEN UND NUBIEN

Text und Kommentar von

Jürgen Hammerstaedt

Springer Fachmedien Wiesbaden GmbH

In Zusammenarbeit mit der Arbeitsstelle für Papyrusforschung
im Institut für Altertumskunde
der Universität zu Köln
Leiter: Professor Dr. Wolfgang D. Lebek

Die Deutsche Bibliothek – CIP-Einheitsaufnahme

Griechische Anaphorenfragmente aus Ägypten und Nubien / Text und Kommentar von Jürgen Hammerstaedt. [In Zusammenarbeit mit der Arbeitsstelle für Papyrusforschung am Institut für Altertumskunde der Universität zu Köln]. – Opladen ; Wiesbaden : Westdt. Verl., 1999
(Abhandlungen der Nordrhein-Westfälischen Akademie der Wissenschaften : Sonderreihe Papyrologica Coloniensia ; Vol. 28)
ISBN 978-3-531-09947-7

Ursprunglich erschienen bei Westdeutscher Verlag
GmbH, Opladen/Wiesbaden 1999

Gedruckt auf säurefreiem Papier.
Herstellung: Westdeutscher Verlag

ISSN 0944-8837

ISBN 978-3-531-09947-7 ISBN 978-3-663-14412-0 (eBook)
DOI 10.1007/978-3-663-14412-0

Pare perciò non solo molto utile, ma necessaria un'opera di raccolta, di comparazione dei singoli testi tra loro, di studio condotto alla luce che questi riflettono illuminandosi vicendevolmente

(Pedretti 293)

VORWORT

Zur Revision der hier gesammelten Anaphorenfragmente regte mich 1991 Dr. theol. Heinzgerd Brakmann an, mein damaliger Kollege am F.J. Dölger-Institut für die Erforschung der Spätantike an der Universität Bonn, als er Lesetexte für seine zusammen mit Prof. Dr. Albert Gerhards geplante Neuedition und Erweiterung der Anaphorensammlung «Prex eucharistica» von A. Hänggi und Irmgard Pahl benötigte. Dank der Reisemittel dieses von der Deutschen Forschungsgemeinschaft geförderten Projekts konnte ich in den folgenden Jahren die meisten der zu prüfenden Stücke an ihren Aufbewahrungsorten einsehen und bearbeiten. Dabei zeigte sich, daß sie einer ausführlicheren Behandlung in einer kommentierten kritischen Edition bedurften. Die Durchführung dieses Vorhabens ermöglichten mir Professor Dr. Dr. h.c. Reinhold Merkelbach und sein Nachfolger Professor Dr. Wolfgang Dieter Lebek vom Sommer 1996 an im Rahmen einer Anstellung als Mitarbeiter der Papyrologischen Arbeitsstelle am Institut für Altertumskunde der Universität zu Köln. Außerordentlich viel verdankt diese Arbeit dem ständigen fachlichen Rat und der Unterstützung von Herrn Brakmann. Professor Dr. Heinz Josef Thissen und Dr. Manfred Weber waren mir bei der Beurteilung der Übersetzung koptischer Texte behilflich. Eine große Hilfe bedeutete für mich auch diesmal die Lektüre meines Manuskripts durch Herrn Professor Dr. Dr. h.c. Rudolf Kassel.

Jürgen Hammerstaedt

INHALT

4. Tafeln

Abgekürzt zitierte Literatur

Andrieu/Collomp = M. Andrieu / P. Collomp, Fragments sur papyrus de l'anaphore de St. Marc: RevScRel 8 (1928) 489-515.

Bastianini/Gallazzi = G. Bastianini / C. Gallazzi, P. Cair. 10935A. Frammento liturgico: ZPE 58 (1985) 99-102.

Bauer/Aland = W. Bauer, Griechisch-deutsches Wörterbuch zu den Schriften des Neuen Testaments und der frühchristlichen Literatur, 6. Aufl. bearb. v. K. Aland u. Barbara Aland (Berlin / New York 1988).

Baumstark, Bruchstücke = A. Baumstark, Zwei nicht erkannte Bruchstücke frühchristlich-griechischer Liturgie Ägyptens: JbLiturgWiss 1 (1921) 133.

Baumstark, Rez. Roberts = A. Baumstark, Rez. Roberts: Oriens Christianus 36 bzw. Ser. 3, 14 (1939) 128-130.

Blass/Debrunner/Rehkopf = F. Blass / A. Debrunner, Grammatik des neutestamentlichen Griechisch, bearb. v. F. Rehkopf (^{15}Göttingen 1979).

Brakmann, Eucharistiegebet = H. Brakmann, Das alexandrinische Eucharistiegebet auf Wiener Papyrusfragmenten: JbAC 39 (1996) 149-164.

Brakmann, Funde (1984-1988) = H. Brakmann, Neue Funde und Forschungen zur Liturgie der Kopten (1984-1988): Actes IVe CongrCopte = Publications de l'Institut Orientaliste de Louvain 41 (Louvain-la-Neuve 1992) 2, 419-435.

Brakmann, Funde (1988-1992) = H. Brakmann, Neue Funde und Forschungen zur Liturgie der Kopten (1988-1992): Acts 5th IntCongrCoptStudies, Washington 1992 (Roma 1993) 1, 9-32.

Brakmann, Gottesdienst = H. Brakmann, Der Gottesdienst der östlichen Kirchen: ArchLiturgWiss 30 (1988) 303-410.

Brightman = F.E. Brightman, Liturgies Eastern and Western, being the texts original or translated of the principal liturgies of the church. Vol. 1 (mehr nicht erschienen). Eastern liturgies (Oxford 1896).

Capelle = Roberts/Capelle 39-61.

Coquin = R.-G. Coquin, L'anaphore alexandrine de saint Marc: Le Muséon 82 (1969) 307-356.

Cuming = G.J. Cuming, The Liturgy of St Mark edited from the manuscripts with a commentary = OrChrAnal 234 (Roma 1990).

Derda/Urbaniak-Walszak = T. Derda / Katarzyna Urbaniak-Walczak, P.Naqlun inv. 10/95. Greek excerpts from a liturgy with their Coptic translation: JJurPap 26 (1996) 7-21.

Engberding, Fürbittgebet = H. Engberding, Das anaphorische Fürbittgebet der griechischen Markusliturgie: OrChrPer 30 (1964) 398-446.

Engberding, Licht = H. Engberding, Neues Licht über die Geschichte des Textes der ägyptischen Markusliturgie: Oriens Christianus 40 bzw. Ser. 4, 4 (1956) 40-58.

Engberding, Papyrus = H. Engberding, Zum Papyrus 465 der John Rylands Library zu Manchester: Oriens Christianus 42 bzw. Ser. 4, 6 (1958) 68-76.

Fournet = J.L. Fournet, L'inscription de l'église Al-Mu'allaqa. Quelques corrections: BullInstFrArchOr 93 (1993) 237-244.

Frend/Dragas = W.H.C. Frend / G. Dragas, A eucharistic sequence from Q'asr Ibrim: JbAC 30 (1987) 90-98 mit Tafel 2.

Frend/Dragas/Kontoyiannis = W.H.C. Frend / G. Dragas / S. Kontoyiannis, Some further Greek liturgical fragments from Q'asr Ibrim: JbAC 35 (1992) 119-134.

Frend/Muirhead = W.H.C. Frend / I.A. Muirhead, The Greek manuscripts from the cathedral of Q'asr Ibrim: Muséon 89 (1976) 43-49.

Gamber, Bemerkungen = K. Gamber, Bemerkungen zu ägyptischen Anaphora-Fragmenten: OstkirchlStud 22 (1973) 316-326.

Gamber, Liturgie = K. Gamber, Zur Liturgie Nubiens. Teile eines Eucharistiegebets auf Fragmenten eines Pergamentblattes vermutlich des 10.Jh.: OstkirchlStud 20 (1971) 195-198.

Gamber, Papyrus = K. Gamber, Der liturgische Papyrus von Deir el Bala'izah in Oberägypten (6./7. Jh.): Muséon 82 (1969) 61-83.

Gamber, Papyrusfragment = K. Gamber, Das Papyrusfragment zur Markusliturgie und das Eucharistiegebet im Clemensbrief: OstkirchlStud 8 (1959) 31-45.

Gerhards = A. Gerhards, Die griechische Gregoriosanaphora. Ein Beitrag zur Geschichte des Eucharistischen Hochgebets = LQF 65 (Münster 1984).

Hänggi/Pahl = A. Hänggi / I. Pahl, Prex eucharistica. Textus e variis liturgiis antiquioribus selecti = Spicilegium Friburgense 12 (Fribourg 1968); 3. ergänzte Aufl. (unter Hinzufügung einer Numerierung der einzelnen Dokumente und einer Zeilenzählung) besorgt von A. Gerhards / H. Brakmann (1998)

Hammerstaedt, Markusanaphora = J. Hammerstaedt, Die Markusanaphora auf Wiener Papyrusfragmenten: ZPE 101 (1994) 67-70.

Hammerstaedt, Papierfragmente = J. Hammerstaedt, Papierfragmente der Markusliturgie aus byzantinischer Zeit in Qaṣr Ibrim: ZPE 104 (1994) 287-291.

Hammerstaedt, Präzisierungen = J. Hammerstaedt, Präzisierungen zu PVindob. G 26134 (Markusliturgie): ZPE 110 (1996) 165-167.

Hažmuková = Valerie Hažmuková, Miscellaneous Coptic prayers II: Archiv Orientální 9 (1937) 118-135.

Henner, Anaphorenfragmente = J. Henner, Mortem tuam annuntiamus ... Anaphorenfragmente der Wiener Papyrussammlung im Kontext der eucharistischen Liturgie der altägyptischen Kirche, Diplomarbeit Ev.-Theol. Fak. Univ. Wien (1993).

Henner, Markusanaphora = J. Henner, Die Markusanaphora auf Wiener Papyrusfragmenten?: ZPE 105 (1995) 166-170.

Henner, Teile = J. Henner, Teile einer altägyptischen Anaphora auf Fragmenten der Wiener Papyrussammlung: ArchLiturgWiss 35/36 (1993/94) 253-283.

Johnson = M.E. Johnson, The prayers of Sarapion of Thmuis. A literary, liturgical and theological analysis = OrChrAn 249 (Roma 1995).

Lampe = G.W.H. Lampe, A patristic Greek lexicon (Oxford 1961).

Lefebvre = G. Lefebvre, Recueil des inscriptions grecques-chrétiennes d'Égypte (Le Caire 1907).

LSJ = A Greek English Lexicon compiled by H.G. Liddell and R. Scott, rev. by H.S. Jones[9] (Oxford 1940).

Macomber = W.F. Macomber, The Anaphora of Saint Mark according to the Kacmarcik Codex: OrChrPer 45 (1979) 75-98.

Mayser = E. Mayser, Grammatik der griechischen Papyri, I 1 (2. Aufl. bearb. v. H. Schmoll 1970), I 2 (1938[2]), I 3 (1935[2]) , II 1 (1926), II 2 (1934), II 3 (1934).

Mercati, Anafora = G. Mercati, L'anafora di S. Marco riconosciuta in un frammento membranaceo del Museo Britannico: Aegyptus 30 (1950) 3-7.

Mercati, Frammento = G. Mercati, Un frammento della liturgia Clementina su papiro: Aegyptus 8 (1927) 40-42.

Mercier = B.-Ch. Mercier, La liturgie de saint Jacques. Édition critique du texte grec avec traduction latine = PO 26, 2 (Paris 1946).

Milne = H.J.M. Milne, Catalogue of the literary papyri in the British Museum (London 1927) 196f.

Müller, Textfunde = C.D.G. Müller, Deutsche Textfunde in Nubien: E. Dinkler (Hrsg.), Kunst und Geschichte Nubiens in christlicher Zeit (Recklinghausen 1970) 251-254; mit Abb. 208-216 (ebd. 257).

Parenti/Velkovska = S. Parenti / Elena Velkovska, L'Eucologio Barberini gr. 336 (ff. 1-263) = Bibliotheca «Ephemerides liturgicae» «Subsidia» 80 (Roma 1995)

Pedretti = F. Pedretti, Introduzione per uno studio dei papiri cristiani liturgici: Aegyptus 35 (1955) 292-298.

De Puniet = P. de Puniet, Le nouveau papyrus liturgique d'Oxford: Rev. Bénéd. 26 (1909) 34-51.

Quasten = J. Quasten, Monumenta eucharistica et liturgica vetustissima 1 (Bonn 1935).

Quecke, Rez. Cuming = H. Quecke (Rezension von Cuming, s.o.): OrChrPer 60 (1994) 292-298.

Quecke, Zeuge = H. Quecke, Ein saidischer Zeuge der Markusliturgie (Brit. Mus. Nr. 54036): OrChrPer 37 (1971) 40-54 mit Corrigendum ebd. 405 Anm. 2.

Raes = A. Raes, Anaphorae orientales: Hänggi/Pahl (s.o.) 101-415.

Renaudot^2 = E. Renaudot, Liturgiarum orientalium collectio^2 (Frankfurt 1847) 1/2.

Roca-Puig = R. Roca-Puig, Anàfora de Barcelona i altres pregàries (Missa del segle IV) (Barcelona 1994).

Roberts = C.H. Roberts, Catalogue of the Greek and Latin Papyri in the John Rylands Library, Manchester vol. III (Manchester 1938).

Roberts/Capelle = C.H. Roberts / B. Capelle, An early euchologium. The Dêr-Balizeh papyrus enlarged and reedited = Bibliothèque du Muséon 23 (Louvain 1949) mit 6 Tafeln.[1]

Römer = Cornelia Römer, Christliche Texte (1989 - August 1996): ArchPap 43 (1997) 107-145.

Sanz = P. Sanz, Christliche Papyri aus der Papyrussammlung der Nationalbibliothek zu Wien, handschriftliche, unveröffentlichte Diss. Wien (1936).

Schermann = Th. Schermann, Der liturgische Papyrus von Dêr-Balyzeh. Eine Abendmahlsliturgie des Ostermorgens = TU 36, 1b (Leipzig 1910) 2-6.

Swainson = Ch.A. Swainson, The Greek liturgies chiefly from original authorities (London 1884).

Treu = K. Treu, Neue Berliner liturgische Papyri: ArchPap 21 (1971) 72-74.

Treu/Diethart = K. Treu † / J. Diethart, Griechische literarische Papyri christlichen Inhaltes II (bestehend aus getrenntem Text- und Tafelband) = Mitteilungen aus der Papyrussammlung der Österreichischen Nationalbibliothek (Papyrus Erzherzog Rainer) N.S. 17 (Wien 1993).

Van Haelst, Catalogue = J. van Haelst, Catalogue des papyrus littéraires juifs et chrétiens (Paris 1976).

Van Haelst, Prière = J. van Haelst, Une ancienne prière d'intercession de la liturgie de Saint Marc: Ancient Society 1 (1970) 95-114.

Van Haelst, Reconstitution = J. van Haelst, Une nouvelle reconstitution du papyrus liturgique de Dêr-Balizeh: EphTheolLouv 45 (1969) 444-455.

Wessely = Ch. Wessely, Les plus anciens monuments du Christianisme écrits sur papyrus. Textes édités, traduits et annotés = PO 18, 3 (Paris 1924).

[1] Für die Parallelstellen zum Text und den Kommentar (S. 39-61) zeichnete Capelle allein verantwortlich, Roberts für den Apparat.

I. Einleitung

1. Die Schöpfung schriftlicher Anaphorenformulare am Ausgang der Antike

Es wird häufig betont, wie peinlich genau die Römer in ihrem Götterkult auf die präzise Wiedergabe von Gebetsformeln achteten. Um versehentliche Abweichungen und die hiervon befürchteten schlimmen Folgen zu vermeiden, trugen sie die Gebete nicht auswendig vor, sondern verlasen sie in der Regel aus Zeremonialbüchern.[2] Auch die jüdische Tempelliturgie war in eine feste Form gefaßt, die wohl kaum Gelegenheit zur freien Gestaltung bot. Sollte sie doch die unverrückbare kosmische Ordnung symbolisieren.[3]

Hingegen herrschte beim öffentlichen Gebet im Gottesdienst der Urchristen größte Freiheit nicht nur im Wortlaut,[4] sondern auch in der Gesamtdisposition. Welch breiter Raum anfänglich der Eingebung des Augenblicks auch in Form von Glossolalie und von Offenbarungen sowie ihrer jeweiligen Auslegung, die man als Werk des Heiligen Geistes betrachtete,[5] gewährt wurde, zeigen die von Paulus aufgestellten Grundregeln, die den Ablauf der Eucharistiefeier in der korinthischen Gemeinde zu ordnen suchten, indem die Teilnehmer u.a. dazu angehalten wurden, wenigstens einzeln hintereinander zu reden (1 Cor. 14, 26-31).

Auch im zweiten und dritten Jahrhundert wurde das gottesdienstliche Gebet oft aus der Eingebung des Augenblicks heraus improvisiert.[6] Soweit überhaupt einmal, wie in einem Abschnitt der wohl schon zu Beginn des 2.

---

[2] Vgl. G. Wissowa, Religion und Kultus der Römer = HdbAW 5, 4 ([2]München 1912) 397f mit Anm. 7 und 9; K. Latte, Römische Religionsgeschichte = HdbAW 5, 4 (München 1960) 392; F.J. Dölger, Antike und Christentum 2 (1930) 242f.

[3] Vgl. J. Maier, Tempel und Tempelkult: ders. / J. Schreiner, Literatur und Religion des Frühjudentums (Gütersloh/Würzburg 1973) 383-389; Peri Terbuyken, Art. Improvisation C. II.: RAC 17 (1996) 1254. Der pharisäisch-rabbinische Gottesdienst hingegen vermied sowohl bei der Übersetzung der Lesungen als auch bei den Stammgebeten lange Zeit strikt die Bildung eines festen Wortlauts (Terbuyken ebd. 1254-1256).

[4] Man denke nur an die Verschiedenheit der frühen Überlieferungen des Vaterunsers (E. von der Goltz, Das Gebet in der ältesten Christenheit [Leipzig 1901] 36f; 177; 188f; A. Bouley, From freedom to formula. The evolution of the eucharistic prayer from oral improvisation to written texts = Studies in Christian Antiquity 21 [Washington 1981] 48-52).

[5] 1 Cor. 12, 10.

[6] Vgl. J. Hammerstaedt, Art. Improvisation D. I. a.: RAC 17 (1996) 1258f.

Jh. verfaßten *Didache*[7] und in der oft mit Hippolytos von Rom in Verbindung gebrachten, im 3. Jh. geschriebenen *Traditio apostolica*,[8] die Texte von Einzelgebeten schriftlich formuliert sind, wird dem Priester ausdrücklich zugestanden, andere als die vorgegebenen Worte zu sprechen.[9]

Seit im 4. Jh. zum einen die sogenannte Konstantinische Wende die prunkvolle Feier des christlichen Gottesdienstes in aller Öffentlichkeit ermöglichte, und zum anderen die mit größter Heftigkeit geführten theologischen Streitigkeiten verstärkt darauf achten ließen, auf welche dogmatische Aussage hin jede einzelne Formulierung ausgelegt werden konnte,[10] wurde die Improvisation und freie Schöpfung gottesdienstlicher Gebete seltener.[11] Hingegen empfand man zunehmend das Bedürfnis nach schriftlichen Formularen, an die man sich beim Feiern des Gottesdienstes halten konnte. So wurden die Meßtexte, deren Hergang und Wortlaut natürlich schon in früherer Zeit, unbeschadet der Möglichkeit zur Improvisation, durch mündliche Weitergabe in den einzelnen Regionen und deren Gemeinden jeweils unabhängig voneinander eine gewisse Festigung erfahren hatten,[12] erstmalig im achten Buch der Ende des 4. Jh. verfaßten *Apostolischen Konstitutionen* zusammenhängend als vollständiges «Idealformular» schriftlich fixiert.[13] Von Mitte des 4. Jh.

---

[7] Im Anschluß an Gebetstexte, die entweder zur Eucharistie- oder zur Agapefeier gehören, empfiehlt sie, die (vom Heiligen Geist inspirierten) «Propheten» stattdessen danksagen zu lassen, soviel sie wollen (Did. 10, 7: τοῖϲ δὲ προφήταιϲ ἐπιτρέπετε εὐχαριϲτεῖν ὅϲα θέλουϲιν); dazu Bouley a.O. 91-99.

[8] PsHippol. trad. apost. 9 (SC 11bis, 64); vgl. ebd. 5 (54) zum Ölweihegebet; Bouley a.O. 123-126.

[9] Zu der Wahlmöglichkeit zwischen Improvisation und schriftlich festgelegten Formulierungen im 2. und 3. Jh. s. R.C.P. Hanson, The liberty of the bishop to improvise prayer in the eucharist: VigChr 15 (1961) 173-176, dort 176.

[10] Vgl. z.B. u. S. 29f zu PStraßb. *recto* 10. Zur veränderten Situation im 4. Jh. und ihren Auswirkungen auf das eucharistische Gebet vgl. Bouley a.O. 159-161.

[11] Es wurde als außergewöhnliches Vorkommen tradiert, daß Sidonius Apollinaris (5. Jh.), als ihm sein gewöhnliches Meßbüchlein entwendet worden war, die Festmesse aus dem Stegreif so mitreißend gehalten habe, daß die Anwesenden ihn geradezu als einen Engel betrachteten (Greg. Tur. hist. Franc. 2, 22 [MG Script. rer. Mer. 1, 1, 67]); vgl. Hammerstaedt, Art. Improvisation a.O. 1259.

[12] Vgl. B. Botte: A.-G. Martimort (Hrsg.), Hdb. der Liturgiewiss. 1 (1963) 37f. In Rom festigte sich der Römische Meßkanon, in Jerusalem und Antiochien die Jakobosanaphora, während die ältere, sog. ägyptische Basileiosanaphora in Caesarea und die Markos / Kyrillosanaphora in Alexandrien entstand. In Konstantinopel verbreitete sich erst die jüngere, sog. byzantinische Basileiosanaphora, später in zunehmenden Maße die Chrysostomosanaphora.

[13] Daneben konstituierte sich im Verlauf der Spätantike zunehmend der Text der weiteren, außerhalb der gewöhnlichen Messe vorkommenden Großen Gebete (Ordinations-, Tauf-

bis Ende des 7. Jh. zog sich im Osten wie im Westen eine höchst fruchtbare Periode hin, deren große liturgische Schöpfungen in den nachfolgenden, vornehmlich auf die Kompilation des bisher Geschaffenen ausgerichteten Jahrhunderten (8.-12. Jh.) teilweise aufgegriffen wurden, in die mittelalterliche Textüberlieferung jedoch durchweg nur in umgearbeiteter und erweiterter Form Einlaß fanden.[14]

Der Überlieferungslage nach zu urteilen stellte die Niederschrift der gesamten Liturgie einer Messe in den *Apostolischen Konstitutionen* eine noch seltene Ausnahme dar. Eine ganze Reihe von spätantiken Texten, die mit Ausnahme des sogenannten *Serapioneuchologions* (aus dem 4./5. Jh.), das in einer einzigen Handschrift des Lawraklosters aus dem 11. Jh. erhalten und zuerst 1894 publiziert worden ist,[15] erst im Laufe der letzten 100 Jahre in Ägypten aufgefunden wurden, enthalten allesamt unverkennbar als zusammenhängendes, wenn auch in verschiedenen, in Ablauf und Wortlaut voneinander abweichenden Formen auftretendes Stück den Kern der Messe: die Anaphora.

Entsprechend einer in der Spätantike wurzelnden und in der heutigen Liturgiewissenschaft üblichen Praxis soll hier und im folgenden unter A n a - p h o r a bzw. Eucharistischem Hochgebet derjenige Teil der Meßfeier verstanden werden, der durch die Darbringung der Gaben, auf die Gott den Heiligen Geist herabsendet, die Kommunionhandlung vorbereitet.[16] Dieser Teil enthält im wesentlichen folgende Elemente:

1) Ein Lob- und oft auch Dankgebet (Gratiarum actio).

2) Fast immer auch das Sanctus, mit einer Hinführung (Ante-Sanctus) und, anschließend, dem Post-Sanctus.

3) In den meisten Fällen den Einsetzungsbericht mit der Anamnese, d.h. dem Gedächtnis der Heilstaten Christi.

4) Die Bitte um Herabsendung des Heiligen Geistes

5) Die Bitte um die Wandlung der Gaben

---

wasserweihe-, Ölweihegebete) und kleinerer Formeln (Exorzismen, Spendeformeln). Besonders früh hatte man schon mit der Festlegung von Taufriten begonnen (vgl. Hanson a.O. 175).

14 Zu dieser Periodisierung Botte a.O. 39-41.

15 Jetzt bei M.E. Johnson, The prayers of Sarapion of Thmuis. A literary, liturgical and theological analysis = OrChrAn 249 (Roma 1995).

16 Zur Begriffsgeschichte A. Baumstark, Art. Anaphora RAC 1 (1950) 418-427; bes. 423.

6) Die Bitte um ihre gute Wirkung
7) Die Schlußdoxologie

Dazu kommen noch die Fürbitten (Interzessionen), die entweder, wie in den Meßriten der sogenannten ägyptischen Gruppe, gleich nach dem einleitenden Lob- und Dankgebet (1)[17] oder aber, wie in Liturgien antiochenischen Typs, vor der Schlußdoxologie (7) stehen.[18] In manchen griechischen Liturgieformularen erfolgt die Bitte um Herabsendung des Hl. Geistes und um die Wandlung der Gaben, anders als in der eben genannten Reihenfolge, bereits vor dem Einsetzungsbericht mit der Anamnese.[19]

---

[17] So in der Markos/Kyrillosliturgie (Brightman 126, 12ff bzw. Cuming 22, 1ff; vgl. hier PStraßb. gr. inv. 254 *recto* 18ff [u. S. 24]; PLitLond. 232 *recto* 17ff [u. S. 46]; Qaṣr Ibrim fr. III c [u. S. 110f]) sowie in PDêr-Balizeh fol. II *recto* 1-5 (u. S. 174).

[18] In den hier zu edierenden Fragmenten ist eine solche Position der Interzessionen nicht direkt sichtbar. Für den Fall, daß sie Interzessionsgebete vorsahen, werden die Meßformulare, die PVindob. G 41043 *verso* (u. S. 156), den Sunnartifragmenten (u. S. 206-209) und wohl PBerol. 17032 (u. S. 151f) zugrundelagen, sie vermutlich an jener Stelle gehabt haben.

[19] Vgl. u. S. 181 zu PDêr-Balizeh fol. II *recto* 25 - *verso* 2.

2. Zum Inhalt des Corpus fragmentarisch erhaltener spätantiker und frühbyzantinischer griechischer Anaphoren

Brightmans 1896 erschienene und bis heute benutzte Sammlung östlicher Liturgien bietet die verschiedenen Meßformulare auf der Grundlage ihrer damals allein bekannten mittelalterlichen Überlieferung.[20] Erst in das vierte Kapitel von Wesselys zweiter Bearbeitung der ältesten Monumente des Christentums auf Papyrus,[21] in dem teils bereits bekannte, teils aber auch neu mitgeteilte liturgische Fragmente und Gebete zusammengestellt wurden, und in Del Grandes Corpus christlicher, auf Papyri gefundener Liturgien, Gebete und Hymnen[22] konnte der 1907 entdeckte PDêr-Balizeh (hier nr. **16**), in Del Grandes zweite erweiterte Auflage auch der seit 1928 bekannte PStraßb. gr. inv. 254 (hier nr. **1**) Eingang finden. Beide kehrten bald darauf in Quastens Sammlung der ältesten eucharistischen und liturgischen Zeugnisse wieder.[23] In dem von Alphonse Raes bearbeiteten Abschnitt über östliche Anaphoren der bisher letzten, zum Zweck der Liturgiereform des zweiten Vatikanischen Konzils unternommenen Sammlung östlicher und westlicher Hochgebete[24] kam noch der 1938 veröffentlichte PRyl. gr. 465 hinzu (nr. **4**).

Inzwischen hat sich die Zahl der in Ägypten und Nubien entdeckten griechischen spätantiken und byzantinischen Texte mit Anaphoren oder Anaphora-Teilen auf Papyrus, Pergament und Papier auf 20 erhöht. Neben den drei bei Hänggi/Pahl nachgedruckten Dokumenten waren bereits seit langem fünf weitere bekannt: Die Stifterinschrift aus der Marienkirche in Alt-Kairo, Kopt. Mus. inv. 753 (nr. **17**; publiziert 1898); Ostrakon Hall 5880 (nr. **18**; 1905); PVindob. G 19337 (nr. **10**; 1924);[25] PWürzb. 3 (nr. **11**; 1934); PLitLond 232 (nr. **2**; ediert 1927, aber erst 1950 als einleitendes Lob- und Dankgebet der Markosanaphora erkannt).

---

[20] Eine Ausnahme bildet das ostsyrische Fragment aus dem 6. Jh. (Brightman 511).

[21] Ch. Wessely, Les plus anciens monuments du Christianisme écrits sur papyrus. Textes édités, traduits et annotés = PO 18, 3 (Paris 1924).

[22] C. Del Grande, Liturgiae preces hymni Christianorum e papyris collecti (Neapoli 1928; ^{2}1934).

[23] J. Quasten, Monumenta eucharistica et liturgica vetustissima (Bonn 1935).

[24] A. Hänggi / I. Pahl, Prex eucharistica. Textus e variis liturgiis antiquioribus selecti (Fribourg 1968).

[25] Da dieses Stück einen bekannten Text, nämlich Const. apost. 8, 12, 6f, bietet, ist es mit Absicht nicht in jene Sammlungen aufgenommen worden.

Abgesehen von einem 1971 erschienenen Berliner Pergamentstück des 5./6. Jh. (PBerol. 17032; nr. **12**) brachten in der Zeit nach Hänggi/Pahl die Ausgrabungen, die in den sechziger Jahren das nubische Kulturerbe vor dem anschwellenden Nasser-Stausee bewahren sollten,[26] fünf Anaphorentexte aus Qaṣr Ibrim und Sunnarti zutage. In der Kirche von Qaṣr Ibrim im ägyptischen Nubien wurden bei britischen Grabungen im Winter 1963/64 nicht nur nubische sowie einige arabische und koptische, sondern auch griechische Pergament- und Papierfragmente entdeckt,[27] deren stückweise Publikation von W.H.C. Frend und Mitarbeitern 1992 abgeschlossen wurde.[28] Ein Pergamentstückchen wird in der Überschrift als «Athanasiosanaphora» bezeichnet und enthält die Fürbitte für die christliche Kirche (nr. **9**). Ein weiterer Text aus drei Pergamentfetzen (Qaṣr Ibrim fr. III a/b und c; nr. **6**) bietet den Beginn der Markos/Kyrillosanaphora, und dazu ein Stück des vorangehenden Meßtextes. Auch einige Papierfragmente (Qaṣr Ibrim 1964, 4/12; nr. **8**) konnten jetzt als Teile der Fürbittgebete der Markos/Kyrillosliturgie identifiziert werden, der nun auch ein weiterer, einseitig mit Fürbitten beschriebener Pergamentfetzen zuzuordnen ist (fr. III d; nr. **7**). Die vermutlich aus dem 10. oder 11. Jh. stammenden Fragmente sind von großer Bedeutung für die Liturgiegeschichte. Ihr Fundort spielte als Bischofssitz eine entscheidende Rolle in der nubischen Kirche,[29] die im Gegensatz zu Ägypten durchgängig an der griechischen Gottesdienstsprache festhielt. Hervorzuheben ist, daß in ein und derselben Kirche Teile der Messe in verschiedenen, wenn auch nur leicht differierenden Fassungen auftauchten.[30]

---

26 Hinweis auf weiterführende Literatur zu den beiden 1992 in Alt-Dongola gefundenen liturgischen Wandinschriften und zu den liturgischen Wandinschriften von Faras bei A. Łajtar, Varia Nubica III. Ein liturgisches Gebet aus Qasr Ibrim: ZPE (1996) 140-142.

27 Vgl. W.H.C. Frend, The Qasr Ibrim expedition (Dec. 1963 - Febr. 1964): Akten 7. InternKongrChristlArch = Studi di Antichità Cristiana 27 (Rom/Berlin 1968) 531-538, bes. 536. Bei van Haelst, Catalogue sind sie insgesamt provisorisch als nr. 766 verzeichnet, während K. Treu, Christliche Papyri XII: ArchPap 32 (1986) 87-95 auf sie unter der nr. 1037g hinwies. Frend und seine Miteditoren haben den griechischen Fragmenten aus Qaṣr Ibrim keine einheitliche, bzw. gelegentlich, wie bei der «Athanasiosanaphora», überhaupt keine Numerierung verliehen. Übersicht über die Editionen griechischer Fragmente aus Qaṣr Ibrim bei Hammerstaedt, Papierfragmente 287 Anm. 1f.

28 W.H.C. Frend / G. Dragas / S. Kontoyiannis: JbAC 35 (1992) 119-134.

29 Zur Geschichte von Qaṣr Ibrim vgl. Frend: StudPatr 15 = TU 128 (1984) 545-547.

30 Daß die koptischen Christen mehrere Anaphoren nebeneinander benutzen konnten, zeigt das sahidische Euchologion Z 100 des Weißen Klosters (vgl. Brakmann, Eucharistiegebet 151).

Bei den deutschen Ausgrabungen in der Kirche auf der Nilinsel Sunnarti fand Erich Dinkler 1968 neben nubischen und koptischen auch neun griechische Pergamentfragmente, vermutlich des 10. Jh., aus denen sich im Laufe der Vorbereitung dieser Edition trotz verbleibender Lücken der größte Teil einer knappgefaßten Anaphora herstellen ließ (nr. **19**).

Zwar wurden die Anaphorentexte aus Sunnarti und Qaṣr Ibrim erheblich später niedergeschrieben als die übrigen hier zusammengestellten Stücke, die in die für schriftliche liturgische Schöpfungen so fruchtbare Zeit vom 4. bis zum 7. Jh. gehören, doch repräsentieren sie, anders als die gleichzeitigen, in mittelalterlichen Handschriften tradierten byzantinischen und graeco-ägyptischen Kompilationen jener späten Epoche, einen um viele Jahrhunderte früheren Entwicklungsstand. Wie ihre höchst fehlerhafte Niederschrift allzu deutlich zu erkennen gibt, dürfte in diesen nubischen Gemeinden kaum jemand die griechische Sprache soweit beherrscht haben, daß er zu größeren Eingriffen in Anordnung und Wortlaut der liturgischen Formulare fähig gewesen wäre. Daher tat Gamber recht daran, daß er seine bereits 1973 in der Vorbereitung befindliche, jedoch nie zum Abschluß gekommene «Sammlung und Neubearbeitung sämtlicher ägyptischer Anaphora-Fragmente bis etwa zum 12. Jh.» ausdehnen wollte.[31]

In jüngerer Zeit ist die Zahl der bekannten Anaphorenfragmente noch weiter angewachsen. Nachdem 1985 eine Fürbitte auf einem einseitig beschriebenen Papyrusblatt (PCair. 10935A; nr. **14**) aus der 2. Hälfte des 6. Jh. erschienen war, wurden drei weitere spätantike anaphorische Texte 1993 von Treu und Diethart[32] zum ersten Mal,[33] und ein vierter, der bis dahin nur in der handschriftlichen Dissertation des 1942 gefallenen Peter Sanz vorgelegen hatte, nunmehr allgemein zugänglich gemacht.[34]

Im darauffolgenden Jahr erschien die ausführlich kommentierte Edition einer bereits durch Teilveröffentlichungen bekannten Anaphora aus dem 4. Jh., die in dem berühmten Mischcodex von Barcelona (PBarc. inv. 126-181) zusammen mit der nachfolgenden Danksagung für den Empfang der Kommuni-

---

[31] Gamber, Bemerkungen 316.

[32] K. Treu / J. Diethart, Griechische literarische Papyri christlichen Inhaltes II = Mitteilungen aus der Papyrussammlung der Österreichischen Nationalbibliothek (Papyrus Erzherzog Rainer) N.S. 17 (Wien 1993).

[33] PVindob. G 16545+17047/38329/38379 (nr. **3**); PVindob. G 41043 (nr. **13**); PVindob. G 41044 (nr. **15**).

[34] PVindob. G 26134 (nr. **5**).

on, zwei weiteren Gebeten und einem akrostichischen Hymnus vollständig erhalten ist. Da sie also erst kürzlich in einer ausführlichen Monographie zusammen mit den mitüberlieferten liturgischen Texten vorgestellt und kommentiert worden ist,[35] wurde auf ihre Aufnahme in dieses Corpus ebenso verzichtet wie auf die Einbeziehung des unlängst wieder 1995 von Johnson bearbeiteten, auch aus dem geographischen Rahmen dieser Zusammenstellung fallenden *Serapioneuchologions* und des zuerst 1996 vorgestellten, wegen seiner Zweisprachigkeit aus dem Rahmen dieser Sammlung fallenden Pergamentcodexblattes aus einem Raum der Klosteranlage Deir el-Naqlun.[36] Der wohl ins 10./11. Jahrhundert gehörende, beidseitig beschriebene Palimpsest enthält griechische, anschließend ins Bohairische übertragene Auszüge aus den Priester-, Diakonen- und Gemeindeworten einer Liturgie, innerhalb der die Einleitung der Anaphora klar hervortritt.[37]

---

[35] R. Roca-Puig, Anàfora de Barcelona i altres pregàries (Missa del segle IV) (Barcelona 1994).

[36] T. Derda / Katarzyna Urbaniak-Walczak, P.Naqlun inv. 10/95. Greek excerpts from a liturgy with their Coptic translation: JJurPap 26 (1996) 7-21.

[37] PNaqlun inv. 10/95 *recto* 19ff.

3. Spätantike und frühbyzantinische Liturgieformulare in Ägypten und Nubien

Wie gesagt, stammen die hier edierten Zeugnisse allesamt aus Ägypten und Nubien. Es ist also nicht verwunderlich, daß manche von ihnen (nr. **1-8**) ein und demselben für Alexandrien charakteristischen Eucharistiegebet zuzuordnen sind, das später im Mittelalter als Markosliturgie der ägyptischen Chalkedonanhänger, der Melkiten, und zugleich als Austauschtext bei den ägyptischen Chalkedongegnern neben deren Hauptliturgie, der ägyptischen Basileiosanaphora, unter dem Namen Kyrillosanaphora begegnet.[38] Indem die verschiedenen Anaphorentypen jeweils auf christliche Autoritäten, also auf Apostel, Evangelisten, bedeutende Patriarchen und Kirchenväter zurückgeführt wurden, sollten sie sich inmitten der starken Konkurrenz zahlreicher weiterer liturgischer Formulare hervorheben. Während sich später im Mittelalter bei den koptischen Christen, sieht man einmal von Südägypten ab, neben der Basileios- und der Markos/Kyrillosanaphora als dritte nur die Gregoriosanaphora halten konnte,[39] waren daneben am Ausgang der Spätantike, in einem kulturellen Rückzugsgebiet wie Nubien sogar noch bis ans Ende des ersten Jahrtausends, noch zahlreiche andere Formulare im Gebrauch, aus deren Vielfalt nicht nur die beiden Anaphoren, die das *Serapioneuchologion* und der Mischcodex aus Barcelona überliefern, sondern so manche weitere, hier edierte Anaphoren und Anaphorenteile in griechischer Sprache erhalten sind (nr. **9-19**), die sich keinem der aus mittelalterlicher Überlieferung bekannten liturgischen Formulare zuordnen lassen.[40]

a) Die Editionen der mittelalterlichen Basileios-, Gregorios- und Markos/Kyrillosliturgie

Von den drei ägyptischen Meßformularen, die sich im Mittelalter in der ganzen koptischen Kirche durchgesetzt haben, muß für die griechische Basileiosliturgie (Lit. Basil. Alex.) noch immer die allein auf Paris. gr. 325 basie-

---

38 Vgl. Brakmann, Eucharistiegebet 152.

39 Zum Drei-Anaphoren-Kanon Brakmann, Eucharistiegebet 152 Anm. 23.

40 Die Übereinstimmungen zwischen PVindob. G 41043 (nr. **13**), PBarc. inv. 154b 21 - 155a 3 und Coptica Lovaniensia nr. 27 bestätigen, daß es innerhalb dieser Vielfalt weitere Formulare gab, deren Bedeutung über eine einzelne Gemeinde hinausreichte.

rende Edition von Renaudot zitiert werden.[41] Die melkitische Markosliturgie erfuhr, ebenso wie zuvor schon die Gregoriosanaphora (Anaph. Greg. Gr.),[42] in jüngerer Zeit eine Edition,[43] die hinter den mittelalterlichen Text einen spätantiken[44] und einen mittelalterlichen sahidischen[45] sowie die drei zu jenem Zeitpunkt schon veröffentlichten frühen griechischen[46] Textzeugen der Markos- bzw. Kyrillosliturgie stellt. Da zwischen den mittelalterlichen melkitischen Fassungen z.T. erhebliche Varianten bestehen, wird im folgenden neben dieser Ausgabe Cumings, die den Text von Vat. gr. 2281 zugrundelegt, weiterhin auf Brightmans Text verwiesen, der (mit Erweiterungen aus anderen Quellen) die melkitische Markosliturgie des Vat. gr. 1970 wiedergibt.[47] Daneben ist die griechische Kyrillosanaphora der Chalkedongegner zu berücksichtigen, die zusammen mit anderen Liturgien im Kacmarcikcodex (Kacm.), einer im 14. Jh. nach einer Vorlage von 1283/84 kopierten Handschrift, überliefert ist.[48]

b) Die Überlieferung der Markos/Kyrillosliturgie

Nach der folgenden schematischen Darstellung der Überlieferung der Markos/Kyrillosliturgie[49] sind hinten im Kommentar zu den hier edierten Texten die Verzeichnisse der Paralleltexte ausgerichtet:

---

[41] Renaudot 1, 57-85; Varianten aus Kacm. liefert W.F. Macomber, The Greek text of the Coptic Mass and of the Anaphoras of Basil and Gregory according to the Kacmarcik Codex: OrChrPer 43 (1976) 308-334; zu weiteren möglichen Zeugnissen vgl. Brakmann, Eucharistiegebet 152 Anm. 28.

[42] A. Gerhards, Die griechische Gregoriosanaphora. Ein Beitrag zur Geschichte des Eucharistischen Hochgebets = LQF 65 (Münster 1984).

[43] G.J. Cuming, The Liturgy of St Mark edited from the manuscripts with a commentary = OrChrAnal 234 (Roma 1990).

[44] OBritMus. nr. 54036 (dazu s.u. Anm. 51).

[45] Coptica Lovaniensia nr. 29.

[46] PStraßb. gr. inv. 254 (nr. **1**); PLitLond 232 (nr. **2**); PRyl. gr. 465 (nr. **4**).

[47] Stellenweise ist immer noch die synoptische Edition von Mess. gr. SS. Salv. 177, Vat. gr. 1970 (Rossanensis) und Vat. gr. 2281 durch Ch.A. Swainson, The Greek liturgies chiefly from original authorities (London 1884) heranzuziehen.

[48] Ed. W.F. Macomber, The Anaphora of Saint Mark according to the Kacmarcik Codex: OrChrPer 45 (1979) 75-98.

[49] Wichtige synoptische Zusammenstellungen von Teilen der Markosliturgie bei H. Engberding, Neues Licht über die Geschichte des Textes der ägyptischen Markusliturgie: Oriens Christianus 40 bzw. Ser. 4, 4 (1956) 40-68, bes. 58-65 und R.-G. Coquin, L'anaphore alexandrine de Saint Marc: Le Muséon 82 (1969) 307-356, mit eigenen Ergänzungen von PRyl. gr. 465.

A. Spätantik/frühbyzantinisch.

1. Griechisch (alle hier ediert): PStraßb. gr. inv. 254 (nr. **1**); PLitLond. 232 (nr. **2**); PVindob. G 16545+17047/38329/38379 (nr. **3**); PRyl. gr. 465 (nr. **4**); PVindob. G 26134 (nr. **5**); Qaṣr Ibrim fr. III a/c (nr. **6**); Qaṣr Ibrim fr. III d (nr. **7**); Qaṣr Ibrim 1964, 4/12 (nr. **8**; die Fragmente aus Qaṣr Ibrim sind aufgrund ihrer knappen Formulierung und weiterer Übereinstimmungen[50] trotz ihres späten Abfassungsdatums in diese Gruppe der spätantiken und frühbyzantinischen Zeugnisse eingeordnet).

2. Sahidisch: Vorderseite von OBritMus. nr. 54036 (Holztafel, 7./8. Jh.).[51]

B. Mittelalterliche melkitische Überlieferung (Anaph. Melk. Mark.): Mess. gr. SS. Salv. 177;[52] Vat. gr. 1970;[53] Vat. gr. 2281;[54] Sin. gr. 2148;[55] Alex. 173.[56]

C. Mittelalterliche Überlieferung der Kyrillosliturgie, aus dem alexandrinischen Patriarchat der Chalkedongegner.

1. Griechisch (Anaph. Gr. Kyrill.): Kacmarcikcodex (Kacm.).[57]

2. Sahidisch (Anaph. Sahid. Kyrill.): Großes Euchologion Z 100 des Weißen Klosters pp. 39-42;[58] Prag kopt. Ms. II[59]; Coptica Lovaniensia nr. 29.[60]

---

[50] Eine wichtige Übereinstimmung liegt z.B. in der Formulierung von Christi Gebetsvermittlung (u. S. 29).

[51] H. Quecke, Ein saidischer Zeuge der Markusliturgie (Brit. Mus. Nr. 54036): OrChrPer 37 (1971) 40-54 mit Corrigendum ebd. 405 Anm. 2 (deutsche Übersetzung ebd. 45f). Hier zitiere ich nach der Zeilenzählung der von Quecke für H. Brakmann / A. Gerhards, Prex Eucharistica vol. 2. Complementum (Fribourg, im Druck) verfertigten Übersetzung.

[52] Längsrolle; nicht lange nach 1005/1006 verfaßt; vgl. A. Jacob, La date, la patrie et le modèle d'un rouleau italo-grec (Messanensis gr. 177): Helikon 22/27 (1982/87) 109-125.

[53] Codex, Anfang 12. Jh.; mit Erweiterungen abgedruckt von Brightman; bei Swainson als «Rossanensis» verzeichnet.

[54] Rotulus, geschrieben 1209; von Cuming zur Textgrundlage genommen (vgl. ebd. XIV).

[55] Fragment einer Buchrolle aus Papier; 12./13. Jh.; vgl. H. Brakmann, Zur Bedeutung des Sinaiticus Graecus 2148 für die Geschichte der melchitischen Markos-Liturgie: JbÖstByz 30 (1981) 239-248.

[56] Codex, 16. Jh.; vgl. Brakmann a.O. 240f; bei Cuming nach dem Kopisten Meletios Pegas durchgängig mit «Pegas MSS» bezeichnet (vgl. ebd. XXXI).

[57] Ed. W.F. Macomber, The Anaphora of Saint Mark according to the Kacmarcik Codex: OrChrPer 45 (1979) 75-98.

[58] Ed. mit frz. Übersetzung von E. Lanne: PO 28 (Paris 1958) 292-299.

[59] Text ediert mit englischer Übersetzung von Valerie Hažmuková, Miscellaneous Coptic prayers II: Archiv Orientální 9 (1937) 118-135; dazu vgl. Quecke, Rez. Cuming 297,

3. Bohairische Kyrillosanaphora (Anaph. Bohair. Kyrill.): Renaudot[2] 1, 38-51 (Nachdruck PG 77, 1291-1308; ediert nach Paris copt. 26 [15. Jh.]).

c) Übersicht über die hier edierten Teile der Markos/Kyrillosliturgie

In den hier edierten griechischen Fragmenten aus spätantiker und frühbyzantinischer Zeit[61] sind folgende Teile der Markos/Kyrillosanaphora ganz oder teilweise vertreten:

Einleitungsdialog (PStrasb. gr. inv. 254 *recto* [nr. **1**]; PLitLond. 232 [nr. **2**]; Qaṣr Ibrim fr. III a/b *verso* [nr. **6**])

Fürbitten

- für Kirche und Frieden (PStrasb. gr. inv. 254 *recto* [nr. **1**]; PLitLond. 232 [nr. **2**]; Qaṣr Ibrim fr. III c *recto* [nr. **6**])
- für Menschen in Nöten (Qaṣr Ibrim fr. III c *verso* [nr. **6**]; Qaṣr Ibrim fr. III d [nr. **6**])
- für Reisende (PStraßb. gr. inv. 254 *verso* [nr. **1**]; Qaṣr Ibrim 1964 [nr. **8**])
- für Ernte und Wetter (PStraßb. gr. inv. 254 *verso* [nr. **1**]; Qaṣr Ibrim 1964 [nr. **8**])
- für Bettler und Waisen (PStraßb. gr. inv. 254 *verso* [nr. **1**])
- für Verstorbene, Heilige, etc. (PStraßb. gr. inv. 254 *verso* [nr. **1**]; PRyl. 465 *verso* [nr. **4**]; Qaṣr Ibrim 1964 [nr. **8**])
- für Nichtgenannte (PStraßb. gr. inv. 254 *verso* [nr. **1**])
- um Annahme der Gaben (Qaṣr Ibrim 1964 [nr. **8**])
- für Rechtgläubigkeit (PVindob. G 16545 *recto* [nr. **3**])

---

der nicht ausschloß, daß die Markosanaphora in Prag kopt. Ms. III (Hažmuková a.O. 136-140) fortgesetzt sei. Da Hažmuková, der es bei den Prager Gebetstexten besonders ankam auf den «dialect, which appears to be by far more interesting than the prayers themselves» (dies.: Archiv Orientální 8 [1936] 318), den aus dem Mittelalter bekannten Wortlaut der Markosliturgie offenbar nicht herangezogen hat, läßt sich ihre Übersetzung, wahrscheinlich auch ihre Textherstellung, an manchen Stellen verbessern. Bei der Übersetzung von Stellen, die hier im Kommentar abweichend von Hažmuková wiedergegeben sind, waren mir Professor Dr. Heinz Josef Thissen und Dr. Manfred Weber vom Seminar für Ägyptologie der Universität zu Köln behilflich.

60 L.Th. Lefort, Coptica Lovaniensia: Muséon 53 (1940) 26-29 (benutzt nach der dortigen Rückübersetzung ins Griechische, in der allerdings keine Zeilenzählung markiert ist).

61 In der Tabelle des vorherigen Abschnitts unter A. 1 verzeichnet.

abschließende Kurzbitten (PVindob. G 17047/38329/38379 *recto* [nr. **3**])
Ante-Sanctus (PVindob. G 17047/38329/38379 *recto* [nr. **3**])
(Gemeinde-Sanctus der Markos/Kyrillosanaphora nicht überliefert)
Post-Sanctus (PRyl. gr. 465 *recto* [nr. **4**])
Einsetzungsbericht (PRyl. gr. 465 *recto* [nr. **4**]; PVindob. G 16545 *verso* [nr. **3**])
Anamnese (PRyl. gr. 465 *recto* [nr. **4**]; PVindob. G 16545 *verso* [nr. **3**])
Herabsendungsbitte/Epiklese (PRyl. gr. 465 *recto* [nr. **4**]; PVindob. G 26134 *recto* [nr. **5**])
Wandlungsbitte (PRyl. gr. 465 *verso* [nr. **4**]; PVindob. G 26134 *recto* [nr. **5**])
Bitte um Wirkung der Gaben (PRyl. gr. 465 *verso* [nr. **4**])
Schlußdoxologie (PRyl. gr. 465 *verso* [nr. **4**]; PVindob. G 26134 *verso* [nr. **5**])

4. DIE VERMUTLICHE BESTIMMUNG DER ERHALTENEN ANAPHORENTEXTE

Wie aus der bereits erwähnten[62] Begebenheit mit Sidonius Apollinaris hervorgeht, konnte schon im 5. Jh. ein Priester, zumindest bei festlichen Anlässen, Verwunderung hervorrufen, wenn er den Gottesdienst frei zu halten vermochte. Gewöhnlich griffen Priester bei solchen Gelegenheiten auf ihr Gebetbüchlein zurück; später übernahm man gar die Predigten fremder Autoren und las sie einfach ab.[63]

Hervorzuheben ist, daß schriftliche Aufzeichnungen des eucharistischen Hochgebets keineswegs in allen Zeiten zur allgemeinen Verbreitung gedacht waren. Seit dem dritten, besonders aber im 4. und 5. Jahrhundert behandelten die Christen bestimmte Elemente ihres Kultes als Geheimnisse, die nicht vor Heiden oder noch ungetauften Katechumenen[64] ausgeplaudert werden sollten. Vor allem gehörte hierzu der Ablauf und Wortlaut der Eucharistiefeier.[65] Die aus jener Zeit erhaltenen Zeugnisse standen daher entweder in engem Zusammenhang mit der Durchführung bzw. der Vorbereitung der Messe in einer bestimmten Gemeinde oder waren für das Privatleben bzw. die strikt innerkirchliche Verbreitung bei getauften Christen, wohl oft Priestern und Mönchen bestimmt. Im Unterschied zu den anderen Genera christlicher Literatur erfuhren solche Anaphorentexte also keine regelrechte Herausgabe.

Durch ihre formale Beschaffenheit lassen sich oft Privatabschriften, die dann meist wohl ein Kleriker für sich selbst vornahm, und die mit größerem

---

[62] S.o. Anm. 11.

[63] Hammerstaedt, Art. Improvisation a.O. (o. Anm. 6) 1268 und 1277.

[64] Sie werden z.B. in Qaṣr Ibrim fr. III a/b *recto* 12-14 (u. S. 113f) vor dem Beginn der Anaphora hinausgeschickt.

[65] So sagt Basileios über τὰ τῆϲ ἐπικλήϲεωϲ ῥήματα ἐπὶ τῇ ἀναδείξει τοῦ ἄρτου τῆϲ εὐχαριϲτίαϲ καὶ τοῦ ποτηρίου τῆϲ εὐλογίαϲ (spir. 66 [SC 17bis, 480]), daß sie, ebenso wie manche andere nur mündlich tradierte christliche Kultgebräuche, herrührten ἐκ τῆϲ ἀδημοϲιεύτου ταύτηϲ διδαϲκαλίαϲ, ἣν ἐν ἀπολυπραγμονήτῳ καὶ ἀπεριεργάϲτῳ ϲιγῇ οἱ πατέρεϲ ἡμῶν ἐφύλαξαν, καλῶϲ ἐκεῖνο δεδιδαγμένοι, τῶν μυϲτηρίων τὸ ϲεμνὸν ϲιωπῇ διαϲῴζεϲθαι (ebd. 482). In der ersten Hälfte des 5. Jh. läßt Theodoret in seinem *Eranistes* (dial. 2 [151, 31f Ettlinger]) den Vertreter der Orthodoxie die Antwort auf die Frage τί καλεῖϲ τὸ προϲφερόμενον δῶρον πρὸ τῆϲ ἱερατικῆϲ ἐπικλήϲεωϲ mit dem Hinweis auf die mögliche Präsenz Uneingeweihter verweigern. Vgl. O. Perler, Art. Arkandisziplin: RAC 1 (1950) 672-674; die Vorstellung von einer regelrechten «Arkandisziplin» in der Alten Kirche im 4. Jh. ist allerdings eine Konstruktion neuzeitlicher Theologie (vgl. Ch. Jacob, «Arkandisziplin», Allegorese, Mystagogie. Ein neuer Zugang zur Theologie des Ambrosius von Mailand [Frankfurt a. M. 1990]).

Aufwand und mit Sorgfalt gestalteten Exemplare unterscheiden, die vermutlich eine Gemeinde oder ein Kloster in Auftrag gegeben hatte.

Zu der zweiten Gruppe gehören, trotz aller sprachlichen Verwilderung, die Priester- und Diakonenworte in den mit gleichmäßiger Buchschrift und übersichtlicher Rubrizierung gestalteten Pergamentcodexblättern von Qaṣr Ibrim fr. III a/b und c (nr. **6**), das ebenfalls rubrizierte, vermutlich einem Papiercodex entstammende Blatt Qaṣr Ibrim fr. 1964, 4/12 (nr. **8**), auf der Rückseite unbeschriebene Einzelblätter wie Qaṣr Ibrim fr. III d (nr. **7**) und die reich verzierte «Athanasiosanaphora» (nr. **9**) sowie die Reste des Pergamentblattes aus Sunnarti (nr. **19**), das möglicherweise zu einem späteren Zeitpunkt mit der Rückseite auf eine feste Unterlage, vielleicht ein Lesepult geklebt worden war. So ist es wohl kein Zufall, daß diese Stücke jeweils in der Kirche aufgefunden wurden. Demgegenüber fällt die krakelige Schrift von PBerol. 17032 (nr. **12**; 5./6. Jh.) ganz erheblich ab. Da sie jedoch in einem Sprechervermerk die Gemeinde anführt, diente auch sie zweifellos liturgischen Zwecken, vermutlich einem Priester zum Ablesen oder zum Memorieren der Meßtexte. Als Privatabschriften, die vielfach nur Teile des Hochgebets, daneben bisweilen auch andere Gebete enthielten, sind ebenfalls Einzelblätter wie PLitLond. 232 (nr. **2**; 6./7. Jh.), der als Palimpsest wiederverwendete PRyl. gr. 465 (nr. **4**; 6. Jh.), die in Zweitverwendung vollgeschriebene Briefrückseite PVindob. G 41043 *verso* (nr. **13**; 6. Jh.) und wohl auch PVindob. G 41044 (nr. **15**; 6./7. Jh.) zu betrachten.

Das älteste hier edierte liturgische Dokument, der in dokumentarischer Schrift beschriebene PWürzb. 3 (nr. **11**; erste Hälfte des 4., oder Ende des 3. Jh.), kann mit seiner für jene frühe Abfassungszeit auffällig nachlässigen Orthographie und mehreren, auch den Gedanken empfindlich störenden Auslassungen und Verballhornungen weder für den Gottesdienst noch zum Erlernen des Liturgieformulars gedient haben. Eher möchte man meinen, daß ein Christ zu seiner eigenen Erbauung Abschnitte der Messe nach seiner Erinnerung niederschrieb.[66] In die ganz persönliche Sphäre gehörte sicherlich auch der kurze Text mit der Einleitung zum Sanctus auf dem Ostrakon Hall 5880 (nr. **18**), zumal es den Namen des Schreibers bzw. Besitzers und eine Datumsangabe trägt. Auch das mit der Herkunftsangabe in der Überschrift ver-

---

66 Generell, nicht auf PWürzb. 3 bezogen, rechnete auch Pedretti 297 mit einer solchen Möglichkeit: «Molti poi non sono neppure testi di una liturgia, ma trascrizioni libere delle formule della preghiera pubblica a cui lo scrivente aveva partecipato e di cui amava fissare, per qualunque motivo, il grato ricordo.»

sehene kurze Exzerpt vom Anaphorenbeginn der *Apostolischen Konstitutionen*, das in sorgfältiger Kursive auf einem rückwärtig unbeschriebenen Einzelblatt PVindob. G. 19937 (nr. **10**; 5. oder 6. Jh.) eingetragen ist, dürfte eine ausschließlich private Bestimmung gehabt haben, ebenso wohl das vermutlich von einer Papyrusrolle abgeschnittene und einseitig mit einer schmalen Kolumne beschriebene Einzelblatt PCair. 10395 A (nr. **14**; 2. Hälfte des 6. Jh.).

Einem Codex entstammt wohl PVindob. G 26134 (nr. **5**; 5./6. Jh.), der, wie die neben den Priestertexten erfolgte Berücksichtigung der Gemeindeworte zeigt, wohl zu liturgischem Gebrauch eine möglichst vollständige Darstellung aller in der Messe gesprochenen Worte geben sollte. Offenbar ist auch PStraßb. gr. inv. 254 (nr. **1**; 4./5. Jh.) als Codexrest zu betrachten. Anscheinend bot er, ebenso wie der mit höchster Sorgfalt verfertigte Codex, von dem die drei Blätter des PDêr-Balizeh (nr. **16**; Ende 6. oder 7. Jh.) erhalten sind, nur die Priesterworte. Die zuletzt erwähnten Blätter enthalten zusätzlich zur Anaphora weitere, ebenfalls öffentliche Gebete und ein Glaubensbekenntnis. Eine solche Zusammenstellung läßt sich mit dem ebenfalls nur die Priesterworte mitteilenden *Serapioneuchologium* (4./5. Jh.) vergleichen und wird wohl nicht zum Ablesen in der Messe, sondern eher zur Dokumentierung, vielleicht sogar als innerkirchliche Publikation zur Verbreitung von Gebets- und Meßformulare mit ganz bestimmten theologischen Formulierungen in anderen Gemeinden gedient haben.

Während über fast alle erhaltene Zeugnisse mit Anaphorentexten mehr oder weniger plausible Vermutungen angestellt werden müssen, ist von der Holzinschrift aus dem Koptischen Museum in Kairo (nr. **17**) nicht nur der Aufstellungsort, nämlich der Innenraum der Marienkirche in Alt-Kairo, bekannt, sondern sie gibt auch Auskunft über das Aufstellungsdatum, den 7. Mai 735, und den Stifter, Theodoros, der von 731 bis 743 alexandrinischer Patriarch der Kopten war. Nicht nur aufgrund ihrer dichterischen Diktion und kunstvollen rhythmischen Durchgestaltung ist sie bemerkenswert, sondern auch inhaltlich stellt sie offensichtlich einen Bezug her zu der daruntergeschnitzten Darstellung von Christi Einzug in Jerusalem und anderer Episoden aus seinem Leben.

5. Zu Edition und Kommentar

Die Verschiedenheit der hier edierten Stücke rechtfertigt gewisse Unterschiede bei der Darstellung des griechischen Textes. Abgesehen von besonderen Maßnahmen, die bei den betreffenden Zeugnissen ausdrücklich vermerkt sind, gelangten die folgenden drei Darstellungsarten zur Anwendung.

1) PStraßb. gr. inv. 254 (nr. **1**); PRyl. gr. 465 *verso* 11-21 (nr. **4b**); PVindob. G 41043 *verso* (nr. **13**); PVindob. G 41044 (nr. **15**): Zur Erleichterung der Lektüre setzt die Edition dieser von Schreibern mit guten Griechischkenntnissen geschriebenen Texte zwar Spiritus, Akzente und Apostrophe, beginnt Eigennamen mit Maiuskeln und zeigt Worttrennungen am Zeilenende an, fügt jedoch (abgesehen vom eventuellen Schlußpunkt am Ende des Textes) keine weiteren Satzzeichen zu den im Text überlieferten hinzu und trägt diese in den Ergänzungen nur gelegentlich zur Verdeutlichung ein, nach Möglichkeit entsprechend dem Usus des Schreibers.

2) PVindob. G 26134 (nr. **5**); PWürzb. 3 (nr. **11**); PDêr-Balizeh fol. II (nr. **16**); Inscr. Kopt. Mus. Kairo inv. 753 (nr. **17**): Zur Erleichterung der Lektüre setzt die Edition dieser von Schreibern mit meist guten Griechischkenntnissen geschriebenen Texte Spiritus, Apostrophe und Akzente, beginnt Eigennamen mit einer Maiuskel und zeigt Worttrennungen am Zeilenende an. Da vom Schreiber keine, oder fast keine Interpunktion erhalten ist, wird der Satzbau mit modernen Interpunktionszeichen verdeutlicht.

3) PLitLond 232 (nr. **2**); PVindob. 16545+17047/38329/38379 (nr. **3**); PRyl. gr. 465 *recto* und *verso* 1-10 (nr. **4a**); Qaṣr Ibrim fr. III a/b und c (nr. **6**); Qaṣr Ibrim fr. III d (nr. **7**); Qaṣr Ibrim 1964, 4/12 fr. 1/2+4 und 3 (nr. **8**); «Athanasiosanaphora» aus Qaṣr Ibrim (nr. **9**); PBerol. 17032 (nr. **12**); PCair. 10395 A (nr. **14**); OHall 5880 (nr. **18**); Sunnartifragmente (nr. **19**): Die eigenwillige Orthographie läßt eine Setzung von Spiritus, Akzenten und Satzzeichen (abgesehen vom eventuellen Schlußpunkt am Ende des Textes) nach moderner Praxis nicht ratsam erscheinen. Worttrennungen am Zeilenende und Apostrophe werden jedoch angezeigt, Eigennamen mit einer Maiuskel begonnen; ggf. von den Schreibern gesetzte Satzzeichen sind wiedergegeben.

Verwendete Zeichen:

α̣	unsicher erhaltener Buchstabe
[α]	vom Editor in Lücke ergänzter Buchstabe
{α}	vom Editor getilgter Buchstabe
⟨α⟩	vom Editor hinzugefügter Buchstabe
(α)	vom Editor aufgelöste Abkürzung bzw. an die Konvention angeglichene Schreibung
α͙	vom Editor gegenüber der Überlieferung geänderter Buchstabe
⟦α⟧	vom Schreiber oder von zweiter Hand getilgter Buchstabe
\`α´	von Schreiber oder zweiter Hand hinzugefügter Buchstabe
⌜α⌝	von früheren Gewährsmännern gelesener, jetzt nicht sichtbarer und daher nicht nachprüfbarer Text[67]
†α†	unerklärlicher Text
+	vom Schreiber eingefügtes Bekreuzigungszeichen
|	Zeilenende bzw. -beginn (in Apparat und Kommentar)
||	Kolumnenende bzw. -beginn
/	Vom Schreiber in PRyl. gr. 465 zur Interpunktion verwendeter Schrägstrich
//	Abgrenzung zwischen zusammengefügten Einzelstücken
α^3	bezeichnet z.B. im Kommentar das dritte α der zu besprechenden Zeile der Textedition

Der Apparat verzeichnet in der Regel nur die Ergänzungsmöglichkeiten, die mit den erhaltenen Spuren bzw. der mutmaßlichen Länge der Lücken vereinbar scheinen. Selbstverständlich können daneben auch andere Vorschläge und Lesungen, die so nicht in den Text passen, für die Interpretation der Texte und für zukünftige, zutreffende Textherstellungen ihren Wert haben. Sie sind daher meist in Fußnoten zum Kommentar angegeben und können auf diese Weise für weitere Überlegungen zusammen mit der im laufenden Kommentartext verzeichneten antiken und mittelalterlichen Parallelüber-

[67] Diese Zeichen lassen sich z.B. auch in herkulanensischen Papyri für die Kennzeichnung derjenigen Buchstaben verwenden, die nur noch durch die im 18. bzw. im 19. Jh. verfertigten sogenannten Oxforder und Neapolitaner Abschriften (Disegni) bezeugt sind (so bei Hammerstaedt: Cronache Ercolanesi 22 [1992] 9-117).

lieferung herangezogen werden. Der Kürze halber verzeichnet der Apparat mitunter ohne weitere Angaben den Namen desjenigen, der zuerst die Lesung bzw. Ergänzung der Zeile in dem im edierten Text erscheinenden Wortlaut vertreten hat. Frühere Vorschläge, die den gewählten Text nur teilweise oder mit Überschüssen und Abweichungen boten, sind dann gegebenenfalls im Kommentar bzw. in besagten Fußnoten zu diesem erwähnt.[68]

In den Text übernommene Lückenergänzungen der Ersteditionen werden im Apparat nicht eigens verzeichnet. Bisweilen sind im Apparat hinter dem Vertreter eines Textvorschags auch diejenigen in runden Klammern genannt, die diesen Text (vorher oder nachher) mit gewissen Abweichungen vertreten haben. Ich kennzeichne ausdrücklich, welche Worte bzw. Zeilen bei mir von der jeweiligen Editio princeps abweichen.

Wird im Apparat oder im Verzeichnis der Orthographica auf eine Zeile ein weiteres Mal Bezug genommen, ist vor das ausgeschriebene Textlemma ein Semikolon gesetzt.

Zur Bequemlichkeit des Benutzers sind in den jeweiligen Einleitungen die wichtigsten Erscheinungen über das betreffende Dokument, auch wenn sie ins Verzeichnis abgekürzt zitierter Literatur aufgenommen sind, bei ihrem ersten Auftreten noch einmal ausführlich zitiert.

Maße sind meistens nur dann angegeben, wenn sich, z.B. durch Neuzusammensetzung, Änderungen gegenüber den Angaben der Editio princeps ergeben haben.

Häufig sind im Kommentar in leicht abweichenden bzw. erweiterten Paralleltexten die Übereinstimmungen mit dem Text des Papyrus bzw. mit dessen Rekonstruktion unterstrichen. Fette Zahlen (z.B. **9**) beziehen sich auf Zeilen des gerade kommentierten Stücks.

---

[68]Hinter den in den Text aufgenommenen Lesarten bzw. hinter dem Namen desjenigen, der sie verschlug, werden nach einem Doppelpunkt (:) weitere möglichen Vorschläge angeführt, die ihrerseits durch Kommata voneinander abgetrennt sind. Verschiedene Lemmata aus derselben Zeile werden voneinander durch Semikola (;) geschieden.

6. Weitere Abkürzungen

a) Liturgien und weitere antike Schriften[69]

(Anaph.) Basil. Alex. = Alexandrinische Basileiosliturgie (bzw. -anaphora)

(Anaph.) Basil. Byz. = Byzantinische Basileiosliturgie (bzw. -anaphora) des 9. Jh. (Brightman 309a-344a)

(Anaph.) Bohair. Kyrill. = Mittelalterliche bohairische Kyrillosliturgie (bzw. -anaphora)

Anaph. Gr. Kyrill. = Mittelalterliche griechische Kyrillosanaphora (=Kacm.)

(Anaph.) Greg. Gr. = Griechische Gregoriosliturgie (bzw. -anaphora; ed. Gerhards)

Anaph. Joh. Crys. = Byzantinische Anaphora des Johannes Chrysostomos (Brightman 321b 27ff)

(Anaph.) Melk. Mark. = Mittelalterliche griechische melkitische Markosliturgie (bzw. -anaphora)

Anaph. Sahid. Kyrill. = Mittelalterliche sahidische Kyrillosanaphora

Const. apost. = *Constitutiones Apostolicae*

Kacm. = Kacmarcikcodex

Serap. = *Serapioneuchologion* (ed. Johnson)[70]

Weißes Kloster = Sahidisches Euchologion Z 100 des Weißen Klosters[71]

b) Editions- und Monographienreihen etc.

MG = Monumenta Germaniae historica

OrChrAn = Orientalia christiana analecta

PG = Patrologia Graeca

PO = Patrologia Orientalis

RAC = Reallexikon für Antike und Christentum

SC = Sources Chrétiennes

StudPatr = Studia Patristica

---

[69] Zusätzliche Angaben über Editionen etc. sind über die Verweise im Sachindex auffindbar.

[70] Die z.B. bei Funk vorgenommene Numerierung der Gebete entsprechend der von Brightman initiierten Umstellung erscheint zusätzlich in Klammern. Die von Johnson nicht übernommene Unterteilung der einzelnen Gebetstexte in Paragraphen wurde beibehalten.

[71] Ed. E. Lanne, Le Grand Euchologe du Monastère Blanc. Texte copte édité avec trad. française = PO 28 (Paris 1958) 269-407.

TU = Texte und Untersuchungen

VBP IV = F. Bilabel, Griechische Papyri = Veröffentlichungen aus den badischen Papyrussammlungen IV (Heidelberg 1924)[72]

c) Zeitschriften

ArchLiturgWiss = Archiv für Liturgiewissenschaft

ArchPap = Archiv für Papyrusforschung

BullInstFrArchOr = Bulletin de l'Institut Français d'Archéologie Orientale

EphTheolLouv = Ephemerides theologicae Lovanienses

JbAC = Jahrbuch für Antike und Christentum

JbLiturgWiss = Jahrbuch für Liturgiewissenschaft

JbÖstByz = Jahrbuch der österreichischen Byzantinistik

JJurPap = Journal of Juristic Papyrology

LQF = Liturgiewissenschaftliche Quellen und Forschungen

OrChrPer = Orientalia Christiana periodica

OstkirchlStud = Ostkirchliche Studien

Rev. Béned. = Revue Bénedictine

RevScRel = Revue des Sciences Religieuses

VigChr = Vigiliae Christianae

ZPE = Zeitschrift für Papyrologie und Epigraphik

---

[72] Vorschlag für die Abkürzungen für Papyri aus der Heidelberger Sammlung bei B. Kramer / D. Hagedorn, Griechische Texte der Heidelberger Sammlung (P.Heid. IV) = Veröffentlichungen aus der Heidelberger Papyrus-Sammlung N.F. 5 (Heidelberg 1986) 7f.

1. PStraßb. gr. inv. 254 (van Haelst, Catalogue nr. 998): Gratiarum actio und Interzessionen der Markosanaphora

Abb. Taf. I+II; der Papyrus besteht aus sechs Fragmenten, deren Textfolge in der Editio princeps[73] wiederhergestellt wurde; die «Unzialschrift» datierten Andrieu/Collomp ins 5., möglicherweise 4. Jh.[74] Tatsächlich wurde der Anaphorentext in der vorliegenden Form zwischen dem Ausbruch der arianischen Streitigkeiten im zweiten Viertel des 4. Jh.[75] und dem Jahr 380 formuliert[76] und dürfte aufgrund seines Charakters als liturgischer Gebrauchstext[77] wohl kaum zu einem späteren Zeitpunkt aufgeschrieben worden sein.

Teilweise zutreffende Ergänzungen und Änderungen bieten zwei Aufsätze Gambers.[78] Mit Hilfe einer Restauratorin der Bibliothèque Nationale et Universitaire brachte J. Gascou Anfang 1992 die Fragmente unter Glas in die ursprüngliche, von Andrieu/Collomp nur in der Textedition rekonstruierte Anordnung. Diese Neuordnung hat Lektüre und Neuedition erheblich vereinfacht.[79]

Nach Andrieu/Collomp 489 ist der Papyrus ein Codexblatt, nach Gamber, Bemerkungen 320 «deutlich ein Einzelblatt». Zu dieser Behauptung wurde er wohl durch die unbeschriebene Fläche nach Abschluß der Doxologie (*verso* **26**) veranlaßt, die er als Ende des gesamten Anaphorentextes betrachtete.[80]

---

[73] M. Andrieu / P. Collomp, Fragments sur papyrus de l'anaphore de St. Marc: RevScRel 8 (1928) 489-515.

[74] Ebd. 490f.

[75] S.u. S. 29f (Komm. zu *recto* **10**).

[76] S.u. S. 33f (Komm. zu *recto* **26**).

[77] Vgl. Brakmann, Funde (1984-1988) 422.

[78] K. Gamber, Das Papyrusfragment zur Markusliturgie und das Eucharistiegebet im Clemensbrief: OstkirchlStud 8 (1959) 31-45, dort 34f auch der neukonstituierte Text; ders., Bemerkungen zu ägyptischen Anaphora-Fragmenten: ebd. 22 (1973) 316-326.

[79] Mein Dank gilt dem Konservator P.-H. Allioux für unbürokratische Aufnahme und sachkundige Unterstützung, die er mir in der Nationalbibliothek Straßburg bei meinen beiden Besuchen 1993 und ein weiteres Mal noch 1998 gewährt hat, und für die Erlaubnis zur Publikation der Photos (Tafel I + II).

[80] Später ging man so weit, den hier erhaltenen Text einer Gratiarum actio zusammen mit den von einer Doxologie abgeschlossenen Interzessionen als vollständige Frühform der Anaphora zu betrachten; Vertreter und Gegner dieser Ansicht bei Brakmann, Gottesdienst 353; weiterhin Cuming XXIV-XXVII; Brakmann, Funde (1984-1988) 422 machte in seinem 1992 gedruckten Aufsatz gewichtige Gründe hiergegen geltend (vgl. auch u. Anm. 85).

Da die Interzessionen hier auch sprachlich eng mit der vorherigen Gratiarum actio verknüpft werden (*recto* **18**),[81] wir also nicht wissen können, ob und wie der Schreiber den Einsatz eines vollkommen neuen Abschnitts, wie z.B. des später, vermutlich ein gutes Stück[82] nach *verso* **26** zu erwartenden Ante-Sanctus und Sanctus markierte, müssen wir nicht notwendigerweise mit einer lückenlosen Niederschrift ohne Unterbrechungen rechnen, sondern können den leergebliebenen Freiraum als Zäsur erklären.

Weitere Beobachtungen sprechen dafür, daß dieses Blatt nicht allein aufbewahrt wurde, sondern Teil eines Codex war, der dem liturgischen Gebrauch gedient haben dürfte. Rechts von *verso* **4-5** befinden sich auf dem Rand schwache Tintenspuren, die der Abdruck von Buchstaben eines darüberliegenden Blattes sein könnten. Ein Rest der Rückseite eines solchen Blattes kann als fremde Schicht, eine Art *sovrapposto*, über einem Teil des Textes von *verso* **20** erkannt werden.[83] Zumindest auf der Vorderseite[84] dieses weiteren, auf die *verso*-Seite folgenden Blattes dürfte sich der Rest der Liturgie mit Ante-Sanctus, Sanctus, Einsetzungsworten, Anamnese, den beiden Epiklesen und einer abschließenden Doxologie befunden haben, die im Unterschied zu der vorliegenden vermutlich mit ἵνα eingeleitet wurde.[85]

---

[81] S.u. S. 31f; vgl. Cuming XXV.

[82] Vgl. u. Anm. 85.

[83] Anders erklärten dies Andrieu/Collomp 498 (u. S. 40 im Komm. z.St.).

[84] Den wenigen auf dem linken Stück sichtbaren Buchstabenresten nach zu urteilen könnte auf der Rückseite ein anderer Schreiber am Werk gewesen sein (u. S. 41 zu *verso* **20**).

[85] Zur Finalsatzform der die Anaphora abschließenden Doxologie vgl. Hammerstaedt, Papierfragmente 289 Anm. 17. Mit der vorliegenden, den Abschluß der Interzessionsgebete bildenden Doxologie vgl. die mitten in den Interzessionen ein Einzelgebet beschließende Doxologie (δι' οὗ κτλ.) in Qaṣr Ibrim 1964, 4/12 fr.1/2+4 Vorderseite 2 (u. S. 129; vgl. übrigens auch van Haelst, Prière 100). Es ist also keineswegs ausgemacht, daß die Interzessionsgebete im Straßburger Papyrus an dieser Stelle tatsächlich ihren Abschluß fanden und nicht noch weitere, ebenfalls in antiken Versionen der Markosanaphora bezeugte Anrufungen einschlossen, wozu u.a. Teile wie das in PVindob. G 16545+17047/38329/38379 *recto* (u. S. 57f) überlieferte Endstück der Interzessionen gehören könnten.

PStraßb. gr. inv. 254 *recto* (Faserverlauf quer)[86]

[cὲ δοξολο-]||
γ̣ε̣ῖ̣[ν · *(+ ca. 25)* · cὲ
εὐ̣λ̣ο̣γ̣εῖν · c̣ο̣ὶ̣ ἀ̣[νθομολογεῖcθαι νύκτωρ τε
καὶ μ[ε]θ̣’ ἡμέραν · c̣ο̣ὶ̣ [τῶ(ι) ποιήcαντι τὸν οὐ-
ραν̣[ὸν κ]α̣ὶ̣ πάντα τὰ ἐν [οὐρ]α̣ν̣[ῶ(ι) γῆν καὶ θα-
λά[ccαc] κ̣αὶ [π]ο̣τ̣αμοὺc κ̣[αὶ π]ά̣ν̣τ̣α̣ τ̣ὰ̣ ἐ̣[ν αὐ-
τ̣ο̣[ῖc · coὶ] τ̣ῶ(ι) ποιή̣[c]α̣[ντι] τ̣ὸν ἄ̣ν̣θρωπο̣ν̣ [κατ’
ἰ̣δ̣[ίαν εἰκόν]α καὶ̣ [καθ’ ὁ]μ̣ο̣ί̣ωcιν π̣άντα̣ δ̣ὲ̣
ἐ̣π̣[οίηcαc δι]ὰ τῆc cοφίαc cου τοῦ φωτὸ̣c̣ τ̣ο̣[ῦ
ἀληθεινοῦ cου υἱοῦ τοῦ κ(υρίο)υ
καὶ c(ωτῆ)ρ(ο)c̣ ἡ̣μῶν̣ Ἰ(ηcο)ῦ Χ(ριcτο)ῦ̣
δι’ οὗ cοι καὶ cὺν αὐτῶ(ι) cὺν ἁ̣γ̣ίω(ι) πν(εύματ)ι̣ ε̣ὐ̣χαριc-
τοῦντεc προcφέρ̣ο̣μ̣εν τ̣ὴν θυ̣c̣ίαν τὴν λο-
γικὴν τὴν ἀ̣ν̣αίμ̣[ακτ]ον λατρε[ί]α̣ν̣ τ̣αύτην
ἣν π̣ρ̣ο̣c̣φέρει cοι πάντα τὰ ἔ̣θνη ἀπ̣’ ἀνατολῶ(ν)
ἡλίου κ̣αὶ μέχρι δυcμῶν̣ [ἀπ]ὸ̣ ἄ̣ρ̣κ̣[τ]ο̣υ καὶ μέ-
χ̣ρ̣ι μ[εc]η̣μ̣β̣ρ̣ί̣α̣c̣ · ὅ̣τ̣[ι μ]έγ[α τὸ ὄ]νομ̣[ά] cου ἐν πᾶ-
cι] τοῖc [ἔ]θνεcιν . καὶ ἐν πα[ντὶ τ]ό̣πω(ι) θυμ̣ί̣α̣μ̣α
προcφέ̣ρετα̣ι̣ [τῶ(ι)] ἁγ[ί]ω(ι) cου [ὀ]νόματι · καὶ θυcία
καθαρά · ἐφ’ ἧ(ι) θυcί̣[α(ι)] κ̣α̣ὶ προcφορᾶ(ι) δεόμεθα
καὶ παρ̣ακαλοῦμεν̣ cε · μνήcθητι τῆc̣ ἁγί-
αc cου καὶ μόνηc [κ]α̣θολικῆ̣c ἐκκληcίαc · πά(ν)-
των τῶν λαῶν κ̣[αὶ] π̣ά̣ν̣τ̣ω̣ν̣ τ̣[ῶ]ν̣ π̣οιμ̣ν̣ί̣ω[ν ·
τὴν ἐξ ο̣ὐ[ρ]α̣ν̣ῶ̣ν εἰρ̣ή̣ν̣[ην] β̣ράβ[ε]υ̣c̣ο̣[ν ταῖc ἁ-
πάντων ἡ]μ̣ῶν καρ̣δί̣[αιc · ἀλ]λ̣ὰ κα[ὶ τοῦ βίου
τού̣[του] τὴν εἰρή̣ν̣[η]ν̣ ἡ̣μ̣ῖ̣ν̣ χάριcαι · τ̣[ὸν βαcιλέα
τῆ̣c̣ γ̣ῆc ⟨ἐν εἰρήνη(ι) διαφύλαξον · δὸc αὐτῶ(ι) φρονεῖν⟩
εἰρηνικ̣ὰ̣ π̣ρὸc ἡμᾶc κα̣ὶ π̣ρὸ[c τὸ ἅγιον
ὄ̣ν̣ο̣μ̣ά̣ cου · τὸν ἡγούμενον τῆc ἐπ[αρχίαc τὰ
c]τ̣ρ̣α̣τ̣ι̣ω̣τ̣ι̣κ̣ὰ τ̣ο̣ὺ̣c̣ ἄ̣ρ̣χον[τ]α̣c · βουλ̣[ὰc δήμουc
γειτονίαc ἡμῶν εἰcόδουc καὶ] ἐξό̣[δουc ἡμῶν
[ἐν πάcη(ι) εἰρήνη(ι) κατακόcμηcον]

---

[86] Zu der für diesen Papyrus gewählten Art der Darstellung des griechischen Textes s. o. S. 17.

0-2 Hammerstaedt **3** Gamber, Papyrusfragment **4** Hammerstaedt **18** ἐφ' ἧ(ι) θυϲί̣[α(ι)] κ̣α̣ὶ προϲφορᾶ(ι) δεόμεθα Hammerstaedt: ἐφηθυϲί[α κ]αὶ προϲφορά. Δεόμεθα Andrieu / Collomp (Gamber, Papyrusfragmente) **21** π̣οιμ̣νί̣ω̣[ν] Hammerstaedt: ποιμνίω[ν ϲου] Andrieu/Collomp **24** τ[ὸν βαϲιλέα] Andrieu/Collomp: τ[ῷ(ι) βαϲιλεῖ] Engberding, Fürbittgebet 402 **25** ⟨ἐν εἰρήνη(ι) διαφύλαξον · δὸϲ αὐτῷ(ι) φρονεῖν⟩ Andrieu/Collomp 509: fortasse ⟨ἐλέηϲον · δὸϲ αὐτῷ(ι) φρονεῖν⟩ Hammerstaedt **26** ἐπ[αρχίαϲ τὰ] Engberding, Fürbittgebet 401 **27-29** Hammerstaedt

[In Wahrheit ist es würdig und recht, ... dich zu] verherrlichen, [... dich] zu loben, dir [Anerkennung zu zollen des nachts] und tagsüber; dir, [der du schufst den] Himmel und alles, was im Himmel ist, [die Erde,] die Meere (**5**) *und die Flüsse und alles, was in ihnen ist; [dir], der du den Menschen erschaffen hast [nach] deinem eigenen [Abbild] und [nach] deiner Ähnlichkeit; alles aber hast du geschaffen durch deine Weisheit, das Licht, deinen wahren Sohn, unseren Herrn und Erlöser Jesus Christus;* (**10**) *durch den wir dir, und mit ihm, mit dem Heiligen Geist dankend das geistige Opfer darbringen, diesen unblutigen Gottesdienst, den dir alle Völker darbringen, vom Aufgang der Sonne bis zu ihrem Untergang, vom Norden bis zum* (**15**) *Süden: Weil dein Name groß ist bei allen Völkern und allenorts deinem heiligen Namen Räucherwerk und ein reines Opfer dargebracht wird; bei diesem Opfer und dieser Darbringung bitten wir dich und rufen dich an: Gedenke* (**20**) *deiner heiligen und einzig allgemeinen Kirche, aller Völker und aller Herden; erkenne unser [aller] Herzen den himmlischen Frieden zu; doch gewähre uns auch den Frieden dieses [Lebens]; <bewahre> den [Herrscher]* (**25**) *der Erde <in Frieden; gib ihm ein, daß er> Friedliches mit uns und mit deinem [heiligen] Namen <im Sinn haben möge>; [schmücke in allem Frieden] den Praeses der Provinz, [das] Heer, die Magistrate, die Ratsversammlungen, die Bürgerschaften, [unsere Nachbarschaften, und diejenigen, die bei uns ein und] ausgehen [...]*

PStraßb. gr. inv. 254 *verso* (Faserverlauf senkrecht)

(+ 10) πάνταϲ πανταχοῦ ἀπ]ο̣κα-
τάϲτηϲον εἰϲ λιμένα ϲωτήριον · ϲυνοδ]ο̣ι-
πόροϲ αὐτῶν γενέϲθαι κα]τ̣α̣ξίωϲο̣[ν] · τ̣οὺϲ
ὑετοὺϲ κατάπεμ]ψον ἐ̣π̣ὶ̣ τοὺϲ ἐ̣π̣ι̣[δ]εο-
μένουϲ τόπουϲ · εὔ]φ̣ρ̣α̣ν̣ο̣ν̣ τ̣[ὸ] π̣ρόϲ[ωπο]ν̣
τῆϲ γ]ῆ̣ϲ̣ [·] πα̣[ρ]ά̣ϲ̣[τη]ϲο̣ν̣ α̣ὐ̣τ̣ὴ̣ν̣ εἰϲ [ϲ]π̣[έρμα
καὶ θ]εριϲμό̣ν̣ · το[ὺϲ καρπ]ούϲ · α̣[ὐτῆϲ ἀβ]λ̣α̣-
βεῖϲ] δ̣ιαφύ̣λαξον̣ διὰ̣ τ̣οὺϲ πτ[ω]χοὺϲ τοῦ λα-

ο]ῦ̣ c̣[ο]ụ δι’ ἡμᾶ̣c̣ πάνταc τοὺc ἐπικαλουμένουc
τ̣ὸ ὄ̣νομά c̣ο̣υ διὰ̣ πάνταc̣ τοὺc ἐλπί̣ζο̣ν̣-
ταc ἐπί cε · τ̣ῶν κεκο̣ι̣μ̣ημένων τ̣ὰc̣ ψ̣υ̣χ̣ὰc
ἀ̣ν̣ά̣παυc[ο]ν̣ · μνή̣c̣θ[ητι κα]ὶ̣ ὧν̣ ἐπὶ τ[ῆc cή]με-
ρον ἡμέρα̣c̣ τὴν̣ ὑπ̣όμν̣ησιν ποιού̣μ̣ε̣θα̣ ·
καὶ ὧν̣ λέγ[ο]μ̣ε̣ν̣ [καὶ] ὧν οὐ̣ λέγομεν τ[ὰ ὀ]νό-
ματα · μ̣[ν]ή̣c̣[θητι κ]αὶ̣ [π]ά̣ν̣τ̣ω̣ν̣ [τῶ]ν̣ ἀ̣[π]α̣[ν]τ̣α̣-
χοῦ ὀρ̣θοδ̣όξων̣ [ἁ]γ̣[ί]ω̣ν π̣α̣τ̣[έ]ρ̣ω̣ν̣ ἡ̣μ̣ῶ̣ν̣ καὶ
ἐπ̣ιcκόπων καὶ δ̣ὸc ἡμ̣ῖ̣ν̣ μ̣ε̣ρ̣ίδα κ̣α̣ὶ κ̣λ̣ῆ̣-
ρον ἔχειν μετὰ τῆc καλ̣λ̣ί̣c̣τ[ηc ὁμιλ]ί[α]c τ̣ῶ̣ν
ἁγίων cου προφη̣τῶν ἀ[ποc]τό̣λω̣ν̣ κ̣[αὶ μ]αρ-
τύρων̣ · τὰc π̣ρ̣εcβεί̣α̣c̣ α̣ὐ̣τ̣ῶν τ[̣] ̣ [̣ ̣ ̣ ̣]η
̣ [*(2/3)*] π̣ροc̣[δε]ξαμ̣ε̣ν̣[*(+ ca. 14)*
(+ 2/3) κατα]ξίω̣co[ν *(+2/3)*]ν π̣ρὸ ὀφθ̣[*(+ca. 7)*
(+8)]ο π̣ροcδ[ε]ξ̣άμενοc ̣ ̣ ̣ [
(+7)]τικὰ αὐτοῖc δ[ώ]ρηcαι διὰ̣ [τοῦ κ(υρίο)]υ
καὶ c(ωτῆ)ρ(ο)c ἡ]μῶν · δι’ οὗ coι δόξα εἰc τοὺc̣ α̣[ἰῶ-
ναc τῶν] α̣ἰώνω̣[ν *(+ 2/3)*] ̣ ̣ [
(6/7)] *(vacat)* [
(8/9)] [

1-2 Hammerstaedt **2** ο̣ι legit Hammerstaedt: cι Andrieu/Collomp **2-3** [cυνοδ]οι|πόροc usque ad [κατα]ξίωc[ον] supplevit Gamber, Papyrusfragment **3** · τ̣ουc Hammerstaedt: ιc (?) Andrieu/Collomp **4-8** usque ad δ̣ιαφύλαξον̣ Hammerstaedt **6-7** [– – – ε]ἰc [cπέρμα καὶ | εἰc θ]εριcμόν Andrieu/Collomp **12** μνή̣c̣θ[ητι κα]ὶ̣ ὧν Hammerstaedt: μνήcθ[ητι] τῶ[ν] Andrieu/Collomp, qui ibid. 511 de μνηcθ[εὶc] cogitaverunt **15-16** Hammerstaedt **18** τῆc καλ̣λ̣ί̣c̣τ[ηc ὁμιλ]ί[α]c Hammerstaedt **21** fortasse π̣ροc̣[δε]ξ̣ά̣μ̣ε̣ν̣[οc]

bringe [alle allenorts] wieder [in einen rettenden Hafen]; geruhe [ihr] Mitreisender [zu werden]; schicke die [Regenfälle] herab auf die lechzenden (**5**) *[Gefilde]; erquicke das Antlitz [der] Erde; mache sie bereit zu Saat [und] Ernte; bewahre ihre Früchte unversehrt um der Bettler deines Volkes willen, um unser aller willen, die wir* (**10**) *deinen Namen anrufen, um aller willen, die auf dich hoffen! Gewähre den Seelen der Entschlafenen Ruhe; gedenke [auch] derjenigen, die wir am heutigen Tag in Erinnerung rufen, sowohl derjenigen, deren Namen wir nennen [als auch] derjenigen, deren Namen wir nicht nennen* (**15**)*; gedenke auch all unserer allenorts rechtgläubigen, heiligen Väter und Bischöfe und gib uns, daß wir einen Anteil und (gemeinsames) Los haben zusammen mit der aller-*

schönsten Gesellschaft deiner heiligen Propheten, Apostel und Märtyrer; (**20**) *ihre Fürsprachen [...] annehmend (?) [...] geruhe [...]; gewähre ihnen [...] durch unseren [Herrn* (**25**) *und Erlöser], durch den dir die Herrlichkeit zukommt bis in die Ewigkeiten der Ewigkeiten.*

Kommentar:

PStraßb. gr. inv. 254 *recto*

Paralleltexte:

A. 1. spätantik/frühbyzantinisch; griechisch: PLitLond. 232 *recto* (u. S. 45f); Qaṣr Ibrim fr. III a/b *verso* 16ff (u. S. 109; entspricht hier *recto* **1-13**); fr. III c *recto* (u. S. 110f; entspricht *recto* **18-27**).

B. mittelalterlich, melkitisch (Anaph. Melk. Mark.): Brightman 125, 23-126, 20 bzw. Cuming 21, 4-22, 7.

C. 1. Kyrillosanaphora griechisch (Anaph. Gr. Kyrill.): Kacmarcikcodex (Kacm.) fol 112v-115r und 29r+v[87] (78-80 Macomber).

C. 2. Kyrillosliturgie sahidisch (Anaph. Sahid. Kyrill.): Weißes Kloster Z 100 p. 39, 1-3 (entspricht *recto* **25-26**); Prag kopt. Ms. II p. 1, 11-5, 3 (118-122 Hažmukovà).

C. 3. Kyrillosanaphora bohairisch (Anaph. Bohair. Kyrill.): Renaudot[2] 1, 40, l. 5-23; p. 41, 5-13.

Der Text des Papyrus setzt kurz nach Beginn der die Anaphora einleitenden Gratiarum actio ein. Gamber, Papyrusfragment rechnete gar an der Oberkante nur mit dem Verlust einer einzigen Zeile, in die er mit seiner Ergänzung den Beginn der Gratiarum actio komprimierte.[88]

Im Vergleich zu den oben angeführten Paralleltexten aus dem Mittelalter ist die vorliegende Fassung knapper.

---

[87] Die Eingliederung des fol. 29r/v ausgeschriebenen Textes eines Interzessionsgebetes ist (wie eine Reihe weiterer derartiger Verweise) durch ein *Incipit* und einen ausdrücklichen Rückverweis in fol. 115r gesichert (zur Anlage des Codex s. Macomber 76).

[88] Der Wortlaut seiner Rekonstruktionen unten Anm. 89. Weitere Mutmaßungen zur Textlänge u. Anm. 122.

1 Die von J. Schwartz[89] erwogenen Lesungen ρε̣υ̣ bzw. γε̣υ̣ passen zu den Spuren, nicht aber zu einer der bekannten Fassungen des Beginns der Markos/Kyrillosanaphora. Doch meine ich, daß der dritte Buchstabe, von dem der linksgekrümmte, unter die Zeile reichende Fuß einer nach rechts versetzten Vertikale sichtbar ist, zur Not auch als Rest eines ι̣ betrachtet werden kann. Die Tendenz dieses Buchstabens, unter der Normalzeile mit einer Linkskrümmung abzuschließen, erkennt man deutlich *recto* **7** (ι̲δ[ίαν]; [ὁ]μ̣ο̣ί̣ωcι̲ν). Stärkere Bedenken an dieser Deutung könnte der große Abstand zum vorhergehenden Buchstaben erwecken, der mit einem υ zweifellos leichter zu erklären wäre. Doch scheint die Schrift gewisse Unregelmäßigkeiten in der Länge der Abstände zuzulassen, z.B. *recto* **24** (ε̲ι̲ρήνην) und *verso* **24** (δ[ώ]ρηcα̲ι̲).

Die Wendung cὲ δοξολογεῖν fehlt zwar in diesem Zusammenhang in Anaph. Melk. Mark., kehrt aber, wenn auch erst (unmittelbar) nach cὲ εὐλογεῖν, in Anaph. Gr. Kyrill. wieder (Kacm. fol. 112v [78 Macomber]); vgl. wohl auch Qaṣr Ibrim fr. III a/b *verso* 16f (u. S. 109).

3 Der Akkusativ [ἡμέ]ρ̣αν kehrt in PLitLond 232 *recto* 3 (s.u. 45) und Gr. Kyrill. (Kacm. fol. 113r) wieder, während Qaṣr Ibrim fr. III a/b *verso* 19 (s.u. 109) ebenso wie Melk. Mark. (Cuming 21, 5; außer Vat. gr. 1970: καθ' ἡμέραν) an μετά den Genitiv anschließt. Von c̣ọι̣ sind die Rundungen von c und o klar erkennbar.

4 [οὐρ]α̣ν̣[ῷ(ι)]: über τ̣ von [π]ά̣ν̣τ̣α̣ (**5**) erkennt man den untersten rechten Zipfel des abschließenden Schrägstrichs von α̣ und das untere Ende der linken Vertikale sowie die Unterseite des rundlichen Übergangs des Schrägstrichs in die rechte Vertikale von ν̣.[90]

---

[89] Briefliche Auskunft, referiert bei Coquin 318 Anm. 27a; Andrieu/Collomp 500 hatten ||cε[(?) gedruckt; dazu vgl. ebd. 492 Anm. zu fr. A 1. In Abwandlung dieser Lesung konstruierte Gamber, Papyrusfragment 34 [καὶ γὰρ ἀληθῶc ἄξιον καὶ δίκαιον καὶ πρέπον ὁ | ὢ]ν δ[έcποτα κύριε θεὲ πάτερ παντοκράτορ cὲ] (vgl. ebd. 32 Anm. 4; zur Schreibung des Vokativs von παντοκράτωρ vgl. u. Anm. 230); später kehrte er unter Zurückweisung von Schwartz zur Lesung von Andrieu/Collomp zurück (Gamber, Bemerkungen 319f mit Anm. 8): [ἀληθῶc γὰρ ἄξιον καὶ δίκαιον καὶ πρέπον] || cὲ [ὁ ὢν δέcποτα κύριε θεὲ πάτερ παντοκράτωρ (hier mit ω)]. In *recto* **2** stellten Andrieu/Collomp εὐλογεῖν [– – – νύκτωρ τε] her; Gamber, Papyrusfragment 34: εὐλογεῖν [cὲ ὑμνεῖν coὶ εὐχαριcτεῖν νύκτωρ τε].

[90] Andrieu/Collomp: [αὐτῷ, γῆν καὶ τὰ ἐν γῇ, θα]|λά[ccαc]; Gamber, Papyrusfragment: [αὐτῷ γῆν καὶ θα]|λά[ccαc]. Die Pluralform θαλάccαc erscheint in Qaṣr Ibrim fr. IIIa/b *verso* 21 (u. S. 109), Melk. Mark (Brightman 125, 27; Cuming 21, 7); Kacm. fol. 113r; Bohair. Kyrill. (Renaudot[2] 1, 40, l. 8: *maria*).

Drei der fünf Mss. von Anaph. Melk. Mark. ergänzen die Worte cοὶ τῷ ποιήcαντι τὸν οὐρανόν ebenfalls mit καὶ τὰ ἐν οὐρανῷ,[91] wie ähnlich auch Qaṣr Ibrim fr. III a/b *verso* 20 (u. S. 109) und PLitLond. 232 *recto* 4 (u. S. 45): [κ(αι) τα εν τ]ω(ι) ουρανω(ι).[92] Für πάντα, das an die kurz darauf folgende Wendung καὶ πάντα τὰ ἐν αὐτοῖc (**5-6**) anklingt, vgl. Kacm. fol. 113 r (78 Macomber).

7-8 Außer Qaṣr Ibrim fr. IIIa/b *verso* 23 haben alle späteren griechischen Fassungen der Markos/Kyrillosliturgie nach πάντα δέ zusätzlich ταῦτα.

8 τῆc cοφίαc cου: In späteren griechischen Fassungen ist nur τῆc cῆc cοφίαc sicher bezeugt.

10 δι' οὗ cοι καὶ cὺν αὐτῷ(ι) cὺν ἁγ̣ίω(ι) πν(εύματ)ι̣ κτλ. bedeutet wörtlich: «durch den wir dir, und mit ihm, mit dem Heiligen Geist dankend das ... Opfer darbringen». Diese merkwürdige, geradezu unverständliche Ausdrucksweise ist durch Reste eines entsprechenden Wortlauts in Qaṣr Ibrim fr. III a/b *recto* 25 mit δι'] ο̣υ cοι κ̣(αι) cυν αυτω cυν αγιω [- - - (u. S. 209), und im ersten Teil mit seinem vorgezogenen καί auch in PLitLond. 232 *recto* 9 durch δι'] ο̣υ cοι κα̣ι cυν α̣υ̣τ[- - - (u. S. 45) für die spätantike Zeit gesichert und kann nicht als bloßer Lapsus erklärt werden.

Allem Anschein nach erfolgte diese Formulierung einer Gebetsvermittlung durch den Gottessohn unter dem Einfluß des ähnlichen Wortlauts von Doxologien.[93] Da deren seit dem 2. Jh. häufiger Wortlaut, demzufolge sich die Herrlichkeit des Gottvaters d u r c h den Gottessohn (δι' οὗ cοι δόξα) einstellt,[94] in den trinitarischen Streitigkeiten des 4. Jh. von Arianern zum Beweis einer Unterordnung des Sohnes unter den Vater herangezogen wurde, ging man bei den Orthodoxen dazu über, in solchen Doxologien, die in Form von Relativsätzen von der Erwähnung des Sohnes ihren Ausgang nahmen, die Herrlichkeit häufig dem Gottvater m i t dem Sohn nachzusagen (μεθ' οὗ cοι δόξα) und hieran statt des herkömmlichen ἐν τῷ ἁγίῳ πνεύματι den Hei-

91 Cuming App. zu 21, 7; es handelt sich um Sin. gr. 2148, Alex. 173 und Vat. gr. 1970. Die Worte fehlen in Vat. gr. 2281 und Mess. gr. SS. Salv. 177.

92 Auch Prag kopt. Ms. II p. 2, 5 hat «and those who are in heaven», vgl. Anaph. Bohair. Kyrill. *et quae in coelis sunt* (Renaudot[2] 1, 40, l. 7sq.).

93 Zur Wirkung der doxologischen Formulierungen im liturgischen Gebet auf Wendungen, in denen Christus als Mittler dargestellt wird, vgl. J.A. Jungmann, Die Stellung Christi im liturgischen Gebet[2] (Münster 1962) 166.

94 Zur Ergänzung der in der Doxologie fehlenden Kopula im Indikativ vgl. A. Stuiber, Art. Doxologie: RAC 4 (1959) 215.

ligen Geist mit den Worten cὺν τῷ ἁγίῳ πνεύματι anzuschließen.[95] So begann man in antiarianischen Kreisen auch damit, dem δι' οὗ ein καί μεθ' οὗ hinzuzufügen.[96] Im Westen benutzte Ambrosius, wie offenbar in den arianerfeindlichen Mailänder Kreisen üblich, Formulierungen wie *per ... Iesum Christum, in quo tibi est, cum quo tibi est honor ... cum spiritu sancto etc.* (sacr. 6, 24 [CSEL 73, 83]) oder *per ... filium suum ..., per quem sibi est, cum quo sibi est laus ... cum spiritu sancto etc.* (sacr. 4, 29 [58]).

Obgleich die Nennung der Trinität an der vorliegenden Stelle, anders als in den Doxologien, nicht aussagen soll, daß Gott die Herrlichkeit durch Christus zukommt, sondern es in diesem Ausdruck der Gebetsvermittlung allein darum geht, daß die Gläubigen Gott durch Christus ihren Dank abstatten, läßt sie zumindest äußerlich große Ähnlichkeit mit einer Doxologie des Typus διά-δι' οὗ[97] erkennen. Die doxologische Formulierung, unter deren Einfluß der vorliegende Satz offenbar steht, suchte wohl die Worte δι' οὗ durch weitere Präzisierung vor einer subordinatistischen Auslegung im Sinne der Arianer zu bewahren, wobei die zu diesem Zweck auf ungeschickte Art[98] hinzugefügte Wendung cὺν αὐτῷ also nicht etwa parallel zu den unverbunden anschließenden Worten cὺν ἁγίῳ πνεύματι steht, sondern durch καί an das einleitende δι' οὗ angeschlossen ist.[99]

Eine sprachlich leichter verständliche, gedanklich jedoch in einen Widerspruch führende Formulierung[100] bietet Melk. Mark. (Brightman 126, 4f δι'

[95] Gegenüberstellung beider Ausdrucksweisen in der 374/75 von Basileios von Caesarea verfaßten Schrift *De spiritu sancto* 3 (SC 17bis 256); vgl. Stuiber a.O. 222. Zur Herstellung der von Jungmann a.O. 25 Anm. 20 als eine höchst seltene Ausnahme betrachteten Mischform δι' οὗ cοὶ ... δόξα cὺν ἁγίῳ πνεύματι in PDêr-Balizeh fol. III *recto* s.u. Anm. 172. Sie erscheint auch z.B. als Abschluß von Rufins um 404 verfaßter *Expositio symboli* (46 [CCL 20, 182]: *per Christum Dominum nostrum, per quem est Deo patri omnipotenti cum spiritu sancto gloria etc.*; vgl. Jungmann a.O. 162; für weitere Beispiele vgl. ebd. 163 Anm. 47).

[96] Belege bei Jungmann a.O. 163f.

[97] Dazu ausführlich Stuiber a.O. (o. Anm. 94) 216.

[98] Besser gewesen wäre eine Wiederholung des Relativpronomens (δι' οὗ καὶ cὺν ᾧ).

[99] Sinngemäß, wenn auch nicht grammatisch, trifft also die Wiedergabe von Quasten 45 (*per quem tibi et cum quo cum sancto spiritu*) durchaus zu; ähnlich Gamber, Papyrusfragment 36 («durch ihn und mit ihm sagen wir Dank im Heiligen Geist»), der aber ἐν ἁγίῳ πνεύματι statt cὺν ἁγίῳ πνεύματι wiedergab.

[100] Denselben Widerspruch nahm Stuiber a.O. 219 in dem Umstand wahr, daß durch Christus (δι' οὗ) die Herrlichkeit nicht eben diesem Christus (cὺν αὐτῷ) zukommen kann, und hielt daher eine Reihe von Doxologien der *Traditio apostolica* ebenso wie Mart. Polyc. 14, 3 (cὲ αἰνῶ, cὲ εὐλογῶ, cὲ δοξάζω διὰ ... Ἰηcοῦ Χριcτοῦ ... δι' οὗ cοὶ cὺν αὐτῷ καὶ πνεύματι ἁγίῳ δόξα κτλ.; dazu Stuiber a.O. 217) für erweitert mit Interpolationen des vier-

οὗ coι[101] cὺν αὐτῷ καὶ ἁγίῳ πνεύματι; übersetzt bei Raes: Hänggi/Pahl³ 103, nr. 321 l. 22 mit *per quem tibi, cum ipso et spiritu sancto*); ebenso Gr. Kyrill. (Kacm. fol. 113v [78 Macomber])[102] und Bohair. Kyrill.[103]

14 καὶ μέχρι δυcμῶν auch in PLitLond. 232 *recto* 13 (u. S. 45; kommentiert S. 48) und Melk. Mark. in Vat. gr. 1970.

18 Die Worte ἐφ' ᾗ θυcίᾳ καὶ προcφορᾷ stellen hier als relativer Anschluß[104] die Überleitung zu den Interzessionen her (vgl. Cuming XXV und die Übersetzung ebd. 69). Wie schon Andrieu/Collomp 507 betrachteten Lampe 587 s.v. ἐφηθυcί[α], Coquin 317 und Gamber, Papyrusfragment 36 die im Straßburger Papyrus überlieferten Buchstaben εφηθυcια als Verschreibung aus einem Substantiv ἐπιθυcία.

Swainson 30 hatte die Gratiarum actio in Melk. Mark. mit ἐπιθυcία καὶ προcφορά abgeschlossen, was dann als erklärender Zusatz zu den vorangehenden Worten θυcία καθαρά aufgefaßt werden müßte,[105] und die Interzessionen mit καὶ δεόμεθα καὶ παρακαλοῦμέν cε κτλ. als neuen Satz beginnen lassen (ebenso Brightman 126, 10; Hänggi/Pahl³ 102, nr. 321 l. 27). Dieser wird in den melkitischen Mss. Vat. gr. 2281, Sin. gr. 2148 und Alex. 173

---

ten Jahrhunderts. Genauso merkwürdig ist es, wenn in der vorliegenden Formulierung durch Christus eben dem Christus gedankt wird.

101 In Vat. gr. 2281 (vgl. Cuming 21, 16) fehlt das zweifellos notwendige coι.

102 Entsprechend ordnet die Schlußdoxologie der Anaphora (Brightman 134, 28f; Cuming 48, 9f; Renaudot² 1, 48, l. 21sq.) die Trinitätspersonen an, jedoch ohne daß sich dort die Schwierigkeiten einstellten, die sich an der vorliegenden Stelle dadurch ergeben, daß diese sich relativisch an die Erwähnung Christi anschließt; schon die in PVindob. G 26134 *verso* 4-6 erhaltene Fassung der Markos/Kyrillosliturgie τὸ πανάγιο[ν] καὶ εὐλογη|μένον cου ὄνομα | cὺν Ἰ(ηcο)ῦ Χ(ριcτ)ῶ(ι) καὶ ἁγίω(ι) πν(εύματ)ι formulierte dort so (*mutatis mutandis* daher wohl auch ähnlich an der vorliegenden Stelle).

103 Ihr abweichender, vielleicht im Blick auf andere Liturgieformulare (vgl. Anaph. Joh. Chrys. [Brightman 322b 13-16]: ὑπὲρ τούτων ἁπάντων εὐχαριcτοῦμέν coι καὶ τῷ μονογενεῖ cου υἱῷ καὶ τῷ πνεύματί cου τῷ ἁγίῳ κτλ.) gewählter Wortlaut bei Renaudot² 1, 40, l. 12 (*propter quod gratias agimus tibi et offerimus tibi, eique simul et spiritui sancto, trinitati sanctae, etc.*) basiert laut Jungmann a.O. (o. Anm. 93) 30 Anm. 14 auf einer Fehlübersetzung. Auch in Prag kopt. Ms. II p. 3, 1f (120 Hažmuková) ist der Text mißverstanden; die Übersetzung lautet «through thee and with him the Holy Ghost» (ebd. 121), wobei schwer zu entscheiden ist, ob eine der beiden griechischen Varianten und wenn, welche zugrundeliegt.

104 Der in dem Relativpronomen ᾗ enthaltenen deiktischen Bedeutung entspricht die bei Coquin 318 (anders Renaudot² 1, 40, l. 18sq.) zitierte lateinische Rückübersetzung aus Anaph. Bohair. Kyrill.: *super hoc sacrificium et hanc oblationem.*

105 Vgl. Coquin 322: «ἐπιθυcία καὶ προcφορά, qui précisent bien de quelle offrande il s'agit».

mit <u>διὸ</u> δεόμεθα καὶ παρακαλοῦμέν cε eingeleitet, ebenso in Kacm. fol. 114 *verso* (79 Macomber), der davor mit der Gemeindeakklamation κύριε ἐλέηcov einen noch stärkeren Einschnitt markiert.[106] Cuming XXV wies freilich darauf hin, daß alle zu dieser Stelle[107] herangezogenen melkitischen Mss. die Präposition ἐπὶ durch den Akzent als Einzelwort neben θυcία stellen.

Auf jeden Fall wäre es sehr bedenklich, in dem recht sorgfältig geschriebenen Straßburger Papyrus die Verschreibung zu einem sonst unbelegten Wort mit völlig unklarer Bedeutung anzunehmen.[108] Daß die Verbindung des (nicht mehr elidierten) ἐπί als Präposition mit dem Dativ noch in mittelalterlichen Mss. durchscheint,[109] und offenbar auch PLitLond. 232 *recto* 17 vor δεομ[εθα κ(αι) παρακα|λουμε]ν̣ c̣ε̣ keinen syntaktischen Einschnitt vornimmt (u. S. 46), weist auf weitere Verbreitung der Straßburger Lesung hin. In späterer Zeit scheint sie verdorben und dann auf verschiedene, sprachlich in keinem Fall befriedigende Art zurechtgelegt worden zu sein.

19 Nach παρακαλοῦμέν cε haben die späteren Fassungen fast immer φιλάνθρωπε (vgl. PLitLond. 232 *recto* 18 [dazu 46]; jedoch wohl nicht Qaṣr Ibrim fr. IIIc *recto* 2 [in Lücke; u. S. 110]).

20 Alle späteren Versionen (außer dem Euchologion Z 100 des Weißen Klosters, p. 39, 1f) bezeichnen die Kirche hier zusätzlich als apostolisch.

21 Mit ποιμνίω[ν cου] würde fast das ganze cου selbst über die längsten anderen Zeilenenden hinausgehen. Es fehlt auch in Vat. gr. 2281 und 1970 (Cuming 23 im Apparat zu 22, 3) sowie in Kacm. fol. 29r (79 Macomber).

24-26 Anaph. Melk. Mark. und Anaph. Gr. Kyrill. (Kacm. fol. 29v) haben hier nur τὸν βαcιλέα und fahren dann (wie hier erst in **26-27**) mit τὰ cτρατιωτικά fort (bzw. mit τὰ cτρατιωτικὰ τάγματα oder τὰ cτρατόπεδα;

---

106 Vgl. Prag kopt. Ms. II p. 4, 3 (122 Hažmuková).

107 Cumings Angabe ihrer Zahl mit fünf ist hier allerdings ein Irrtum, da in Mess. gr. SS. Salv. 177 dieser Abschnitt der Markosliturgie verloren ist (vgl. Cuming XXIXsq. und die ebd. 21f im App. z.St. verzeichneten Mss.).

108 Von Gamber, Papyrusfragment 36 übersetzt mit «Schlachtopfer». Zur Schwierigkeit der Ermittlung der Bedeutung von ἐπιθυcία s. auch Cuming XXV mit Anm. 5. Eine kuriose Deutung bietet Kacm. fol. 114 *verso* mit καὶ θυcία καθαρὰ ἐπὶ θυcίᾳ, καὶ προcφορά. Doch steht einer solchen kumulierenden Bedeutung von ἐπί («Opfer über Opfer»; vgl. LSJ s. v. ἐπί B. I. 1. d.) das Adjektiv καθαρά entgegen, da hierfür die unmittelbare Wiederholung des Begriffs erforderlich ist (anders verhält es sich mit Aesch. Cho. 404 ἄτη ἑτέρᾳ ἐπ' ἄτῃ, weil dort ἑτέρα diesen Sinn unterstützt).

109 Zu Kacm. (ἐπὶ θυcίᾳ) s.o. Anm. 108; προcφορᾶ mit Zirkumflex in Sin. gr. 2148 und Vat. gr. 1970.

Hänggi/Pahl^{3} 104, nr. 321 l. 33; Brightman 126, 18; Cuming 22, 5).[110] Eine ausführliche Bitte für den Kaiser haben sie stattdessen an einer späteren Stelle der Interzessionen (s.u.).

Im Papyrustext fehlt ein finites Verbum. Andrieu/Collomp 508 wiesen auf die Ähnlichkeit mit dem Wortlaut von Anaph. Bohair. Kyrill. hin, die an dieser Stelle ebenfalls einen Überschuß gegenüber Anaph. Melk. Mark. hat.[111] Hiermit wiederum ist die Bitte für den irdischen Herrscher in der Fassung vergleichbar, die Vat. gr. 1970 vor der eigentlichen Anaphora (τὸν βαcιλέα ἡμῶν ἐν εἰρήνῃ καὶ ἀνδρείᾳ καὶ δικαιοcύνῃ διαφύλαξον ... δὸc αὐτῷ, ὁ θεόc, νίκαc, εἰρηνικὰ φρονεῖν ⟨πρὸc⟩ ἡμᾶc καὶ πρὸc τὸ ὄνομά cου τὸ ἅγιον)[112] und in erweiterter und stark veränderter Form wieder an einer späteren Stelle der Interzessionen enthält.[113] Die Ähnlichkeit von ἐν εἰρήνῃ und εἰρηνικά könnte den Ausfall verursacht haben. Noch etwas näher als die hier in den Text aufgenommene Ergänzung von Collomp und Andrieu läge τ̣[ὸν βαcιλέα] | τῆc̣ γῆc ⟨ἐλέηcον κτλ.⟩ an Anaph. Bohair. Kyrill. (vgl. Anm. 111). Engberding, Fürbittgebet 402 wollte den überlieferten Text in Abhängigkeit von δώρηcαι[114] konstruieren, doch ist die Annahme eines Textausfalls unausweichlich.

26 Die zwischen dem Eingehen auf den Kaiser und der Erwähnung von Heer, Magistraten,[115] Ratsversammlungen, dem Volk bis hin zur unmittelba-

---

[110] Vgl. Andrieu/Collomp 508 mit Anm. 3. Ebenso auch Prag kopt. Ms. II p. 4, 14f (122 Hažmuková), denn auch dort kann «king», anders als in Hažmukovás Übersetzung (ebd. 123), entsprechend der üblichen Form der Markosanaphora parallel mit «the soldiers, the rulers etc.» konstruiert werden (Auskunft von Thissen und Weber).

[111] *Domine, miserere regis terrae famuli tui. Conserva illum in pace et justitia et potentia ... fac ut cogitet ea quae pacis sunt erga nos et erga nomen tuum sanctum* (Renaudot^{2} 1, 41, l. 5 und 7-11). Vgl. für diese Stelle auch die Rückübersetzung der Coptica Lovaniensia nr. 29: τὴν βαcιλείαν τοῦ δούλου cου τοῦ φιλοχρίcτου βαcιλέωc ἐν εἰρήνῃ καὶ δικαιοcύνῃ καὶ ἀνδρείᾳ διαφύλαξον· ὑπό[ταξον ... (hier bricht der Text ab); weitere Belege für diese Erweiterung in koptischen und arabischen Quellen bei Andrieu/Collomp 509.

[112] Brightman 114, 24-28; vgl. Cuming 8 im Apparat zu 7, 7f und 9.

[113] Brightman 128, 8-21; vgl. Kacm. 118r und 119r/v (83f Macomber). Eine gewisse Entsprechung für das Attribut τῆc γῆc (vgl. *regis terrae* in der Übersetzung aus Anaph. Bohair. Kyrill.) bietet die im übrigen abweichende Fassung im Manuskript Vat. gr. 2281 (Text zugrundegelegt bei Cuming 7, 7-10): τὴν βαcιλείαν τοῦ δούλου coῦ ὃν προώριcαc βαcιλεύειν ἐπὶ τῆc γῆc ἐν εἰρήνῃ καὶ ἀνδρ(ε)ίᾳ διαφύλαξον.

[114] Diese in allen mittelalterlichen griechischen Fassungen in diesem Zusammenhang gebrauchte Form (vgl. u. S. 50) nannte er offenbar versehentlich anstelle von χάριcαι.

[115] Für die ἄρχοντεc im Fürbittgebet vgl. van Haelst, Prière 110.

ren Nachbarschaft[116] und zu denen, die im eigenen Haus ein- und ausgehen,[117] eingeschaltete Bitte für den ἡγούμενοϲ ist sonst unbelegt. Neben ἡγεμών ist ἡγούμενοϲ Terminus für den *praeses* einer der Provinzen, die wohl kurz vor 300 von Diokletian selbständig neben die nunmehr auf Unterägypten um Alexandrien beschränkte Präfektur gestellt worden waren.[118] In der Wendung ἡγούμενοϲ τῆϲ ἐπαρχίαϲ ist der Begriff ἡγούμενοϲ offenbar in seiner spezifischen, und nicht in seiner weiteren, bisweilen auch auf den *praefectus Aegypti* angewandten Bedeutung gebraucht, der hier dann wohl mit der einfachen Bezeichnung ἔπαρχοϲ benannt worden wäre.[119] Da zwischen 380 und 382 die neue Funktion eines ägyptischen *praefectus augustalis* geschaffen wurde, der als ziviler Gouverneur einer nun gebildeten gesamtägyptischen Diözese eine vermittelnde Rolle zwischen dem Kaiser und den *praesides* der in den diokletianischen Reformen abgespalteten ägyptischen Provinzen spielte, die bislang mit dem Kaiser direkt verkehrt hatten, resultiert für die Formulierung des vorliegenden Anaphorentextes auch ein *terminus ante quem*. Schade, daß PLitLond. 232 *recto* (u. S. 46), der als zeitlich nächstes sicheres Zeugnis der Markosliturgie diesen Abschnitt enthält, kurz vor dieser Stelle abbricht![120]

---

116 In der Ausgabe von Kacm. fol. 29v änderte Macomber 79 die Lesung γιτωνιαϲ (ebd. Anm. 13) wohl kaum zutreffend in γείτοναϲ. Van Haelst, Prière 110f wollte γειτονία an dieser Stelle nach einem Hinweis von L. Robert als ein Stadtviertel bzw. einen Häuserblock (*insula*) mit eigener Verwaltung betrachten.

117 Zu dieser, im Singular schon in Ps. 120, 8 LXX vorkommenden Wendung vgl. van Haelst, Prière 111.

118 Vgl. Jacqueline Lallemand, L'administration civile de l'Égypte de l'avènement de Dioclétien à la création du diocèse (284-382) = MémAcBelge 57, 2 (Bruxelles 1964) 58; zum Datierungsproblem ebd. 43f.

119 Zur Terminologie Lallemand a.O. 60f Anm. 5, die auch die Erwähnung eines *praeses* als ἡγεμὼν τῆϲ ἐπαρχίαϲ verzeichnet; ἡγούμενοϲ τῆϲ ἐπαρχίαϲ für einen *praeses provinciae* außerhalb Ägyptens nachgewiesen bei H.J. Mason, Greek terms for Roman institutions = AmStudPap 13 (Toronto 1974) 149. Engberding, Fürbittgebet 401f hatte hingegen die von ihm wiederhergestellte Erwähnung auf den *praefectus Aegypti* bezogen und gelangte in seinen hieraus folgenden Überlegungen zur Besitzergreifung Ägyptens durch die Araber (644) als *terminus ante quem* (Kritik an seinem *argumentum ex silentio* bei van Haelst, Prière 110). Die Zweifel an einer prinzipiellen Unterscheidung der Amtsbezeichnungen ἔπαρχοϲ und ἡγεμών bei H. Hübner, Der Praefectus Aegypti von Diokletian bis zum Ende der römischen Herrschaft = ErlangerBeitrRechtsgesch A 1 (München-Pasing 1952) 16f wies Lallemand a.O. jedoch zurück.

120 Nach Turners Dafürhalten wohl kaum später als ins 5. Jh., nach van Haelst, Prière 114, der sie neu edierte, möglicherweise sogar ans Ende des 4. Jh. sind die Fürbitten des Ostrakon Tait-Petrie 415 (van Haelst, Catalogue nr. 833) zu setzen. Sie stimmen eng mit den voranaphorischen Interzessionen in Lit. Basil. Alex. überein. Da diese nach Ansicht

27-29 Wohl in der Absicht, mit Zeile 28 einen Abschnitt der Interzessionen enden und auf der Rückseite direkt einen neuen beginnen zu lassen, rekonstruierte Gamber die Zeilen **27-28** unter Auslassung der in Anaph. Melk. Mark. überlieferten Worte, wobei er die von Andrieu/Collomp 500 unter Vorbehalt als εχ̣ gelesenen Buchstaben unberücksichtigt ließ (Ende **28**: jetzt εξο̣).[121] Über die Anzahl der zwischen Vorder- und Rückseite ausgefallenen Zeilen besteht aber keine Sicherheit.[122]

PStraßb. gr. inv. 254 *verso*

Fast alle Elemente der auf dieser Seite enthaltenen Interzessionsgebete er-

---

von van Haelst, Prière 102 wiederum aus den inneranaphorischen Fürbitten der Markosliturgie herrührten (ein umgekehrtes Abhängigkeitsverhältnis zwischen den voranaphorischen Fürbitten nach dem Evangelium und den anaphorischen Fürbitten vermutete Engberding: OrChrPer 30 [1964] 409), zog van Haelst es aufgrund der frühen Abfassungzeit vor, den Ostrakontext nicht als Beispiel für die vor der eigentlichen Anaphora gehaltenen Fürbittgebete in Lit. Basil. Alex., sondern als Zeugnis für den ältesten derzeit bekannten Zustand der Interzessionen in der Markosanaphora zu betrachten (ebd. 96 und 100). Ähnlich wie die mittelalterlichen Fassungen der Markos/Kyrillosliturgie gehen die auf diesem Ostrakon erhaltenen Fürbitten direkt von der Erwähnung der Könige zum Militär über. Die im Vergleich zu PStraßb. gr. inv. 254 knappere Formulierung betrachtete van Haelst als «signe d'archaïsme» (ebd. 99), räumte jedoch an anderer Stelle ein, daß der Straßburger Papyrus ein wenig früher als das Ostrakon anzusetzen sei (ebd. 111). Da diese Bitte des Ostrakons mit einer Nennung der Könige im Plural einsetzt (OTait-Petrie 415 *recto* [konkav] 2-5: τοὺϲ βαϲιλέαϲ, τὰ ϲτρατιω|(τι)κά, τοὺϲ ἄρχονταϲ, τὴν βουλήν, τὸ(ν) | δῆμον, γε⟨ι⟩τονίαϲ ἡμῶν εἰϲόδουϲ ⟨καὶ⟩ ἐξό|δουϲ ἐν πάϲῃ εἰρήνῃ κόϲμηϲον), bezog van Haelst (ebd. 109) sie wohl zu Recht nicht auf alle Könige im allgemeinen, sondern auf eine Periode kollegialer Herrschaft, die er ungefähr zwischen der Regierung von Valentinian und Valens (ab 364) und der Absetzung des Romulus Augustulus (476) ansetzen wollte. In der Tat könnte man darauf verfallen, in PStraßb. gr. inv. 254 *recto* **24** τ[οὺϲ βαϲιλέαϲ] und dementsprechend in **25** [αὐτοῖϲ] zu ergänzen, wenn nicht kurz darauf in **27** die eindeutig ohne Artikel stehenden Reste von βουλ̣[άϲ] nahelegen würden, daß der Straßburger Text den mittelalterlichen Fassungen der Markos/Kyrillosanaphora doch in manchen Beziehungen nähersteht als dem Text des Ostrakons, dessen Beziehung zur Markos/Kyrillosliturgie mithin weiterer Klärung bedarf.

[121] Gamber, Papyrusfragment 34: βου[λὰϲ εἰϲόδουϲ καὶ | ἐξόδουϲ ἡμῶν ἐν πάϲῃ εἰρήνῃ κατακόϲμηϲον].

[122] Andrieu/Collomp 509 nahmen den Ausfall eines Drittels der Gesamtseite an. Cuming XXIV meinte, daß es sich hierbei um das obere Blattdrittel handele. Gamber, Papyrusfragment 34 ließ hingegen die Vorderseite mit der Bitte um Frieden für die weltlichen Herrscher abschließen und die Rückseite mit der Bitte um die Reisenden beginnen, was im Verhältnis zu Anaph. Melk. Mark. (Brightman 126, 21-127, 9) eine Verkürzung von ca. 20 Zeilen bedeuten würde.

scheinen in den (mittelalterlichen) Paralleltexten z.T. umgestellt und oft stark erweitert und mit zusätzlichen Bitten ergänzt. Die Paralleltexte sind daher im Kommentar zu den einzelnen Stellen nachgewiesen.

Bei Andrieu/Collomp sind die Buchstaben von Zeile **1** nicht verzeichnet, so daß beider Zeilennumerierung von der vorliegenden differiert. Gambers Zählung entspricht ihr hingegen, da bei ihm die Rückseite mit einer vollständig ergänzten Zeile einsetzt (Gamber, Papyrusfragment 34).[123]

1-3 Die Spuren vor κα in **1** sprechen nicht gegen, aber auch nicht für ein ọ; von dem ọ in **2** ist immerhin die linke Hälfte erhalten. Natürlich sind die Ergänzungen vor [κα]τ̣α̣ξίωcο̣[ν] in **3** stark hypothetisch, stimmen jedoch in etwas kürzerer Form mit der entsprechenden Passage der Fürbitte für die Reisenden im Vat. gr. 1970 von Anaph. Melk. Mark. überein (Brightman 127, 13-15): πάντας πανταχοῦ ἀποκατάστηcον εἰc λιμένα εὔδιον, εἰc λιμένα cωτήριον, cύμπλουc καὶ cυνοδοιπόροc αὐτῶν γενέcθαι καταξίωcον (ähnlich Kacm. fol. 116r [81 Macomber], während diese Wendung in Vat. gr. 2281, Alex. 173 und Sin. gr. 2148 fehlt [vgl. Cuming 24f]). Für Anaph. Sahid. Kyrill. vgl. Prag kopt. Ms. II p. 10, 10-14 (130 Hažmuková), für Anaph. Bohair. Kyrill. vgl. Renaudot^2 1, 40, l. 33-36. Nach den Ergänzungen von Gamber, Papyrusfragment 34f hätte die Seite mit einem neuen Abschnitt der Interzessionen (Brightman 127, 10) einsetzen sollen.

3-5 Vgl. Kacm. 117v (83 Macomber): τοὺc ἀγαθοὺc ὑετοὺc κατάπεμψον ἐπὶ τοὺc χρῄζονταc καὶ ἐπιδεομένουc τόπουc; ebenso Anaph. Melk. Mark. (Cuming 25, 4f) außer Vat. gr. 1970 (Brightman 127, 19f), der zu τοὺc ὑετοὺc ἀγαθοὺc πλουcίωc κατάπεμψον κτλ. erweitert.[124]

5-6 Vgl. Anaph. Melk. Mark. (Cuming 25, 6): εὔφρανον καὶ ἀνακαίνιcον τὸ πρόcωπον τῆc γῆc. Vor τὸ πρόcωπον schreibt Vat. gr. 1970 (Brightman 127, 20f) τῇ καταβάcει αὐτῶν. Kacm. 118r (83 Macomber) deutet hier die mehrfach bereits vorher ausgesprochene Bitte (voller Wortlaut fol. 117r [82 Macomber]) nur noch mit einem auf εὔφρανον folgenden πάλιν an.[125]

---

[123] **1-8** bei Gamber, Papyrusfragment 34f: [τοὺc ἀποδημήcαντεc (sic) ἡμῶν ἀδελφοὺc ἐν παντὶ | τόπῳ κατευόδωcον cύμπλουc καὶ cυνοδ]οιἰπόροc αὐτῶν γενέcθαι καταξίωc[ον ἀπόδοc το]ῖc | [οἰκείοιc αὐτῶν ὑγιαί]νο[νταc] τοὺc [ὑετούc c]ο[υ | κατάπεμψον εὔφ]ρα[ν]ο[ν τὸ πρ]ό[cωπον τῆc γῆ]c | [τὰ γεννήματα] cο[ῦ] π[αράcτηcον ε]ἰc [cπέρμα καὶ | εἰc θ]εριcμόν [τ]ο[ὺc καρπ]οὺc [ἀκεραίουc καὶ cώουc] διαφύλαξο[ν].

[124] Vgl. Coptica Lovaniensia nr. 29 (griechische Rückübersetzung: τοὺc ὑετούc cου κατάπεμψον ἐπὶ τοὺc χρῄζονταc καὶ ἐπιδεομένουc τόπουc).

[125] Vgl. im übrigen Coptica Lovaniensia nr. 29 (in Rückübersetzung: εὔφρανον τὸ πρόcωπον τῆc γῆc); Prag kopt. Ms. II p. 11, 13f und 12, 4 (132 Hažmuková).

5 Von dem ν am Zeilenende sind der rundliche Übergang des Schrägstrichs in die rechte Vertikale und deren Spitze erkennbar.

6-8 Während fast alle Mss. von Anaph. Melk. Mark. nur um Segnung und Bewahrung der Früchte bitten (Cuming 26, 19f: τοὺc καρποὺc τῆc γῆc, Κύριε, εὐλόγηcον· cώουc καὶ ἀβλαβεῖc ἡμῖν αὐτοὺc διαφύλαξον),[126] enthalten Vat. gr. 1970 und Anaph. Gr. Kyrill. anschließend an dieses Gesuch die Bitte, daß sie (die Früchte bzw. ihr Ertrag, nicht die Erde selbst!) Samen und Ertrag bringen mögen: τοὺc καρποὺc τῆc γῆc, Κύριε, εὐλόγηcον, cώουc καὶ ἀκεραίουc ἡμῖν διατήρηcον, παράcτηcον ἡμῖν αὐτοὺc εἰc cπέρμα καὶ θεριcμόν (Brightman 127, 26-28); τοὺc καρποὺc τῆc γῆc, Κύριε, εὐλόγηcον· cώουc καὶ ἀβλαβεῖc ἡμῖν αὐτοὺc διαφύλαξον ... τοὺc αὔλακαc αὐτῆc (scil. τῆc γῆc) μέθυcον· πλήθυνον τὸ γέν⟨ν⟩ημα[127] αὐτῆc· παράcτηcον ἡμῖν αὐτὸ εἰc cπέρμα καὶ εἰc θεριcμόν (Kacm. fol. 116v; anschließend fol. 45v-46r [81f Macomber]).[128] Wie der vorliegende Text verbindet die koptische Fassung der Basileiosliturgie Samen und Ertrag mit der Erde, und nicht mit den Früchten (lateinische Übersetzung bei Renaudot² 1, 17, l. 2-4: *laetifica faciem terrae ... praepara ei sementem et messem*; vgl. Brightman 167, 30-32), ebenso die griechische Anaph. Basil. Alex. (Renaudot² 1, 69): εὔφρανον ... τὸ πρόcωπον τῆc γῆc ... παράcτηcον ἡμῖν αὐτὸ εἰc cπέρμα καὶ εἰc θεριcμόν.

6 αὐτὴν: von α ist die linke und rechte untere Ecke erhalten, von υ der Beginn der Gabelung beider Schrägstriche. Statt τη lasen Andrieu/Collomp 501 ein aus dem fast vollständig sichtbaren τ und der erhaltenen linken Vertikale des η gebildetes π. Doch sind vom η noch der Ansatz des Querstrichs in der Mitte seiner linken Vertikale und die blasse untere Hälfte der rechten Vertikale sichtbar. Das ν wird nur durch das untere Ende der linken Vertikale repräsentiert.

7 Am Zeilenende ist α fast vollständig. Abgebrochen ist die linke Ecke, doch die schwachen Spuren des oberen linken Schrägstrichs scheinen die von

---

126 Vgl. Prag kopt. Ms. II p. 6, 13-15 (124 Hažmuková).

127 Macomber stellte die Überlieferung (τα γενημα) zu τὰ γεννήματα her. Doch erfordert αὐτό im nächsten Satz die Herstellung des Singulars, da ein Rückbezug auf das weiter vorher (fol. 117r [82 Macomber]) erscheinende πρόcωπον (τῆc γῆc) durch das unmittelbar zuvor von der Erde ausgesagte Pronomen αὐτῆc ausgeschlossen wird.

128 Die griechische Rückübersetzung von Coptica Lovaniensia nr. 29 lautet πλήθυνον τὰ γεννήματα αὐτῆc εἰc τὸ παριcτάναι τὸν cπόρον καὶ τὸν θεριcμόν. Einige Zeilen später: ἡμῖν χάριcον πλουcίωc τοὺc καρποὺc τῆc γῆc· εὐλόγηcον· αὔξηcον αὐτούc· διαφύλαξον ἡμῖν αὐτοὺc ἀκεραίουc καὶ cώουc.

Andrieu/Collomp vermutete Lesung eines λ auszuschließen. Von λ̣ ist nur ein Teil des rechten Schrägstrichs erhalten. Nicht unpassend wäre ἡ̣μῖν nach καρπούϲ. Die Spuren scheinen dies jedoch nicht zuzulassen, sondern am ehesten mit der linken, leicht abgerundeten Spitze eines α̣ übereinzustimmen.

Die Interpunktion nach καρπούϲ ist offenbar verkehrt gesetzt.[129]

8-11 Vat. gr. 1970 bietet: διὰ τοὺϲ πτωχοὺϲ τοῦ λαοῦ ϲου ... δι' ἡμᾶϲ πάνταϲ τοὺϲ ἐλπίζονταϲ ἐπί ϲε καὶ ἐπικαλουμένουϲ τὸ ὄνομά ϲου τὸ ἅγιον (Brightman 127, 32 und 128, 1-3; vgl. Kacm. fol. 46v [82 Macomber]), die anderen melkitischen Mss. lassen ἐπί ϲε nach ἐλπίζονταϲ aus (Cuming 26, 41-43 mit App.).[130]

11-12 Vgl. Anaph. Melk. Mark. (Brightman 128, 22f; Cuming 29, 2-5): τῶν ἐν πίϲτει Χριϲτοῦ προκεκοιμημένων πατέρων τε καὶ ἀδελφῶν τὰϲ ψυχὰϲ ἀνάπαυϲον; ebenso Weißes Kloster Z 100 p. 39, 7f; dies erweitert leicht Kacm. fol. 119r (84 Macomber) und Anaph. Bohair. Kyrill. (Renaudot[2] 1, 41, l. 14sq.).

12-15 In **12-13** wird die Lektüre der Diptycha mit den (jeweils einzusetzenden) Namen der Verstorbenen eingeleitet (vgl. Brightman 128, 26f; Cuming 29, 9) und in **13-14** abgeschlossen (gleicher Hergang Kacm. fol. 122r/v [86 Macomber]: πάλιν οὖν μνήϲθητι καὶ ὧν ἐν τῇ ϲήμερον ἡμέρᾳ τὴν ὑπόμνηϲιν ποιούμεθα· καὶ τούτων καὶ πάντων, Δέϲποτα, ὧν εἴπομεν τὰ ὀνόματα καὶ ὧν οὐκ εἴπομεν, ἐν πίϲτει Χριϲτοῦ προαναπαυϲαμένων; vgl. Weißes Kloster Z 100 p. 40, 3f; Renaudot[2] 1, 41, l. 31-33).

12 Bei der hier angenommenen Lesung reicht das ι von [κα]ί̣ zwar sehr weit unter die Zeile (vgl. aber immerhin das ι von δ[ώ]ρηϲαι in **24**), gibt jedoch, obgleich es deutlich sichtbar ist, nicht die geringste Spur eines Querstrichs zu erkennen, der es zu einem τ werden ließe.

15-17 Vgl. in Anaph. Melk. Mark. ungefähr Cuming 29, 6f μνήϲθητι, Κύριε, τῶν ἁγίων τῶν ἀπ' αἰῶνοϲ προπατόρων πατέρων, πατριαρχῶν προφητῶν ἀποϲτόλων μαρτύρων κτλ. (die drei letztgenannten Personenkreise erscheinen in dieser Abfolge in **19-20**); mit etwas anderem Beginn Vat. gr. 1970 (Brightman 128, 23-25); Anklänge auch in der späteren Bitte für die Lebenden (Cuming 33, 14f; Brightman 130, 7f μνήϲθητι δὲ καὶ τῶν ἀπαντα-

---

[129] Ähnlich seltsam erscheint der Hochpunkt in *recto* **17**.

[130] Vgl. die Rückübersetzung von Coptica Lovaniensia nr. 29 διὰ τοὺϲ πτωχοὺϲ τοῦ λαοῦ ϲου ... τοὺϲ ἐλπίζονταϲ ἐπί ϲε καὶ ἐπικαλουμένουϲ τὸ ὄνομά ϲου τὸ ἅγιον (so nach Auskunft von Thissen und Weber offenbar auch in Prag kopt. Ms. II p. 6, 1-4; 7, 1-4 [124 Hažmuková]).

χοῦ ὀρθοδόξων ἐπισκόπων κτλ.); näher, wenn auch leicht umgestellt, Kacm. fol. 122r (86 Macomber) nach den Diptycha: μνήϲθητι, Κύριε, καὶ τῶν προκεκοιμημένων ἁγίων πατέρων ἡμῶν, ὀρθοδόξων ἀρχιεπισκόπων; ähnlich schon vor den Diptycha nach der ausführlichen Bitte um den Kaiser fol. 119r/v (84 Macomber): μνηϲθείϲ, Κύριε, πάντων τῶν ἁγίων προπατόρων τῶν ἀπ' αἰῶνοϲ εὐαρεϲτηϲάντων ϲοι, ἁγίων πατέρων, πατριαρχῶν, ἀποϲτόλων ... μαρτύρων ... ἐπιϲκόπων; vgl. Renaudot² 1, 41, l. 28sq. *memento, Domine, patrum nostrorum orthodoxorum archiepiscoporum, quorum obitus praecessit*; erweitert im Großen Euchologion des Weißen Klosters Z 100 p. 39, 8-12. Vgl. in ähnlichem Zusammenhang Anaph. Gr. Greg. (l. 355sq. Gerhards): μνήϲθητι, κύριε, τῶν προλαβόντων ὁϲίων πατέρων ἡμῶν, ὀρθοδόξων ἐπιϲκόπων.

15 Schon Andrieu/Collomp 497 (zu fr. C 14) erklärten die Spuren nach ματα · für vereinbar mit der linken Hälfte eines μ,[131] dessen Auf- und Abstrich ohne abzusetzen zur Schleife geschwungen sind. Das η̣ ist in allen Elementen erhalten, aber etwas entstellt. Von ϲ̣ sieht man noch ein rundes Fragment aus dem linken Unterteil; ι̣: Fragmente des Unterteils; ab hier ist bestenfalls der untere Zeilenrand erhalten; α̣¹: schwach linker unterer Winkel und rechtes unteres Ende; ν̣¹: Unterteil linker Vertikale; τ̣¹: Fuß; ω̣: sehr schwach Unterteil des linken Bauchs; ν̣²: schwache Spuren vom Unterteil; ν̣³: Unterteile beider Vertikalen, schwach Unterteil der Diagonale; α̣²⁻⁴: jeweils linker Winkel schwach; τ̣²: Fuß.

17-18 Vgl. Anaph. Melk. Mark. (Brightman 129, 18f; Cuming 30, 33f): καὶ δὸϲ ἡμῖν μερίδα καὶ κλῆρον ἔχειν μετὰ πάντων τῶν ἁγίων ϲου; weiterhin Qaṣr Ibrim 1964, 4/12 fr. 1/2+4 (Rückseite) 1-3 (u. S. 130); Kacm. fol. 105v (87 Macomber); Weißes Kloster Z 100 pp. 40, 33-41, 2); schon unmittelbar vor Verlesung der Diptycha bietet Kacm. fol. 122r (86 Macomber) καὶ δὸϲ ἡμῖν μερίδα καὶ κλῆρον ἔχειν ϲὺν αὐτοῖϲ πᾶϲιν (scil. den verstorbenen Heiligen Vätern und orthodoxen Erzbischöfen: s. den zu **15-17** zitierten Text); diese Bitte hat das Große Euchologion des Weißen Klosters Z 100 p. 40, 2f an entsprechender Stelle nicht, dafür aber Bohair. Kyrill. (Renaudot² 1, 41, l. 30).

[131] Gamber, Papyrusfragment füllte die Lücke mit [μνήϲθητι δὲ καὶ τῶν ἀπαντα]|χοῦ aus; mit längerem Text, falls nicht entgegen Gambers der Herrenname abgekürzt wird, ders., Bemerkungen 320: [μνήϲθητι κύριε καὶ τῶν ἀπαντα]|χοῦ.

18 Von dem zweiten λ in καλλίςτης ist der unter dem ersten λ ansetzende Beginn des Aufstrichs und das rechte Ende des Abstrichs erhalten, ι̣ und ϲ̣ sind in Umrissen erkennbar, während von τ̣ die Vertikale zu sehen ist.[132]

20-24 Eine überzeugende zusammenhängende Ergänzung der Lücken ist bisher nicht gelungen.[133] Allem Anschein nach wird hier um gnädiges Gehör für die Fürbitte der Propheten, Apostel und Märtyrer wegen der Verfehlungen der Gemeindemitglieder ersucht (vgl. Kacm. fol. 120v [84 Macomber]: ἵλεως γενοῦ ταῖς ἀνομίαις ἡμῶν διὰ τὰς πρεςβείας αὐτῶν τὰς ὁςίας; Weißes Kloster Z 100 p. 39, 27-29; Renaudot^2 1, 41, l. 25). Die aufeinander folgenden Imperative καταξίωςον und δώρηςαι stehen in einem zumindest grundsätzlich vergleichbaren Zusammenhang in Anaph. Melk. Mark. nach Verlesung der Diptycha (Brigthman 129, 15-18: αὐτῶν μὲν τὰς ψυχὰς ἀνάπαυςον καὶ βαςιλείας οὐρανῶν καταξίωςον, ἡμῶν δὲ τὰ τέλη τῆς ζωῆς χριςτιανὰ καὶ εὐάρεςτα καὶ ἀναμάρτητα δώρηςαι; ebenso Cuming 30, 30-33); ohne δώρηςαι, und an anderer Stelle, nämlich als Ende der Bitte um die Heiligen Väter Abraham, Isaak und Jakob, erscheinen diese Worte in Kacm. (fol. 105v [87 Macomber]; vgl. Weißes Kloster Z 100 p. 40, 29-33), wobei καταξίωςον dort kurz zuvor mit παριδεῖν (scil. εἴ τι ... πλημμέληνται ἢ παρεώρανται) verbunden ist (fol. 105r [86 Macomber]).

20 Die fehlenden Buchstaben in α̣ὐ̣τῶν τ[......]η sind durch zwei darüberliegende Papyrusstückchen verdeckt, von denen das linke mit ην, und unter dem η mit dem oberen Ende einer Vertikale beschrieben ist, während die ebenfalls in horizontalen Fasern verlaufende Oberfläche des rechten Stücks nach oben umgeklappt ist und so ihren Text verbirgt. An der rechten Seite des auf dem linken Stück befindlichen ν erkennt man mit dem Mikroskop Spuren des verdeckten Buchstabens der darunterliegenden Hauptschicht, wobei es sich um die rechten Enden eines ϲ oder ε handeln könnte. Andrieu/Collomp 498 zu fr. D 19 erkannten nur das rechte Stück als fremde Schicht, während sie die Buchstaben des linken in den laufenden Text einfügten und α[ὐ]τῶν τήν lasen. Da die Spitze der rechten Vertikale des η wieder

---

[132] Quasten 47 n. 8 konjizierte τῆς καλ[ῆς ὁμιλίας τῶν]; Gamber, Papyrusfragment 35: τῆς καλ[ῆς ἐκκληςίας τῶ]ν, doch folgte er später Quasten (Gamber, Bemerkungen 320).

[133] Nachdem Andrieu/Collomp in **21** vermutungsweise [- - - πρός[δεξαι (?) - -] gedruckt hatten, ergänzte Gamber die Zeilen **20-24** zunächst teilweise (Papyrusfragment 35) und schließlich vollständig (Bemerkungen 320): τα[ῖ]ς πρεςβεία[ις αὐ]τῶν τὴν [εὐχ]ὴ[ν | ταύτην] πρός[δεξαι εἰς τὸ ἐπουρ]ά[νιό]ν [ςου θυςιαςτήριον καὶ κατα]ξίω[ς]ο[ν πά]ν[τας π]ρὸ ὀφ|[θαλμῶν ςο]υ προςδ[εξ]άμει (sic, = προςδεξάμενος?) [καταςτῆναι καὶ | δῶρα πνευμα]τικὰ αὐτοῖς.

nach rechts unten abknickt, wie es sonst in keinem anderen η auf dem Papyrus vorkommt, ist nicht auszuschließen, daß die Schrift von einem anderen Schreiber stammt.

22 θ̣ linkes Drittel erhalten; könnte auch ε̣ sein.

23 Das erste ο mit Sicherheit kein c, wie Andrieu/Collomp lasen.

25-26 Zur Funktion dieser keineswegs den Abschluß der Anaphora markierenden doxologischen Formel o. S. 22f mit Anm. 80 und 85. Der Heilige Geist bleibt unerwähnt; eine Parallele aus dem 4. Jh., die zwar keinem liturgischen Text, aber immerhin einem offiziellen kirchlichen Schreiben entstammt, bietet der Abschluß des in Athanas. apol. 2, 35, 8 (2, 1, 113 Opitz) zitierten Briefs des römischen Bischofs Julius: ἵνα καὶ αἱ ἐκκληcίαι ... χαίρωcι ... ἐν Χριcτῷ Ἰηcοῦ τῷ κυρίῳ ἡμῶν, δι' οὗ τῷ πατρὶ ἡ δόξα εἰc τοὺc αἰῶναc τῶν αἰώνων. Stuiber a.O. (o. Anm. 94) 224 erklärte das Fehlen des Heiligen Geistes an jener Stelle als bloßen Zufall.

26 Die Buchstabenoberteile in Zeilenmitte könnten von ἀμήν stammen. Eine Zuweisung der einzelnen Spuren zu bestimmten Buchstaben (α oder μ) scheint jedoch schwierig.

2. PLitLond. 232 (van Haelst, Catalogue nr. 934): a) Gratiarum actio und Interzessionen der Markos/Kyrillosanaphora b) Dankgebet nach Kommunion

Abb. Taf. I+II. Editio princeps der damals noch unidentifizierten, daher nicht ergänzten und aufgrund ihrer schlechten Lesbarkeit nur sehr unvollständig entzifferten Texte bei Milne,[134] der die Schrift ins 6. oder 7. Jh. datierte. Mercati, Anafora erkannte die richtige Abfolge der beiden von diesem Pergamentblatt erhaltenen Fragmente,[135] die Übereinstimmung des Textes der Vorderseite mit dem Beginn der Markosanaphora und die Verwandtschaft des Textes der Rückseite mit anderen Dankgebeten nach der Kommunion.[136] Er ergänzte den Text der Vorderseite auf der Grundlage von Milnes Lesungen mit Worten vom Beginn der Markosanaphora in PStraßb. gr. inv. 254,[137] gab aber zu verstehen, daß sein Versuch nicht als Neuedition des Papyrustextes aufzufassen sei.[138] Er wollte lediglich die hohe Übereinstimmung des Londoner Pergaments mit dem Text der Straßburger Fassung der Markosliturgie dadurch verdeutlichen, daß er den Wortlaut des Straßburger Papyrus ohne Berücksichtigung der Zeilenlänge und -trennung in die Lücken von PLitLond. 232 einsetzte.[139]

---

[134] H.J.M. Milne, Catalogue of the literary papyri in the British Museum (London 1927) 196f; dort ist *recto* **11-20** (unter Erwähnung von vier weiteren unleserlichen Zeilen) und *verso* **11-15** als fr. 1 sowie *recto* **1-10** und *verso* **1-11** unter Vertauschung von Haar- und Fleischseite als fr. 2 wiedergegeben.

[135] British Library, inv. no. 2037 EF.

[136] G. Mercati, L'anafora di S. Marco riconosciuta in un frammento membranaceo del Museo Britannico: Aegyptus 30 (1950) 3-7.

[137] Ebd. 5f. Die unter demselben Glas befindlichen Fragmente 2037 A-D, durch deren zusätzliche Berücksichtigung er weiteren Aufschluß über die Markosanaphora erhoffte (ebd. 7), sind von völlig anderer Beschaffenheit und stehen mit den hier behandelten Fragmenten 2037 EF in keinem Zusammenhang.

[138] So irrtümlich Gamber, Bemerkungen 316, der die Londoner Pergamentfragmente für von Mercati, Anafora «ediert» ansah und daher diesen Versuch als «in verschiedener Hinsicht unvollkommen» tadelte.

[139] Mercati, Anafora 5: «Infatti molte parole dell'anafora che riproduciamo da Andrieu-Collomp non possono essere contenute entro lo spazio disponibile nel frammento pergamenaceo».

Eine von orthographischen Besonderheiten bereinigte Neuausgabe fertigte Gamber an.[140] Bei seiner ebenfalls allein auf Milnes Lesungen basierenden Edition achtete er zwar mehr auf Einhaltung einer gleichmäßigen Zeilenlänge, setzte aber den jeweiligen Zeilenbeginn entsprechend dem Druckbild von Milnes Ausgabe, und mit nur unwesentlichen Abweichungen von Mercatis Text, im oberen ebenso wie im unteren Teil des Textes ein bis drei Buchstaben vor Anfang der jeweils ersten gedruckten Buchstaben an. Auf dem Photo der beiden Fragmente, deren richtige Zusammenfügung 1976 durch Quecke veranlaßt wurde,[141] ist jedoch klar zu erkennen, daß der linke Textrand der oberen Zeilen erheblich weiter rechts liegt als die ersten erhaltenen Buchstaben im unteren Bereich des Blattes.

Erst wieder Cuming hat die *recto*-Seite der Fragmente für seinen freilich fast auf jede Textergänzung sowie auf eine Ermittlung von Zeilenlänge und -beginn verzichtenden und auch sonst recht eng an Milne anschließenden Abdruck zumindest teilweise selbst kontrolliert.[142]

Für die hier vorgelegte Neuedition wurde somit zum ersten Mal der Versuch unternommen, den mutmaßlichen Text der Vorderseite aufgrund einer erneuten Durchsicht des Originals und der Photographien, die hauptsächlich für die Nachzeichnung des am rechten und linken Ende ergänzten Textes auf Durchschlagpapier dienten, mit Hilfe der jetzt bekannten Fassungen der Markosliturgie durchgehend zu rekonstruieren. Durch den glücklichen Umstand, daß beide Stücke auf Anregung von Quecke jetzt unter ihrer Verglasung zusammengefügt sind, wurde die – natürlich stets hypothetisch bleibende – Berechnung der mutmaßlichen Länge von Textlücken und besonders die Textherstellung in den auseinandergerissenen Zeilen *recto* **9-11** und *verso* **9-11** erheblich erleichtert.

Milne hatte ohne Angabe von Gründen die Herkunft der beiden Fragmente aus einem Codex (oder gar zwei verschiedenen Codices) angenommen. Zu-

---

140 K. Gamber, Bemerkungen zu ägyptischen Anaphora-Fragmenten: OstkStud 22 (1973) 316-326, dort 317-320. Mit dem Dankgebet nach der Kommunion befaßte sich vorher bereits H. Engberding, Neues Licht über die Geschichte des Textes der ägyptischen Markusliturgie: Oriens Christianus 40 bzw. Ser. 4, 4 (1956) 40-68.

141 Vgl. H. Quecke, Rez. Cuming: OrChristPer 60 (1994) 294.

142 Der Textabdruck bei Cuming 63 basiert an mehreren Stellen (*recto* **3**; **5**; **7-9**; **19** und die Zeilen **21-22**, die Milne noch als unleserlich beiseite gelassen hatte) ganz offensichtlich auf – teils allerdings anfechtbaren – Neulesungen. Cuming selbst deutete in seinem postum erschienenen Werk eine solche Revision nur indirekt mit dem Hinweis an, daß *recto* **21-22** bis dahin noch nicht gedruckt worden war (vgl. Quecke, Rez. Cuming 294).

gunsten der Provenienz des Blattes aus einem Buch führte Gamber, Bemerkungen 317 und 320 ins Feld, daß der restliche Text der Markosanaphora unter keinen Umständen zwischen das Ende der Vorderseite und den Beginn der Rückseite dieses Blattes in seiner mutmaßlichen Länge passe. Die seit Milne übliche Seitenfolge sei also umzukehren. Das Blatt enthalte als Teil eines mehrere verschiedene Anaphoren umfassenden Liturgiebuchs auf dem – von Gamber für die Vorderseite erklärten – *verso* das Ende einer (unbestimmten) Anaphora, während auf dem von Gamber als Rückseite betrachteten *recto* der Beginn der Markosanaphora stünde.[143]

Die Annahme, daß die auf dem Blatt erhaltenen Abschnitte zu Abschriften vollständiger Liturgien gehören, ist jedoch nicht notwendig.[144] Die auf beiden Seiten fast schlangenlinienhaft verlaufenden, nachlässig gezogenen Zeilen und die Unregelmäßigkeit der Schriftgröße scheinen eher gegen die Zugehörigkeit des Blattes zu einem Buch zu sprechen, das wohl mit größerer Sorgfalt gestaltet worden wäre.[145] Im übrigen vermute ich, daß Vorder- und Rückseite vom zwei verschiedenen Schreibern stammen.[146]

Da die ursprünglichen Seitenränder nicht erhalten sind, der Schreiber der Vorderseite zwischen Abkürzung und Ausschreibung von καί schwankt[147] und keine Klarheit darüber besteht, welche Begriffe abgesehen von κ(υρίο)υ in *recto* **8** er mit welcher Konsequenz als Nomina sacra abkürzt, bleibt die Länge der einzelnen Ergänzungen und die genaue Zeilenabteilung auch in der hier vorgelegten Edition hypothetisch. Eine gewisse Sicherheit bei der Bestimmung der ursprünglichen Zeilenbreite der Vorderseite gewährleistet im-

---

[143] Gambers Vermutung würde, wenn es sich, wie allerdings auch Quecke, Rez. Cuming bezweifelt hat, tatsächlich um Codexreste handelte, dadurch gestützt, daß der Text des Dankgebets nach der Kommunion auf der Fleischseite nicht die gesamte Seite des Blattes ausfüllt (Quecke, Rez. Cuming 294).

[144] Zwar enthielten die Codexblätter PBarc. inv. 154b 1 - 155b 18, allem Anschein nach der einem Codex entstammende PDer-Balizeh (u. S. 171f) und vermutlich das Codexblatt PVindob. G 26134 (u. S. 96f; vielleicht auch PStraßb. gr. inv. 254; o. S. 22f) eine vollständige Liturgie, doch setzt das Einzelpergamentblatt PRyl. gr. 465 (u. S. 76f) erst nach dem Sanctus ein (ebenso das koptische Ostrakon Brit. Mus. nr. 54036 *recto*). Ausschließlich den Anfang der Anaphora enthält PVindob. G 19937 (u. S. 138; die «Athanasiosanaphora» aus Qaṣr Ibrim [u. S. 135] kann wegen der besonderen zeitlichen und räumlichen Stellung der dort gefundenen Zeugnisse nicht leicht zum Vergleich herangezogen werden).

[145] Vgl. auch Quecke, Rez. Cuming 294.

[146] Ein ähnlicher Fall läge in PRyl. gr. 465 vor (u. S. 91f).

[147] Abgekürzt *recto* **13, 14, 15, 17, 20**; nicht abgekürzt *recto* **4** (?), **5** (?), **9**.

merhin der Text in *recto* **13-15**, der aufgrund seiner sonstigen Überlieferung recht sicher feststeht.

Weil von dem auf der Rückseite erhaltenen Dankgebet nach der Kommunion keine engen Textparallelen erhalten sind, konnten für die Ermittlung seiner mutmaßlichen Zeilenlänge und -abteilung nur die Ergebnisse der Vorderseite herangezogen werden.

Die größte Höhe der beiden zusammengesetzten Stücke beträgt 11 cm, die größte Breite 8, 4 cm; die letzten 4 cm der Rückseite sind unbeschrieben.[148] Die rekonstruierte Zeilenlänge in meiner Nachzeichnung auf Pauspapier, in die ich an die Buchstaben der *recto*-Seite, wie sie auf der (das Original verkleinernden) Photographie sichtbar waren, die Ergänzungen angefügt habe, beträgt ca. 8, 5 cm.[149] In der Originalgröße entspricht dies einer ursprünglichen Zeilenlänge von ca. 11, 5 cm.

a) PLitLond. 232 *recto* (Haarseite): Markosanaphora[150]

(ca. 12)]ϲ̣ε ε̣ν̣ε̣ι̣ν̣ . . [*(ca. 9)*
(+ ca. 6) ϲοι ανθο]μολογε̣ι̣ϲ̣θ[αι νυκτωρ
τε και μεθ' ημε]ραν ϲοι τω πο̣ι̣ηϲα̣ν̣[τι τον
ουρανον κ(αι) τα εν τ]ω ουρανω γην κα̣[ι θαλαϲ-
5 ϲαϲ κ(αι) ποταμουϲ κα]ι̣ τα εν αυτη ϲοι τ[ω ποιη-
ϲαντι τον αν(θρωπ)ον κ]α̣τ' ι`δι´αν εικε̣ν[α παντα δε ταυ-
τα εποιηϲαϲ δια] τη⟨ϲ⟩ ϲηϲ ϲ̣ο̣φια[ϲ του φωτοϲ
8 του υιου του αληθ]η̣νο̣[υ] ϲ̣[ο]υ
⟨του⟩ κ(υριο)υ κ̣[(αι) ϲωτηροϲ
9 ημων Ι(ηϲο)υ Χ(ριϲτο)υ δι'] ο̣υ ϲοι κα̣ι ϲυν α̣υ̣τ[ω ϲυν α-
10 γιω πνευματι ε]υ̣χ̣αριϲτουντε̣ϲ̣ πρ[οϲφερομεν
την θυϲια]ν̣ την λογικην την α[ναιμακτον
λατρειαν τ]α̣υτην ην προϲφερει ϲοι παν̣[τα τα
εθνη απο] α̣ν̣α̣τολ⟦η⟧`ο´ν ηλ̣ι̣ο̣υ κ(αι) μεχρι τ[υϲμων
απο αρκτ]ο̣υ̣ κ̣(αι) μ̣εχρει μυϲυμ̣βρια̣ϲ̣ ο̣τ̣ι̣ [μεγα το
15 ονομα ϲ]ο̣υ̣ ε̣ν̣ τοιϲ ε̣θνηϲιν κ̣(αι) εν πα̣ν̣τ[ι τοπω θυ-

[148] Ich danke Mr. J. Conway, dem Vorsteher der Manuscript Collections der British Library, für die Erlaubnis der Überprüfung der Fragmente an Ort und Stelle.

[149] Die Photographie der British Library bietet das Stück mit einer größten Höhe von ca. 8 cm und einer Breite von 6, 2 cm, ist also auf etwas mehr als drei Viertel verkleinert.

[150] Zu der für diesen Text gewählten Art der Darstellung des Griechischen o. S. 17.

μιαμ]α̣ προc̣φ̣ερ̣ουcιν τ̣ηκο̣ . . [.] . ν [?] . . [. . . . . . .
εφ' η θυ]cια̣ [και π]ρ̣ο̣[c]φ̣ορα̣{ν̣} δεομ̣[εθα κ(αι) παρακα-
λουμε]ν̣ c̣ε̣ φ̣ι̣λ̣α̣ν̣θρωπε μνηc[θητι τηc αγι-
αc cου] κ̣α̣θ̣ο̣λικηc ⟨και⟩ αποcτολικη̣[c εκκληcιαc
κ(αι) παντ]ω̣ν̣ τ̣ω̣ν λαον κ(αι) παντ̣[ων των ποιμνι-
ων cου τ]η̣ν̣ ε̣κ̣ . ο̣υ̣ρ̣α̣νων ει̣[ρηνην βραβευ-
cον ταιc] α̣π̣α̣ν̣τ̣ω̣ν ημω̣[ν καρδιαιc αλλα κ(αι)
του βιου το]υ̣τ̣ο̣υ̣ τ̣ην̣ ε̣⟨ι⟩ρ̣[ηνην ημιν χαριcαι
(11)] . . τ̣ . . [*(ca. 18)*
(10)] . . [*(ca. 20)*

2-23 Hammerstaedt **10** fortasse `c[οι]′ post [ε]υ̣χ̣α̣ριcτου̣ντεc̣ **12** προcφερει Hammerstaedt: προcφερω Milne Cuming **18-19** fortasse μνηc[θητι τηc μο|νηc cου] κ̣α̣θ̣ο̣λικηc **21** . ο̣υ̣ρ̣α̣νων Hammerstaedt:]πο[ιμ]νιων[Cuming **22** μω̣[ν] Hammerstaedt:]αλλ[α] Cuming **23** [χάριcαι]: possis [δώρηcαι]

Orthographica etc.: **1** ενε̣ι̣ν: αἰνεῖν **5** εν αυτη: ἐν αὐτοῖ⟨c⟩ **6** εικε̣ν̣[α]: εἰκόνα **8** [αληθ]ηνο̣[υ]: ἀληθινοῦ **13** α̣ν̣ατολ⟦η⟧`ο′ν: ἀνατολῶν; τ[υcμων]: δυcμῶν **14** μ̣εχρει μυcυμβ̣ρια̣c: μέχρι μεcημβρίαc **15** ε̣θ̣ν̣ηcιν: ἔθνεcιν **20** τ̣ω̣ν λαον: τῶν λαῶν

[In Wahrheit ist es würdig und recht, ...] dich zu preisen, [... , dir] Anerkennung zu zollen des nachts und tagsüber; der du schufst [den Himmel und was] im Himmel ist, die Erde, [die Meere (**5**) *und die Flüsse] und was in ihnen ist; dir, der du [den Menschen erschaffen hast] nach deinem eigenen Abbild; [all dies aber hast du geschaffen durch] deine Weisheit, [das Licht,] deinen wahren [Sohn, unseren] Herrn und [Erlöser Jesus Christus; durch] den wir dir, und mit ihm, [mit* (**10**) *dem Heiligen Geist] dankend das geistige [Opfer] darbringen, diesen unblutigen [Gottesdienst], den dir alle [Völker] darbringen, [vom] Aufgang der Sonne bis zu ihrem Untergang, [vom] Norden bis zum Süden: Weil* (**15**) *dein [Name groß ist] bei den Völkern und sie allenorts Räucherwerk darbringen [... ; bei diesem] Opfer [und] dieser Darbringung bitten wir dich [und rufen] dich [an], Menschenfreundlicher: Gedenke [deiner heiligen] allgemeinen <und> apostolischen [Kirche],* (**20**) *aller Völker und aller [Herden; erkenne] unser aller [Herzen] den himmlischen Frieden [zu; doch gewähre uns auch] den Frieden dieses [Lebens; ...]*

Kommentar:

Paralleltexte:

A. 1. spätantik/frühbyzantinisch; griechisch: PStraßb. gr. inv. 254 *recto* 1-24 (o. S. 24); Qaṣr Ibrim fr. III a/b *verso* 16ff (u. S. 109; nur bis *recto* **13**); fr. III c *recto* (u. S. 110f; zu *recto* **17-23**).

B. Anaph. Melk. Mark.: Brightman 125, 23-126, 17; Cuming 21, 4-22, 5.

C. 1. Anaph. Gr. Kyrill.: Kacm. fol 112v-115r und 29r+v (78-80 Macomber).

C. 2. Anaph. Sahid. Kyrill.: Weißes Kloster Z 100 p. 39, 1-3 (nur zu **18-23**); Prag kopt. Ms. II p. 1, 11-4, 14 (118-122 Hažmuková).

C. 3. Anaph. Bohair. Kyrill.: Renaudot[2] 1, 40, l. 5-23.

1 ϲ̣ oberes rechtes Ende, ungefähr in Höhe des Querstrichs von ε (vgl. ϲ̣ε̣ in **18**); ε̣ untere Hälfte mit Querstrich; ι̣ Fuß; ν̣ Fuß linker Vertikale, in Zeilenmitte Spur rechter Vertikale; kurz dahinter scheint von der Rückseite das o von *verso* **2** durch; anschließend undeutliche Spuren des Oberteils zweier Buchstaben (ϲ̣ε̣ oder ϲ̣ο̣[ι]?).[151]

5 Die Lücke am Zeilenanfang ist vielleicht etwas knapp für die vorgeschlagene Ergänzung. Die Vertikale am Einsatz der erhaltenen Buchstaben vor τα paßt sowohl zu [κα]ὶ̣ τά (so auch in Qaṣr Ibrim fr. IIIa/b *verso* 21) als auch zu [πά]ν̣τα ⟨τά⟩ (so in PStraßb. gr. inv. 254 *recto* 5 [o. S. 24] und in allen späteren Versionen der Markos/Kyrillosliturgie). Die Buchstaben αυ sind über nicht mehr erkennbare frühere Buchstaben geschmiert.[152]

6 α̣ Spitze und Spur rechten unteren Endes; wenig später ist das α trotz Milne (τι`δι´ον) und Cuming (]τιον) sicher lesbar; ε̣ Oberteil, reicht links bis kurz unter Querstrich; ν̣ Spur von Spitze linker Vertikale. Nach εἰκόνα hat PStraß. gr. inv. 254 *recto* 7 zusätzlich καὶ καθ' ὁμοίωϲιν, ebenso alle späteren Versionen.

---

151 **1-2** bei Mercati, Anafora 5: [ϲ]ὲ αἰνεῖν [ϲὲ ὑμνεῖν, ϲοὶ εὐχαριϲτεῖν, ϲοὶ ἀνθ]|ομολογε[ῖϲθαι]; ebenso Gamber, Bemerkungen 318, der zuvor in zwei weiteren Zeilen den Beginn der Anaphora rekonstruierte: [ἀληθῶϲ γὰρ ἄξιόν ἐϲτιν καὶ δίκαιον καὶ πρέπον | ϲὲ ὁ ὢν δέϲποτα κ(ύρι)ε θεὲ πάτερ παντοκράτορ εὐλογεῖν].

152 **4-5** bei Mercati, Anafora 5: γῆν καὶ [πάντα τὰ ἐν τῇ γῇ, θαλάϲϲῃ καὶ ποταμοὺϲ καὶ πάν]|τα τὰ ἐν αὐτοῖϲ; Gamber, Bemerkungen 318: γῆν κα[ὶ θαλάϲϲαϲ καὶ ποταμοὺϲ καὶ πάν|τ]α τὰ ἐν αὐτοῖϲ.

6-7 Das hier ergänzte ταῦτα fehlt in PStraßb. gr. inv. 254 *recto* 7f (o. S. 24) und Qaṣr Ibrim fr. IIIa/b *verso* 23, steht aber in fast allen mittelalterlichen griechischen Fassungen (Cuming 21, 13 [außer in Vat. gr. 1970; vgl. Brightman 126, 2]; Kacmarcikcodex fol. 113 v [78 Macomber]).[153]

7 ϲ̣ bis auf Stück des Unterteils vollständig; ο̣ linke und obere Seite der Rundung gut sichtbar. Das adjektivische Possessivpronomen ϲῆϲ steht hier zum ersten Mal; dann stets in den mittelalterlichen griechischen Fassungen der Markos/Kyrillosanaphora (Brightman 126, 2; Cuming 21, 14; Kacm. fol. 113 v [78 Macomber]).

8 η̣ linke Vertikale mit Querstrich, an dessen rechten Ende unten ein Rest der rechten Vertikale ansetzt; ο̣ Kuppe; ϲ̣ Unterteil; κ̣ blaß Vertikale mit Ansatz oberen Schrägstrichs.

9 α̣^{2} blaß; υ̣ blaß alle drei Enden, deren linkes oberes (auf nach hinten umgeklappten Pergamentstückchen) deutlich schräg absteigt; τ auf dem unterem Pergamentfragment.

9-10 Die Herstellung dieses sprachlich schwer begreiflichen Wortlauts scheint durch die Übereinstimmungen mit PStraßb. gr. inv. 254 *recto* 10 (o. S. 24; kommentiert o. S. 29f) und Qaṣr Ibrim fr. IIIa/b *verso* 25 (u. S. 109) gesichert.

10 Zur Rekonstruktion des Textes aus dem oberen und unteren Fragment Quecke, Rez. Cuming 294. Bevor die Zeile rechts abbricht, scheint über ρ^{2} ein ϲ sichtbar zu sein: \`ϲ[οι]´?

11 τὴν ἀ[ναίμακτον], ebenso PStraßb. gr. inv. 254 *recto* 12 (o. S. 24). Alle anderen Versionen haben καὶ ἀναίμακτον nach τὴν λογικὴν.

12 ει in προϲφέρει deutlich erkennbar.

13 ⟦η⟧ verbessert zu \`ο´ (Milne und Cuming lasen η). Eine Ergänzung τ[ῶν δυϲμῶν] wäre wohl zu lang. <u>καὶ</u> μέχρι δυϲμῶν hat sonst nur PStraßb. gr. inv. 254 *recto* 14 (o. S. 24) und Vat. gr. 1970 (Brightman 126, 7); alle griechischen Versionen lassen jedoch im nächsten Gliederpaar μέχρι μεϲημβρίαϲ ein καί vorausgehen.

15 ο̣υ̣ ε̣ν̣ blaß; ε^{2} schwach alle drei rechten Enden; θ̣ blaß, mit deutlich erkennbarem, etwas aufsteigendem Querstrich; α̣ linke, rundliche Seite; ν̣^{2} Spitzen beider Vertikalen, an der linken auch Ansatz des Schrägstrichs. Vor

---

[153] **6-8** bei Mercati, Anafora 5: εἰκ[όνα καὶ καθ' ὁμοίωϲιν· πάντα δὲ ἐποίηϲαϲ] | διὰ τῆϲ ϲοφία[ϲ ϲου τοῦ φωτὸϲ τοῦ ἀλη|θι]ν[οῦ ϲοῦ υἱοῦ τοῦ] κυ[ρίου]; abgesehen von der Auflösung von κυ in das Nomen sacrum ähnlich Gamber, Bemerkungen 318.

ἔθνεςιν haben alle anderen Versionen der Markosliturgie noch πᾶςιν (z.B. PStraßb. gr. inv. 254 *recto* 15f [o. S. 24]).

16 προςφέρουςιν statt προςφέρεται nur hier; vgl. immerhin Bohair. Kyrill. (Renaudot^{2} 1, 40, l. 15): *offerunt*.[154]

17 Von α̣^{2} ist die linke, runde Hälfte erhalten; nach der anschließenden Lücke befinden sich die linke obere Spitze und (spurenhaft) der linke Fuß des ν̣ zu weit rechts, um als Ausläufer desselben α̣^{2} betrachtet werden zu können. Gegen die Annahme eines Iota adscriptum spricht, daß die sonstigen Dative allesamt ohne dieses stehen. Meinte der Schreiber: πρὸς φοράν? Zur Textherstellung vgl. PStraßb. gr. inv. 254 *recto* 18 (o. S. 24; kommentiert S. 31f).

18 φιλάνθρωπε hier zuerst, aber stets in den mittelalterlichen Versionen (Brightman 126, 12; Cuming 21, 22; Kacm. fol. 114v [79 Macomber]; Bohair. Kyrill. [Renaudot^{2} 1, 40, l. 22 : *amator hominum*]).

19 Zwischen κ̣αθ̣ο̣λικης und αποςτολικη̣[ς ist mit Sicherheit nicht κ(αι) geschrieben.[155] Auch sonst ist die Bezeichnung der christlichen Kirche gedrängter als in PStraßb. gr. inv. 254 *recto* 19f, wo allerdings ἀποςτολικῆς noch fehlt (o. S. 24; dazu S. 32), und Qaṣr Ibrim fr. IIIc *recto* 2f (u. S. 110).[156]

20 ω̣ν̣τ̣ blaß; von ω̣^{2} sind die drei Spitzen erhalten.

21 η̣ν̣ blaß; ε̣κ̣ blaß untere Hälften, wobei die Vertikale und der untere Schrägstrich von κ̣ jedoch nicht anzuzweifeln sind; der ebenfalls blasse nachfolgende Buchstabe besteht aus einer ς-förmigen Rundung in der oberen Zeilenhälfte, an deren rechtes unteres Ende sich ein steil nach unten links bis etwas unter die Zeile reichender gerader Strich anschließt (daraus scheint Cuming ein π entnommen zu haben). Sollte es sich hierbei um ein ξ̣ handeln, dann dürfte man eine jetzt nicht mehr sichtbare Streichung des vorangehenden κ̣ annehmen; vielleicht ist es ein verunglücktes ς (zur Schreibung κς für ξ vgl. F.Th. Gignac, A grammar of the Greek papyri of the Roman and Byzantine periods 1 [Milano 1976] 139); υ̣ρ̣ blaß; α̣ ganz blaß linke untere (runde) Kante und rechts eine Spur der Spitze; ι̣ obere Hälfte.

---

[154] **16-17** bei Mercati 6: [προς]φέρεται [τῷ ἁγίῳ ςου ὀνόματι θυςία καθαρὰ ἐπιθυςία καὶ | προςφ]ορά; bei Gamber, Bemerkungen 318: [προς]φέρουςιν θ[υςίαν καθαρὰν ἐπιθυςίαν καὶ | προςφ]ορ[άν].

[155] Nicht vergleichbar wäre die asyndetische Zusammenstellung von Kirchenepitheta in Qaṣr Ibrim fr. III a/b *recto* 18 (u. S. 107).

[156] **18-19** bei Mercati, Anafora 6: μνής[θητι τῆς ἁγίας ςου καὶ μόνης κα|θολι]κῆς ἀποςτολικῆς ἐκκληςίας; ähnlich (mit anderer Zeilenabteilung) Gamber, Bemerkungen 318.

22 α̣^{1} rechtes Ende mit leicht gebogenem Schrägstrich; π̣ etwas blaß linke, rechtsgeneigte Vertikale, Spur rechten Fußes; α̣^{2} und ν̣ blaß; ω̣^{1} linker Bauch mit Ansatz des rechten, schwach dessen rechtes Ende; η̣ schwach linke Vertikale, nach rechts stärker werdender Querstrich, deutlich rechte Vertikale; ω̣^{2} alle drei oberen Enden (bei bloßem Auge betrachtet scheint das μ sich mit dem folgenden zu einem ἀλλ[ά], so gelesen von Cuming, zu verbinden).

23 υ̣τ̣ο̣υ̣τ̣ blaß, von ο̣ nur rechte Hälfte erhalten; ν̣ rechte Vertikale, von linker nur untere Hälfte erkennbar; ε̣ etwas blaß, auf das rechte Ende des Querstrichs stößt die obere Hälfte einer Vertikale, an deren Spitze ähnlich einem ρ ein rechts abgehender Strich anzusetzen scheint. Die Ergänzung [χάριϲαι] folgt PStraßb. gr. inv. 254 *recto* 24; alle mittelalterlichen griechischen Fassungen haben hier δώρηϲαι, doch immerhin Sahid. Kyrill. in Prag kopt. Ms. II p. 4, 14 (122 Hažmuková) χαριϲε.

24 Kaum lesbare blasse Spuren; zweiter Buchstabe besteht vielleicht aus ϲ-förmiger Krümmung, an die sich möglicherweise ein τ̣ anschließt. Dessen oberer Querstrich würde seinerseits rechts vom Oberteil einer Vertikale abgeschlossen: [τ]ὰ̣ ϲ̣τ̣ρ̣α̣[τιωτικά] (vgl. Brightman 126, 18)?

25 Die blassen Umrisse des ersten Buchstabens könnten zu einem α̣ gehören, der anschließende hochgelegene, leicht aufsteigende Querstrich zu einem τ̣.

b) Dankgebet nach Kommunion[157]

PLitLond. 232 *verso* (Fleischseite)

(ca. 12)	]μι̣[	*(16)*
(6/7)	]δεομεθα κ[αι	*(+ ca. 13)*
(4/5)	] θεε{π} παντωκρ̣[ατωρ	*(+ ca. 11)*
(4/5)	] ημων Ι(ηϲο)υ Χ(ριϲτο)υ επι ̣ [	*(15)*
(4/5)	] ηϲ μετελαβομεν̣ [	*(15)*
(4/5)	] το ϲω̣μ̣α και αιμα [	*(14)*
(9)	] η̣μιν παϲι το̣[ιϲ	*(+ ca. 12)*
(9)	] ̣ ̣ ειϲ κρ̣ιμα [	*(12/13)*
(+ 4)	ειϲ ι]α̣ϲ̣ιν κα̣[ι] θεραπε̣[ιαν	*(9)*

157 Zu der hier gewählten Art der Darstellung des griechischen Textes o. S. 17.

(+ 4) ειϲ ι]ϲ̣χιν και τηναμιν̣ [*(11)*
(7/8)] ειϲ̣ χαραν και αγα[λλιαϲιν ειϲ αγα-
πην και] φ[ι]λ̣αλληλιαν ειϲ ανδρ̣ι̣α̣[ν *(+ ca. 6)*
(5)] η̣λικιαν [ε]ι̣ϲ περιποιηϲιν ζω̣[ηϲ *(+ ca. 4)*
(5)] δ̣εδοξαϲται και υψωται π ̣ [*(5/6)*
(5) ο]νομα ϲυν τω αγιω πνευματι̣ [*(4)*
(vacat)

3-4 possis παντωκρ̣[ατωρ πατερ του κυ|ριου] **11-12** supplevit Hammerstaedt: αγα[λλια-ϲιν] Engberding, Licht 40 sq., αγα[πην] Milne **13-14** possis ζω̣[ηϲ δια Ι(ηϲο)υ | Χ(ριϲτο)υ, δι' ου] δ̣εδοξαϲται **14-15** possis υψωται ⟨το⟩ πα̣[ναγι|ον ϲου ο]νομα **15** post πνευματι̣ fortasse [αμην]

Orthographica etc.: **3** παντωκρ̣[ατωρ]: παντοκράτωρ **10** ειϲ ι]ϲ̣χιν και τηναμιν̣: εἰϲ ἰϲχὺν καὶ δύναμιν

[...] wir bitten [dich] und [(danken dir?), Herr (?)] Gott, Allmächtiger, [Vater] unseres [Herrn] Jesu Christi, [für (?) die (?) geheimnisvolle (?) Gemeinschaft (?) **(5)** *mit (?) ihm (?)], an der (?) wir teilhatten; [und (?) wir (?) bitten (?) dich (?), daß (?) diese (?) Gnadengaben (?)], der (?) Leib und (das) Blut, uns allen, die wir [an (?) dem (?) Geheimnis (?) teilhatten (?), nicht (?)] zum Urteil [und (?) zur (?) Verurteilung (?) ausschlagen (?), sondern (?) zu] Heilung und Gesundung, [...* **(10)** *zu] Stärke und Kraft [...], zu Freude und Frohlocken, [zu Liebe und] Nächstenliebe, zu Tapferkeit [... zu] (ewiger) Jugend, zum Erwerb des (ewigen) Lebens, [durch (?) Jesus (?) Christus (?), durch (?) den (?)] gerühmt und erhöht ist [dein (?)] hochheiliger Name* **(15)** *mit dem Heiligen Geist. [Amen. (?)]*

Kommentar:

b) Dankgebet nach Kommunion

PLitLond. 232 *verso* (Fleischseite)

Eng verwandte Fassungen dieses Gebets sind weder in der mittelalterlichen Markos/Kyrillosliturgie[158] noch an anderer Stelle erhalten. Folgende Dankge-

[158] Daß dies nicht von vorneherein dagegen spricht, daß dieser Text als anaphorisches Nebengebet der auf der Vorderseite überlieferten Markosanaphora beigegeben sein mochte, betonte Engberding, Licht 41ff.

bete nach der Kommunion lassen sich immerhin für manche Stellen zum Vergleich heranziehen:

1) Const. apost. 8, 15, 2 (SC 336, 212);

2) PBarc. inv. 155b 1-18 (4. Jh.);[159]

3) PMedGhedini (Ende 4., vielleicht Anfang 5. Jh.; van Haelst, Catalogue 772) fr. 2, 6-12 (Anfang des Dankgebets);[160]

4) PBerol. 13918 (5. Jh.; van Haelst, Catalogue nr. 881), 1-5 (Ende des Dankgebets nach Kommunion);[161]

5) PDêr-Balizeh fol. III *recto* (van Haelst, Catalogue nr. 737);[162]

6) VBP IV nr. 58 (vielleicht 8. Jh.; van Haelst, Catalogue nr. 859) Zeile 35-50 (Dankgebet nach Kommunion, am Ende lückenhaft);

7) Melk. Mark. (Brightman 141b 9ff; Cuming 58, 5ff);

8) moderne Basileiosanaphora (Brightman 411, 12ff);

9) Dankgebet nach der Kommunion aus Qaṣr Ibrim.[163]

Rechts ist die Oberseite (*verso*) z.T. mehr als die Unterseite (*recto*) eingerissen. Deren Schrift scheint durch das dünne Pergament hindurch und hat Milne in *verso* **4-5** zur Annahme von Buchstabenresten verführt, die in Wirklichkeit nicht zu dieser, sondern zu der Gegenseite gehören.

1 ι̣ (η, ν̣?) unten leicht nach links gebogene Vertikale, Spitze fehlt.

2-6 Const. apost. 8, 15, 2 (SC 336, 212, 2-6: δέcποτα ὁ θεὸc ὁ παντοκράτωρ, ὁ πατὴρ τοῦ Χριcτοῦ cου ... εὐχαριcτοῦμέν cοι, ὅτι κατηξίωcαc ἡμᾶc μεταλαβεῖν τῶν ἁγίων cου μυcτηρίων; PBarc. inv. 155b 1f: ἔτι δεόμεθά cου, δέcποτα θεὲ παντοκράτωρ, καὶ | εὐχαριcτοῦμέν cοι ἐπὶ τῇ μετα-

---

[159] Roca-Puig 89.

[160] Mit Ergänzungen von Roca-Puig 90f.

[161] Kommentierte Edition bei H. Lietzmann, K. Schriften 3 = TU 74 (Berlin 1962) 56-70 mit Abb. Taf. V.

[162] Von B. Capelle in seinem Kommentar (p. 55) zur Edition des Textes durch C.H. Roberts (Louvain 1949) wurde diese Bitte noch in den Zusammenhang der eigentlichen Anaphora gestellt. Er wollte in ihr die im Anschluß an die Bitte um Wandlung von Brot und Wein erfolgende Bitte um die segensreiche Wirkung der (noch nicht erfolgten) Kommunion und die Schlußdoxologie der Anaphora sehen (vgl. z.B. für die Markosliturgie PRyl. gr. 465 *verso* 3-6 [s.u. 80]; Brightman 134, 22-26; Cuming 48, 4-8). Da hier jedoch die Doxologie nicht die für den Anaphorenabschluß kennzeichnende finale Form hat (hierzu vgl. o. Anm. 85), ist wohl eher an eine nachanaphorische Bitte zu denken, die mit dem ebenfalls durch eine Doxologie abgeschlossenen PLitLond. 232 *verso* vergleichbar ist.

[163] W.H.C. Frend, Some Greek liturgical fragments from Q'asr Ibrim in Nubia: StudPatr 15 = TU 128 (Berlin 1984) 545-553

λήψ⟨ε⟩ι τοῦ ἄρτου κτλ.; PMedGhedini fr. 2, 6-9:[164] [δέϲ]ποτα θ(ε)ὲ παντοκράτωρ | [εὐχαριϲτοῦντε]ϲ ἐπὶ τῇ μεταλήψει | [τῶν χαριϲμ]άτων τούτων τοῦ τε ἄρτου | [καὶ τοῦ ποτη]ρίου τοῦ ἁγιαϲμοῦ; VBP IV nr. 58, 32-39 δέϲπ[οτα] | παντοκράτωρ, εὐχαριϲτοῦμέν ϲοι ὅτι κα|τηξίωϲαϲ ἡμᾶϲ τῆϲ | κοινωνίαϲ καὶ με`τα΄λή|ψεωϲ τοῦ ϲώματοϲ | καὶ τοῦ αἵματοϲ τοῦ Χ[(ριϲτο)ῦ] | ϲου; melkitische Markosliturgie (Cuming 58, 5-8 εὐχαριϲτοῦμέν ϲοι, δέϲποτα κύριε, ὁ θεὸϲ ἡμῶν, ἐπὶ τῇ μεταλήψει τῶν ἁγίων ... ϲου μυϲτηρίων, ὧν ἔδωκαϲ ἡμῖν ... καὶ δέομεθα καὶ παρακαλοῦμέν ϲε ... χάριϲαι ἡμῖν τὴν κοινωνίαν τοῦ ἁγίου ϲου ϲώματοϲ καὶ τοῦ τιμίου αἵματοϲ τοῦ μονογενοῦϲ ϲου υἱοῦ); moderne Basileiosanaphora (Brightman 411, 12-17: εὐχαριϲτοῦμέν ϲοι κύριε ὁ θεὸϲ ἡμῶν ἐπὶ τῇ μεταλήψει τῶν ἁγίων ... ϲου μυϲτηρίων, ἃ ἔδωκαϲ ἡμῖν ... δὸϲ γενέϲθαι ἡμῖν τὴν κοινωνίαν τοῦ ἁγίου ϲώματοϲ καὶ αἵματοϲ τοῦ Χριϲτοῦ ϲου); Dankgebet nach Kommunion aus Qaṣr Ibrim *recto* 3f: εὐχαριϲτοῦμέν | [ϲοι] κ(ύρι)ε ὁ θ(εὸ)ϲ ὁ παντοκράτωρ, ὅτι κτλ.

2-3 Die Paralleltexte lassen an dieser Stelle ein Verb der Danksagung erwarten; den nach κ[αί] fehlenden Buchstaben in **2** entspräche εὐχαριϲτοῦμεν. Da dieses Verbum den Dativ regiert, stände dann freilich zwischen δεόμεθα und κ[αί] besser bereits ein ϲου. Auch ist die Lücke zu Beginn von **3** wohl kaum allein mit ϲοι zu füllen, während der Platz für die hier sonst meist erfolgende Gottesanrede δέϲποτα nicht ausreicht. Vielleicht ist in **3** nach ϲοι mit κύριε als Nomen sacrum zu rechnen, ähnlich wie im Dankgebet aus Qaṣr Ibrim *recto* 3f (s.o.).[165]

3 ρ̣ dicht an κ angeschlossenes, unter die Zeile reichendes Ende der Vertikale.

4 Nach επι linke Hälfte einer Rundung: ϲ, ο, ω?

4-5 Der in der Lücke verlorene Text muß stark von den vergleichbaren Gebeten abgewichen sein. Das Vorkommen der finiten Verbform μετελάβομεν spricht gegen die Herstellung von ἐπὶ τ̣[ῇ μεταλήψει]. Vor μετελάβομεν steht offenbar ein Substantiv der ersten Deklination (vielleicht bezogen auf κοινωνία, ein Substantiv, das wegen seines α-purum wohl nicht selbst hier gestanden haben kann)[166] bzw. noch wahrscheinlicher ein feminines Adjek-

164 Mit Konjekturen und Ergänzungen zur Lesung Ghedinis von Roca-Puig 91.

165 Mercati, Anafora 6: δεόμεθα κ[αὶ παρακαλοῦμέν ϲε φιλ]|άνθρωπε.

166 Vgl. VBP IV nr. 58, ferner die byzantinische Markos- und die byzantinische Basileiosliturgie (Texte s.o.).

tiv oder Pronomen (ῆς). Der Text könnte z.B. ἐπὶ τ̣[ῆ(ι) μυςτικῆ(ι) κοινωνί-α(ι) | αὐτοῦ] gelautet haben.[167]

5-8 Vielleicht: [καὶ τὰ χαρίςματα | ταῦτα], τὸ ςῶμ̣α καὶ αἷμα, [παρακαλοῦμέν ςε | μὴ γενέςθαι] ἡ̣μῖν πᾶςι τ̣ο[ῖς μεταλαβοῦςιν | τοῦ μυςτηρί]ο̣υ̣ εἰς κ̣ρίμα.[168]

7 ο̣ linkes unteres Viertel.

7-8 Const. apost. 8, 14, 2 (SC 336, 210): παρακαλέςωμεν μὴ εἰς κρίμα, ἀλλ' εἰς ςωτηρίαν ἡμῖν γενέςθαι; PBarc. inv. 155b 5-8 παρακαλοῦμέν ςε ὅπως ἁγιάςῃς ἡμᾶς πάντας | τοὺς μετε⟨ι⟩ληφότας, πρὸς τὸ μὴ γενέςθαι | ἡμῖν εἰς κρίμα ἢ εἰς κατάκριμα, τοῖς μεταλαμ|βάνουςιν, ἀλλὰ μᾶλλον εἰς κτλ.; PMedGhedini fr. 2, 12]δ̣ε εἰς κατάκ[ριμα.[169]

8-9 Vielleicht εἰς κ̣ρίμα [ἢ εἰς κατάκριμα, | ἀλλὰ εἰς ἴ]α̣ς̣ιν.

9 α̣[1] auf dem unteren Pergamentstück, sehr flach, wohl aufgrund einer Verzerrung des Pergaments am oberen Rand; ς̣ untere Hälfte (ebenfalls flach); die restlichen Buchstaben befinden sich auf dem oberen Pergamentstück. Vgl. die moderne Basileiosanaphora (Brightman 411, 18): εἰς ἴαςιν ψυχῆς καὶ ςώματος.

10 χ ganz, ιν größtenteils auf unterem Stück; die Spuren auf dem oberen Stück vervollständigen ιν. Vgl. PBarc. inv. 155b 10 εἰς ἰςχὺν καὶ δύναμιν.

11 Vgl. PBerol. 13918, 2 [- - - εἰς ἰςχυρὰν [ἀγ]αλλίαςιν; mit χαράν bildet ἀγα[λλίαςιν ein besseres Begriffspaar als mit ἀγά[πην.

12 Vgl. PBarc. inv. 155b 10f εἰς ἀγάπην καὶ φι⟨λα⟩λληλίαν.[170] Die Lesung λ̣ ist mehr als zweifelhaft, da auf den vollkommen geraden Unterteil einer Vertikale der unten nach rechts gebogene Fuß einer in ihrem erhaltenen Unterteil ebenso geraden weiteren Vertikale folgt. Da das folgende α[1] eine Korrektur zu sein scheint (vermutlich aus einem ε, dessen Querstrich im α noch erkennbar ist), muß man auch bei λ̣ mit einer aufgrund der spärlichen Spuren nicht mehr zu klärenden Unregelmäßigkeit rechnen; ι̣ Fuß; α̣ untere Hälfte, nicht ganz deutlich.[171]

---

[167] **4-6** nach Mercati, Anafora 6f: μυςτικ|ῆς μετελάβομεν [τραπέ|ζ]ης.

[168] **6-8** bei Mercati, Anafora 7: τὸ ςῶμα καὶ αἷμα | [μὴ γένοιτο] ἡμῖν πᾶςι τοῖς [μεταλαμ|βάνουςιν] εἰς κρίμα; Gamber, Bemerkungen 317 vermutete in **7** [παραςχοῦ ?] ἡμῖν und ergänzte in **8** (μὴ?) εἰς κρίμα [ἀλλ'].

[169] Ergänzt von Roca-Puig 91, der zudem [οὐ]δέ lesen wollte.

[170] Ferner aus byzantinischer Zeit die Markosliturgie (Cuming 58, 11) und die moderne Basileiosanaphora (Brightman 411, 17f): εἰς ἀγάπην ἀνυπόκριτον.

[171] Statt ανδρ̣ι̣α̣[ν] las Milne αηδι̣ [.

13-14 Vgl. Const. apost. 8, 12, 39 (SC 336, 200: ἵνα οἱ μεταλαμβάνοντες αὐτοῦ ... ζωῆς αἰωνίου τύχωσιν, in der Anaphora, bei der Bitte um Herabsendung des Heiligen Geistes und um die Wandlung); Const. apost. 8, 14, 2 (SC 336, 210: εἰς ζωὴν τοῦ μέλλοντος αἰῶνος; PBerol. 13918, 3-5: εἰς φάρμακον | ἀθανασίας, ἀντίδοτον ζωῆς ὑπὲρ το`ῦ´ μὴ ἅπαντα ἀποθανεῖν, ἀλλὰ ζῆν ἐν σοὶ | διὰ τοῦ ἠγαπημένου σου παιδός. Auch in PDêr-Balizeh fol. III *recto* 4-7 (εἰς ἐλπίδα τῆς μελλού|σης αἰ[ωνί]ου ζωῆς διὰ τοῦ κ(υρί-ο)υ ἡμῶ(ν) | Ἰ(ησο)ῦ Χ(ριστο)ῦ [δι' οὗ][172] σοι τῷ π(ατ)ρὶ ἡ δόξα σὺν ἁ|γίῳ [πν(εύματ)ι εἰ]ς τοὺς αἰῶνας ἀμήν) wird gleich an den Ausdruck der Hoffnung auf das ewige Leben der Gedanke angeschlossen, daß es durch Jesus Christus erwirkt wird. In der folgenden Schlußdoxologie taucht sein Name dann nicht mehr auf. Da Christus auch in der vorliegenden doxologischen Schlußformel in Zeile **15** zwischen der Erwähnung des Gottesnamens und des Heiligen Geistes fehlt, muß er ebenso wie in PDêr-Balizeh zwischen ζω-[ῆς] und dem Beginn der Doxologie erwähnt worden sein.

Für περιποίησιν, aber in anderer Verbindung, vgl. Melk. Mark. (Brightman 141, 25-27; Cuming 58, 12f): εἰς περιποίησιν τῶν ἐντολῶν σου,[173] εἰς ἐφόδιον ζωῆς αἰωνίου.

14 Nach dem deutlich als π zu erkennenden Buchstaben ist in Zeilenmitte eine kurze Spur zu erkennen (zum Unterteil einer Rundung gehörig?): ọ?

14-15 Abgesehen von seiner in einen anderen Zusammenhang (Schlußdoxologie der Markosanaphora) gehörenden Syntax ist PVindob. 26134 *verso* (u. S. 98) vergleichbar.[174]

---

[172] Die von J.A. Jungmann: ZsKathTheol 48 (1926) 468-471 aus theologischen Erwägungen geforderte (vgl. auch o. Anm. 95), von Roberts in den Text aufgenommene Ergänzung [μεθ' οὗ] ist, wie sich bei der relativen Kürze der Lücke und der sehr regelmäßigen Form der Buchstaben dieses Papyrus mit ziemlicher Sicherheit berechnen läßt, um einen Buchstaben zu lang. Unter Berufung auf den Abstand derselben Lücke trat Roberts selbst übrigens auf der Rückseite (fol. III *verso* 6) für Jungmanns Ergänzung ἀνάστασι[ν ἐ̱ν̱ τῇ] anstelle des bis dahin eingesetzten καί ein.

[173] Ebenso die moderne Basileiosanaphora (Brightman 411, 19).

[174] Mercati, Anafora: [ὅτι] δεδόξασται.

3. PVindob. G 16545+17047/38329/38379: Interzessionsgebete, Einsetzungsbericht und Anamnese der Markosanaphora

Abb. Taf. III+IV;[175] Editio princeps (ohne das nachträglich von H. Harrauer als zugehörig erkannte Fragment PVindob. 17047) bei Treu und Diethart,[176] die eine Datierung ins 6./7. Jh. vorschlugen.[177] Eine kommentierte Neuedition dieser Fragmente zusammen mit der Ergänzung von nr. 51 Treu/Diethart mit PVindob. 17047 legte Henner vor.[178] Ihre Meinung, daß dieser Anaphorentext nicht als eine spätantike Frühfassung der mittelalterlichen Markosliturgie zu betrachten sei,[179] wurde von Brakmann, Eucharistiegebet in allen Punkten widerlegt. Die von ihm herausgestellten Übereinstimmungen scheinen auf eine besondere Nähe des in diesem Papyrus enthaltenen Textes mit derjenigen Rezension der Markosliturgie hinzuweisen, die im Patriarchat der Chalkedongegner sowohl in koptischer als auch in griechischer Sprache unter der Bezeichnung Kyrillosanaphora als Austauschtext herangezogen worden ist.[180]

Die ursprüngliche Zeilenlänge des Textes betrug ca. 15 cm.[181] PVindob. 16545 gehört zum Oberteil, PVindob. G 17047/38329/38379 zum Unterteil

---

[175] Herrn Hofrat Univ.-Doz. Dr. H. Harrauer, Direktor der Papyrussammlung der Österreichischen Nationalbibliothek, danke ich für die Erlaubnis zur Publikation der Photos.

[176] K. Treu / J. Diethart, Griechische literarische Papyri christlichen Inhaltes II = Mitteilungen aus der Papyrussammlung der Österreichischen Nationalbibliothek (Papyrus Erzherzog Rainer) N.S. 17 (Wien 1993) nr. 49 und 51. Nachweis der bereits ebd. 93 im Kommentar zu PVindob. 38329/38379 suggerierten, aber in der Numerierung der Fragmente als nr. 49 und 51 nicht berücksichtigten Zusammengehörigkeit der Fragmente bei J. Hammerstaedt, Die Markusanaphora auf Wiener Papyrusfragmenten: ZPE 101 (1994) 69f; vgl. Henner, Teile 255 mit Anm. 8.

[177] PVindob. G 16545 bei Treu/Diethart allerdings mit Fragezeichen (dazu vgl. Hammerstaedt, Markusanaphora 70). Der Datierung schloß sich Henner, Teile 260 mit Anm. 30 an.

[178] J. Henner, Teile einer altägyptischen Anaphora auf Fragmenten der Wiener Papyrussammlung: ArchLitWiss 35/36 (1993/94) 253-283.

[179] Henner, Teile 283.

[180] H. Brakmann, Das alexandrinische Eucharistiegebet auf Wiener Papyrusfragmenten: JbAC 39 (1996) 149-164, dort 160f. Der Zuordnung zur Markosanaphora neigte auch Römer 125 zu.

[181] Zur mutmaßlichen Höhe des Blattes u. S. 68.

eines zwar nicht in fehlerfreiem Griechisch, aber sorgfältig mit gewissen Anlehnungen an die Kursive beschriebenen Blattes, das wohl als Teil eines Codex zu betrachten ist.[182] Auf der Rückseite würde die Lücke zwischen dem Oberteil (PVindob. 16545 *verso*) und dem Unterteil (PVindob. G 17047 / 38329/38379 *verso*), wenn man den gegenüber den mittelalterlichen griechischen Versionen etwas kürzeren Text der Markosliturgie in der spätantiken Fassung des PRyl. gr. 465 *recto* 18-20 (u. S. 78) zugrundelegt, sechs Zeilen betragen.[183] Auch die Lücke auf der Vorderseite zwischen PVindob. 16545 *recto* und PVindob. G 17047/38329/38379 *recto* hätte dann eine etwas kürzere Version als die mittelalterlichen griechischen Fassungen der Markosliturgie enthalten,[184] für deren entsprechenden Teil zur Zeit noch keine antiken Zeugnisse zum Vergleich herangezogen werden können.

PVindob. G 16545 *recto* (Fasern quer)[185]

] ̣ [
]c̣ị[̣ ̣]ε̣ι̣ν̣ ̣ [
] ̣ [
] ̣ ̣[
την ειδωλολατριαν τ]ε̣λεον εκριcοco(ν̣)
απο του κοcμου τον τω]ν τη̣ν̣αμεον
cου εχθρον και παcαν] π̣ονηραν αυτου
δυναμιν cυντριψον υπ]ο̣ τουc ποταc¯
ημων *(+ ca. 6)*] ̣ ̣ ̣ π̣α̣cαν ερεcιν
εξαφανιcον του]c εκθρουc τηc εκλη-
cιαc cου κ(υρι)ε ̣ ̣ τα]πινοcον : γιμνοc-
ον αυτων την υπ]εριφανιαν : τικ-
cον αυτοιc εν ταχ]ε̣ι την αcθενιαν
και *(+ ca. 8)* αυτ]ω̣ν ταc επιβου-

182 Vgl. bereits die Vermutung bei Treu/Diethart 93 (Komm. zu nr. 51; zu der dortigen Angabe s. auch Hammerstaedt, Markusanaphora 69f; Henner, Teile 255).

183 Nach Melk. Mark. (Brightman 133, 18-22; Cuming 43, 1-11) und Kacm. fol. 135r/v (95 Macomber) würde die Lücke acht oder neun Zeilen betragen (vgl. Treu/Diethart 93).

184 In Melk. Mark. (Brightman 131, 3-11; Cuming 35, 16-36, 5) und Kacm. fol. 131r/v (92f Macomber).

185 Zu der für diese Fragmente gewählten Art der Darstellung des griechischen Textes o. S. 17.

λαϲ και *(+ ca. 8)*]α̣ϲ αυτον απρακ-
τουϲ ποιηϲον . . . εξεγ]ερθητι κ(υρι)ε και
διαϲκορπιϲθητωϲαν οι] ε̣κθρη ϲου
] . . . . α̣

1-4 Hammerstaedt **5-8** supplevit Hammerstaedt **9** fortasse [ημων εν ταχει] κ̣α̣ι̣ **10** supplevit Hammerstaedt **13** [ταχ]ε̣ι Hammerstaedt: [τά]χ̣ι Treu/Diethart **14** [και - - -] Hammerstaedt: [και αδυναμιαν αυτ]ω̣ν vel [και αρρωϲτιαν αυτ]ω̣ν vel [και τον φοβον αυτ]ω̣ν? **15**]α̣ϲ:]ϲ̣ Treu/Diethart: [πανουργί]α̣ϲ aut [μαγγανί]α̣ϲ Treu/Diethart

Orthographica etc.: **5** εκριϲοϲο(ν): ἐκρίζωϲον **6** τη̣ν̣αμεον: δυνάμεων **8** ποταϲ: πόδαϲ **9** ερεϲιν: αἵρεϲιν **10-11** εκθρουϲ: ἐχθροὺϲ (cf. **17**), εκλη|[ϲιαϲ]: ἐκκλη|[ϲίαϲ] **11-12** [τα]-πινοϲον : γιμνοϲ|[ον]: [τα]πείνωϲον, γύμνωϲ|[ον] **12-13** [υπ]εριφανιαν : τικ|[ϲον]: ὑπερηφανίαν, δεῖξον **13** αϲθενιαν: ἀϲθένειαν **15** αυτον: αὐτῶν **17** ε̣κθρη: ἐχθροὶ (cf. **10**)

(**5**) *rotte ganz und gar [den Götzendienst aus der Welt] aus; den Feind [deiner Wirkkräfte und all] seine schlechte [Macht zermalme unter unseren] Füßen [schleunigst (?)] und (?) [vernichte] alle Häresien* (**10**)*; erniedrige die Feinde [deiner] Kirche, [Herr,] entblöße [ihren] Hochmut; zeige [ihnen] rasch ihre Schwäche [und] ihre [Unfähigkeit/Unvermögen/Furcht (?); mache] ihre Anschläge* (**15**) *[und Listen/Zauber (?)] wirkungslos; [und (?)] rüttle dich auf, Herr, so daß deine Feinde [zerstreut werden]*

PVindob. G 17047/38329/38379 *recto*

(ca. 10)]ϲ̣[. .] . [*(ca. 12)*
(ca. 8) ολιγο]ψ̣ι̣χ̣ο̣υ̣ν̣[ταϲ πα-
ρακαλεϲο]ν : π̣επτωγω[ταϲ εγει-
ρ̣ον ϲη[*(3/4)*]η τω αμαρτωλω : π̣ε̣-
πλανημ̣ενουϲ επιϲτρεψον : παν-
ταϲ αγαγε επι την ωτον̣ τ̣ον̣ [ϲω-
τηριον ϲου ϲ{τ}η̣ναψον και αυτου̣[ϲ
τω(ι) λαω(ι) ϲ̣ο̣υ υμαϲ τε ρηϲε ⟨ἀπὸ⟩ τ̣[ων α-
μαρτιον [ημω]ν̣ : φρουροϲ η̣[μιν κατα
παντα [γενο]μενο̣ϲ : [ϲυ γαρ ει ο
υ̣π̣ε̣ρ[ανω παϲηϲ αρχηϲ *(+ 6/7)*
.] . [

1-3 usque ad [παlρακαλεϲο]ν Hammerstaedt **3-10** α π̣επτωγω[ταϲ] usque ad [γενο]μενο̣ϲ̣ Henner **9** ἡμῖν Hammerstaedt: ἡμῶν Henner **10-11** Hammerstaedt

Orthographica etc.: **2** [ολιγο]ψ̣ι̣χ̣ο̣υ̣ν̣[ταϲ]: ὀλιγοψυχοῦνταϲ **3** π̣επτωγω[ταϲ]: πεπτωκό[ταϲ] **6** ωτον̣ τ̣ον: ὁδὸν τὴν **7** ϲ{τ}η̣ναψον: ϲύναψον **8** υμαϲ τε ρηϲε: ἡμᾶϲ δὲ ῥῦϲαι **8-9** [α]lμαρτιον: [ἁ]lμαρτιῶν

[ermuntere] die Kleinmütigen; hilf auf den Gestrauchelten, zusammen mit (?) mir (?), dem Sünder; (**5**) *bringe die Verirrten zurück; führe alle auf deinen heilbringenden Weg; gliedere auch sie deinem Volk ein und befreie uns <von> [unseren] Sünden; der du [in] allen Belangen unser Wächter* (**10**) *warst; [denn du bist derjenige, der] über [aller Herrschaft und Vollmacht (?) ist]*

PVindob. G 16545 *verso* (Fasernverlauf längs)

(3/4)] ̣ [
μο]υ [το υπερ υμων κλωμενον ειϲ
α]φεϲι[ν α]μ̣α[ρτιων τουτο ποιειτε
ειϲ την εμ[ην αναμνηϲιν ομοιωϲ
μετα τω δ̣[ειπνηϲαι λαβων πο-
τηριον : ευχ̣[αριϲτηϲαϲ ευλογη-
ϲαϲ : αγιαϲ̣[αϲ εδωκε αυτοιϲ πιων
και λεγων [:] λ̣[αβετε πιετε παν-
τεϲ εξ αυτου : τ̣[ουτο μου εϲτιν
το αιμα τηϲ καιν̣[ηϲ διαθηκηϲ
το υπερ υμον ε̣[κχυνομενον
ειϲ αφεϲιν α̣[μαρτιων τουτο
πηειτε ειϲ [την εμην αναμνη-
ϲιν : οϲα̣κ̣ι̣[ϲ γαρ αν εϲθιητε
τον αρτον̣ [τουτον πινητε δε

4 [ομοιωϲ] Hammerstaedt (Henner): [ὡϲαύτωϲ] Treu/Diethart **6-7** [λαβων ποlτηριον] Hammerstaedt: [λαβὼν τὸ ποlτήριον] Treu/Diethart **7** εδωκε αυτοιϲ πιων Hammerstaedt: [πλήϲαϲ πν(εύματοϲ) ἁγίου] Treu/Diethart, [μετέδωκεν αὐτοῖϲ] Henner **9** Henner **11** ε̣[κχυννομενον] Treu/Diethart **14** [αν] Hammerstaedt: [εαν] Treu/Diethart (fortasse recte) **15** [πινητε δε] supplevit Hammerstaedt

Orthographica etc.: **5** τω : τό **11** υμον: ὑμῶν **13** πηειτε: ποιεῖτε

[Dies ist] mein [Leib, der für euch gebrochen wird zur] Vergebung der Sünden. [Dies tut] zu meinem [Gedächtnis. Nachdem er ebenso] (**5**) *nach dem Mahl einen Kelch [genommen], gedankt, ihn gesegnet und geweiht hatte, [reichte er ihn ihnen, nachdem er davon getrunken hatte] und sprach: Nehmt [(und) trinkt] alle davon; dies [ist mein]* (**10**) *Blut des Neuen [Testaments], das für euch vergossen wird zur Vergebung der Sünden. [Dies] tut zu [meinem] Gedächtnis. Sooft [ihr nämlich* (**15**) *dieses] Brot [eßt und aus diesem Kelch trinkt ...]*

PVindob. G 17047/38329/38379 *verso*

] . . [
(ca. 6)] . . . [. . . θ(ε)]ε π̣[(ατε)ρ παντοκρα-
τωρ του] μ̣ονογενου⟨c⟩ co[υ υιου κ(υριο)υ
δ̣ε̣ κ̣α̣ι̣ [θ](εο)υ̣ και ζωτηροc [ημ]ω̣ν
Ι̣(ηcο)υ̣ Χ(ριcτο)υ καταγελωμεν τ̣η̣ν αναc-
τ]α̣cιν̣ [:] και την ειc τουc ορανουc
αυτ]ο̣υ αναλιμψιν ομολογουμεν :
και τη]ν̣ εντοξον φωβ̣ε̣ραν τ̣ευτ[ε-
ραν παρου]c̣ιαν πρ̣ο̣[cδ]ο̣γωμεν
εν η(ι) μελλει ερχεcθαι κρ]ι̣ν̣ε
(ca. 19)]α̣[
(ca. 19)]ο̣υ̣[
(ca. 19)]ο̣υ̣[

2 [θ(ε)]ε: [κ(υρι)]ε Henner **2-3** Hammerstaedt (de π̣[ατερ] supplendo cogitavit Henner 260 n. 67) **3** μ̣ονογενοῦ (sic) co[υ υἱοῦ] Henner **4** δ̣ε̣ κ̣α̣ι̣ Hammerstaedt, reliqua legit supplevit Henner **5** Ι̣(ηcο)υ̣ Hammerstaedt **5-8** a Χ(ριcτο)υ usque ad φωβ̣ε̣ραν Henner **8-9** τ̣ευ-τ[ειραν] Hammerstaedt: δευτέι[ραν] Treu/Diethart **9** Henner **10-12** Hammerstaedt **13** Henner

Orthographica etc.: **4** ζωτηροc: cωτῆροc **5** καταγελωμεν: καταγγέλλομεν **6** ορανουc: οὐρανοὺc **7** αναλιμψιν: ἀνάλη(μ)ψιν **8-9** εντοξον φωβ̣ε̣ραν τ̣ευτ[ειραν]: ἐνδοξον φοβερὰν δευτ[έραν] **9** πρ̣ο̣[cδ]ο̣γωμεν: προ[cδ]οκῶμεν **10** [κρ]ι̣ν̣ε: κρῖναι

[den Tod ... ,] Gott, Vater, [Allmächtiger,] deines eingeborenen Sohnes, unseres Herrn

und Gottes und Erlösers (**5**) *Jesus Christus, verkünden wir, bekennen die Auferstehung und Aufnahme in den Himmel [und] erwarten die herrliche, furchterregende Wiederkunft,* (**10**) *[bei der er kommen wird,] um zu richten*

Kommentar:

PVindob. G 16545 *recto* (Fasern quer)

Paralleltexte:

B. Anaph. Melk. Mark.: Brightman 130, 27-131, 3; Cuming 34, 1-35, 16.

C. 1. Anaph. Gr. Kyrill.: Kacm. fol. 130r-131r (92 Macomber).

C. 3. Anaph. Bohair. Kyrill.: Renaudot² 1, 44, l. 28-37.

Damit die mangelnde Stichhaltigkeit der von Henner vorgetragenen Zweifel an einer Einordnung dieser Wiener Fragmente als frühe Fassung der Markosliturgie leichter beurteilt werden kann, weist der Kommentar, anders als z.B. im Fall der Gratiarum actio in PStraßb. 254 (o. S. 27), die Übereinstimmungen mit den oben angeführten Paralleltexten zu den jeweiligen Stellen einzeln nach.

Nicht nur der Zeilenabstand,[186] sondern auch die Schriftgröße der Vorderseite ist geringer als die der Rückseite. Bei meiner Rekonstruktion ergab sich daher im oberen Teil des Fragmentes PVindob. G 16545 *recto* eine noch größere Anzahl fehlender Buchstaben, als Henner Teile 256 Anm. 14 angenommen hatte,wobei sie ihrerseits die Rekonstruktion dieser Zeilen bei Treu und Diethart für zu kurz erklärte.[187]

Zu den in diesem Fragment enthaltenen «Bitten für die eigene Gemeinde» vgl. Brakmann, Eucharistiegebet 155f.

5-6 [τὴν ... κόϲμου]: Bitte um Ausrottung des Götzendienstes, stimmt wörtlich überein mit Melk. Mark. (Brightman 130, 27f; Cuming 34, 1f), Kacm. fol. 130v (92 Macomber) und Bohair. Kyrill. (Renaudot² 1, 44, l. 28). Auf der Photographie scheint sich am Zeilenende über ϲο ein Strich (als Abkürzung für das zu erwartende ν) zu befinden. Die von Treu/Diethart und

[186] S.u. S. 68.

[187] So lautet der Text in 16545 *recto* **4-5** bei Treu/Diethart [- - - εἰδωλολα|τρείαν τ]ẹ́λεον ἐκρίϲοϲο, bei Henner [- - - εἰδω|λολατρείαν τ]ẹ́λεον ἐκρίϲοϲο.

Henner angenommene Trennung εκριcoco|[ν] wäre unüblich, wenn auch bei diesem Schreiber nicht von vorneherein auszuschließen.

6-9 Bitte um Überwindung des Satans; vgl. an gleicher Stelle Kacm. fol. 130v (92 Macomber): τὸν Cατανᾶν καὶ πᾶcαν αὐτοῦ τὴν ἐνέργειαν καὶ πονηρὰν δύναμιν cύντριψον καὶ καθυπόταξον ὑπὸ τοὺc πόδαc ἡμῶν ἐν τάχει; ebenso Bohair. Kyrill. (Renaudot² 1, 44, l. 28-30); Melk. Mark. ordnet ὑπὸ τοὺc πόδαc zusammen mit den vorangehenden Objekten der Verbform cύντριψον zu (Brightman 130, 28-30; Cuming 34, 2f).[188]

Selbst mit [ν] am Anfang von Zeile **6** wäre die von Henner vorgeschlagene Ergänzung ἐκρίcoco|[ν ἀπὸ τοῦ κόcμου τή]ν noch um ca. zwei Buchstaben zu kurz. In τηναμεον scheint ein Genitiv Plural zu stecken,[189] dem wohl ein bestimmter Artikel im selben Kasus vorausging. Die drei zwischen κόcμου und τῶν fehlenden Buchstaben laden zur Ergänzung mit dem Artikel für das in **7** erforderliche maskuline Akkusativobjekt ein. Dort ist nämlich vor πονηραν mit einem καί zu rechnen, da das anschließende αὐτοῦ (**7**) ohne Zweifel auf eine zuvor erfolgte Erwähnung des Satans Bezug nimmt. Demnach wurde der Satan im Vorhergehenden entweder, wie in den mittelalterlichen Fassungen der Markosliturgie (s.o.), als weiteres Akkusativobjekt oder aber als possessives Genitivattribut zu einem solchen Objekt erwähnt. Die zweite Möglichkeit nahm Henner mit ihrer Ergänzung [cατανᾶc καὶ τὴν] πονηραν (sic) αὐτοῦ an, doch wäre sie ca. drei Buchstaben zu kurz. Zudem ließen sich die dann im Vorhergehenden zu erwartenden Worte [τὴ]ν δύναμιν schwieriger mit τηναμεον vereinbaren als [τῶ]ν δυνάμεων. Entfernt ist mit der Bitte um das Zermalmen des ἐχθρόc die voranaphorische Bitte für den Patriarchen in Basil. Alex.[190] und OTait-Petrie 415 *verso* 25-27 vergleichbar,[191] derzufolge jeder der sichtbaren und unsichtbaren Feinde des Patriarchen zugrundegerichtet werden soll. Die Ergänzung von **8** mit [cύντριψον ὑπ]ọ τοὺc πόταc (Treu / Diethart; Henner) wäre ca. 6 Buchstaben zu kurz. Auch bei Einsetzen des

---

[188] Eindeutig in Vat. gr. 1970, Alex. 173, Sin. gr. 2148, und (lückenhaft) in Mess. gr. SS. Salv. 177, doch lag dieselbe Wendung offenbar auch dem mit ὑπό abbrechenden Vat. gr. 2281 vor; Vat. gr. 1970 und Mess. gr. SS. Salv. 177 haben übrigens πονηρίαν statt πονηρὰν δύναμιν; Alex. 173 und Sin. gr. 2148 bieten wie Gr. Kyrill. zusätzlich ἐν τάχει.

[189] Vgl. in PLitLond. 232 *verso* 10 die Schreibung τηναμιν (o. S. 51). Der offensichtliche Druckfehler τηṿαμενον bei Treu/Diethart wurde von Henner ohne Prüfung des Papyrus übernommen.

[190] Renaudot² 1, 60.

[191] Henner, Teile 265 Anm. 39; über das Verhältnis von OTait-Petrie 415 zur Markosliturgie s.o. Anm. 120.

längeren Imperativs καθυπόταξον aus Kacm. (s.o.) anstelle von cύντριψον würden noch mindestens 3 Buchstaben fehlen. Ein mit πονηράν kongruierendes Nomen wäre am ehesten an dieser Stelle zu erwarten. Für πονηρὰν δύναμιν vgl. Kacm. und die meisten Mss. von Melk. Mark.[192] Bei regelmäßiger Schreibung wäre die hier vorgeschlagene Ergänzung um einen Buchstaben zu lang, doch kann dies auf unvorhersehbaren orthographischen Besonderheiten (wie z.B. τηναμεον in Zeile **6**) und angesichts der beträchtlichen Länge des fehlenden Textes auch auf Schwankungen in der Schriftbreite beruhen. Möglicherweise schloß die Bitte, ähnlich wie in Kacm. und zwei Mss. von Melk. Mark., in **9** mit [ἐν τάχει] ab. Im Anschluß an diese Lücke ist das Unterteil eines tiefreichenden ι zuerkennen, das ähnlich in PVindob. G 17047 / 38329/38379 *recto* **7** an ein vorhergehendes α angeschlossen zu sein scheint. Davor könnten Reste eines (vielleicht etwas engen) κ stehen (also: κ̣α̣ί̣).

9-10 πᾶcαν ... ἐξαφάνιcον: Die in Melk. Mark. fehlende Bitte um Beendigung der Häresien hat sich in Kacm. fol. 130v (92 Macomber: τὰ cκάνδαλα καὶ τοὺc ποιοῦνταc αὐτὰ κατάργηcον· παῦcον τὰ cχίcματα· τὰc αἱρέcειc ἐξαφάνιcον) und in Bohair. Kyrill. (Renaudot[2] 1, 44, l. 30sq.) an gleicher Stelle erhalten.[193]

10-11 Die Ergänzung ἐκλη|[cίαc cου κ(ύρι)ε τα]πινοcον (Treu/Diethart; Henner) ist zwei Buchstaben zu kurz, und sogar drei, wenn einem häufigen Fehler (z.B. Athanasiosanaphora Zeile 11 [u. S. 135]) entsprechend εκλη|[cια⟨c⟩ cου zu ergänzen wäre. Vielleicht ist hier τηc εκ⟨κ⟩λη|[cια⟨c⟩ cου, του κ(υριο)υ, τα]πινοcον zu rekonstruieren. Vgl. die Bitte um Niederwerfung der Feinde der Kirche in Melk. Mark. (Brightman 130, 30f; Cuming 35, 4): τοὺc ἐχθροὺc τῆc ἐκκληcίαc cου, κύριε, καὶ νῦν ταπείνωcον.[194]

11-14 Vgl. Melk. Mark. (Brightman 130, 31f; Cuming 35, 4f) und Kacm. fol. 130v: γύμνωcον αὐτῶν τὴν ὑπερηφανίαν, δεῖξον αὐτοῖc ἐν τάχει τὴν ἀcθένειαν αὐτῶν.[195] Ungewöhnlich ist die Worttrennung in γιμνοc|[ον] (**11-12**).

[192] Ausnahmen o. Anm. 188.

[193] Vgl. Brakmann, Eucharistiegebet 155 mit Anm. 42f. Fernere Parallelen bei Henner, Teile 265 Anm. 40.

[194] Leicht erweitert Vat. gr. 1970 und Kacm. fol. 130v.

[195] αὐτῶν fehlt in Vat. gr. 2281. Der Kacmarcikcodex bietet hiernach τὸν φθόνον κατάργηcον, ebenso Vat. gr. 2281 (vgl. Swainson 46; Cuming p. 46 im App. zu p. 35, 6; anders, und offenbar verkehrt, Henner, Teile 266 Anm. 44).

15-16 Ausführlicher Melk. Mark. (Brightman 130, 32-131, 2; Cuming 35, 6f): τὰς ἐπιβουλὰς αὐτῶν καὶ τὰς μαγγανείας καὶ τὰς πανουγρίας ἃς ποιοῦσι καθ' ἡμῶν ἀπράκτους ποίησον; leicht erweitert durch Pronomenwiederholung und den Zusatz von τὰς καταλαλιάς Kacm. fol. 131r (92 Macomber). Treu und Diethart ließen offen, ob [πανουργί]ας oder [μαγγανί]ας zu ergänzen ist, Henner, Teile 266 rechnete offenbar allenfalls mit letzterem.

16-17 So wörtlich Melk. Mark. (Brightman 131, 2f; Cuming 35, 16) und Kacm. fol. 131r. Die in der Ergänzung in **16** unausgefüllten Buchstaben könnten ein καί enthalten haben.[196] An eine sonst in diesem Papyrus auch dort, wo man sie sonst erwarten könnte, nicht erscheinende Sprecherzuweisung (in 17047/38329/38379 *recto* **10** ist kein Platz für eine derartige Ergänzung) ist hier nicht zu denken, auch wenn die von Cuming 35, 9-15 für seine Textgestaltung von Melk. Mark. herangezogenen Mss. hier kurze Einwürfe von Diakon und Gemeinde enthalten.[197]

PVindob. G 17047/38329/38379 *recto*

Paralleltexte:

B. Anaph. Melk. Mark.: Brightman 131, 11-21; Cuming 36, 5-37, 2.
C. 1. Anaph. Gr. Kyrill.: Kacm. fol. 131v-132r (93 Macomber).
C. 3. Anaph. Bohair. Kyrill.: Renaudot[2] 1, 45, l. 5-10.

Die das Gebet für die eigene Gemeinde zusammenfassenden[198] kurzen Bitten kehren fast alle meist wörtlich, und sonst nur mit leichten Abweichungen und einer Umstellung in der (verlängerten) Reihe solcher Bitten in Anaph. Melk. Mark. und, mit noch weitergehenden Übereinstimmungen, in der Kyrillosliturgie wieder.[199]

Wenn es zutrifft, daß auf der Rückseite zwischen dem Oberteil PVindob. G 16545 *verso* **15** und dem Unterteil PVindob. G 16545/38329/38379 *verso* **2** drei Zeilen fehlen,[200] müssen sich hier auf der mit engerem Zeilenabstand

---

[196] Zu kurz die Ergänzung von **15-16** bei Treu/Diethart (und Henner) trotz Annahme eines Interpunktionszeichens: ἀπράκ|[τους ποίησον : ἐξεγ]έρθητι κτλ.

[197] In **17** lasen Treu/Diethart (und Henner)] οἱ ἐθρή σου, in **18** [- - -] - - - μ.

[198] Zu diesen «Klementinischen Bitten» und ihrer für die Markosliturgie kennzeichnenden Stellung s. Brakmann, Eucharistiegebet 156f mit Anm. 46-48 und 55.

[199] Vgl. Brakmann, Eucharistiegebet 156 mit Anm. 51f; ähnlich Henner, Teile 270.

[200] S.u. S. 71.

geschriebenen Vorderseite[201] zwischen der etwas höher als PVindob. G 16545 *verso* **15** liegenden Zeile **17** des Oberteils und der etwas tiefer als PVindob. G 16545/38329/38379 *verso* **2** einsetzenden zweiten Zeile des Unterteils (einschließlich der nur teilweise erhaltenen Zeilen PVindob. G 16545 *recto* **18** und PVindob. G 16545/38329/38379 *recto* **1**) vier Zeilen befunden haben.[202]

2-3 [ολιγο]ψ̣ι̣χ̣ο̣υ̣ν̣[ταϲ πα|ρακαλεϲο]ν: ψ Fuß der Vertikale, unterhalb der Normalzeile, nach rechts abgebogen wie ψ in Zeile **7**; ι̣ untere Hälfte, wie hier häufig bei ι leicht unter Zeile reichend; χ̣ untere Hälfte beider Schrägstriche, zu ihrem Treffpunkt hin verblassend; an χ angeschlossen untere Rundung eines ovalen ο̣; υ̣ wie eine rundliches V ausgeführt, runder Boden noch sichtbar; ν̣ Fuß linker Vertikale; schwer definierbare Spuren sind auch noch vor den hier beschriebenen Buchstaben erhalten. Dieselbe Bitte in Melk. Mark. (Brightman 131, 11; Cuming 36, 5) und in Kacm. 131v, sowie in Bohair. Kyrill. (Renaudot^2 1, 45, l. 5).

3-4 πεπτωκόταϲ ἔγειρον an gleicher Stelle in Kacm. fol. 131v und Bohair. Kyrill. (Renaudot^2 1, 45, l. 5), etwas später in Melk. Mark. (Brightman 131, 12; Cuming 36, 6f). Der anschließende, sonst an dieser Stelle unbelegte Zusatz könnte vielleicht ϲη[ν εμ]η τω αμαρτωλω gelautet haben (= ϲὺν ἐμοὶ τῷ ἁμαρτωλῷ; für η statt υ vgl. **7** ϲ{τ}ηναψον, für η statt οι 16545 *recto* **17** εκθρη; *verso* **13** πηειτε). Für ϲη[μα εμ]η (= ϲῆμα ἐμοί, eine Anrufung Gottes als «du Zeichen für mich, den Sünder», was dem Sinne nach bereits Henner, Teile 258 Anm. 19 in Erwägung zog, scheint der Platz nicht ausreichend.

4-5 In Melk. Mark. steht diese Bitte um Rückführung der Verirrten etwas früher (Brightman 131, 11f; Cuming 36, 6), direkt im Anschluß an ὀλιγοψυχοῦνταϲ παρακάλεϲον. Kacm. läßt sie jedoch ebenfalls nach dem Einschub weiterer, hier offenbar nicht erscheinender Bitten[203] auf πεπτωκόταϲ folgen, ebenso Bohair. Kyrill. (Renaudot^2 1, 45, l. 6; vgl. hierfür auch PDêr-Balizeh fol. II *recto* 3f [u. S. 174]). Beide schließen, wie auch der vorliegende Papyrus in Zeile **5-7**, daran die Bitte an, von Gott auf den Weg des Heils geleitet zu werden.

---

[201] Vgl. Hammerstaedt, Markusanaphora 69.

[202] Überlegungen zu Inhalt und Ausdehnung der Lücke auch bei Henner, Teile 267.

[203] Falls nicht etwa in Zeile **1-2** unseres Papyrus [ϲαλευομενουϲ | ϲτηριξον] zu ergänzen ist.

5-7 Ähnlich Melk. Mark. (Brightman 131, 13f): πάντας ἄγαγε εἰς τὴν ὁδὸν τῆς σωτηρίας[204] und Kacm. fol. 131v: πάντας εἰσάγαγε,[205] ἀγαθὲ δυνατέ, εἰς τὴν ὁδὸν τῆς σωτηρίας σου.

7-8 {τ} eng ausgeführt wie τ in Zeile **3**. Fast wörtlich entspricht dem Papyrus Bohair. Kyrill. (Renaudot² 1, 45, l. 7: *numera illos omnes cum populo tuo*). Auch in Kacm. 132r erscheint das Volk: σύναψον αὐτοὺς τῇ ἁγίᾳ σου ποίμνῃ καὶ τῷ λαῷ σου περιουσίῳ. Ähnlich an gleicher Stelle Melk. Mark. (Brightman 131, 14f): σύναψον καὶ αὐτοὺς τῇ ἁγίᾳ σου ποίμνῃ.[206]

8-9 Fast ebenso fährt Melk. Mark. fort (Brightman 131, 15; Cuming 36, 9): ἡμᾶς δὲ ῥῦσαι ἀπὸ τῶν ἀνομιῶν ἡμῶν;[207] in Kacm. 132r steht wie im Papyrus ἁμαρτιῶν (am Rand zu ἀνομιῶν korrigiert).

9-10 Leicht erweitert, an derselben Stelle, Melk. Mark. (Cuming 36, 9f): φρουρὸς ἡμῖν καὶ ἀντιλήπτωρ κατὰ πάντα γενόμενος. Brightman 131 15f, dem Henner in der Ergänzung von **9** folgte, schrieb nach Vat. gr. 1970 ἡμῶν;[208] Kacm. 132r hat ἡμῖν,[209] und zudem σκεπαστής statt ἀντιλήπτωρ.

10-11 Henner wollte in **11** ὑμ̣έτ̣[ερος] lesen (ähnlich schon Treu/Diethart 92), doch handelt es sich bei dem zweiten Buchstaben mit Sicherheit um kein μ, sondern um ein wie hier üblich mit zwei unten nach rechts gebogenen Vertikalen ausgeführtes π, dessen linke Vertikale wie in vielen anderen Beispielen unten die rechte berührt (z.B. in **10**). Auch in Melk. Mark. (Brightman 131, 21; Cuming 37, 2), Kacm. fol. 132v und Bohair. Kyrill. (Renaudot² 1, 45, l. 10) schließen sich diese das Ende der Interzessionen einleitenden Priesterworte nach einem (auch in Vat. gr. 2281 fehlenden) Zwischenruf des Diakons an dieselbe Reihe vorhergehender Kurzbitten an.[210]

12 Über die Zeile hinausragende, nach links abgebogene Spitze einer Vertikale (η, κ oder ι, aber wahrscheinlich kein φ). Möglicherweise sind die Worte [σὺ γὰρ εἶ ὁ] | ὑ̣π̣ε̣ρ̣[άνω πάσης ἀρχῆς] mit der Ergänzung [καὶ ἐξ-

---

204 Mit einer geringen Abweichung in Vat. gr. 2281.

205 So auch Sin. gr. 2148.

206 Ohne καί Vat. gr. 2281 und offenbar auch Alex. 173 und Sin. gr. 2148 (vgl. Cuming 36, 8 mit App.). Zum vermutlichen Bezug von αὐτούς auf die πεπλανημένοι Henner, Teile 269.

207 Statt ἡμᾶς δέ bietet Mess. gr. SS. Salv. 177 καὶ ἡμᾶς. Ist dies etwa aus ἡμᾶς τε, wie im vorliegenden Papyrus, entstanden?

208 Variante unerwähnt in Cumings Apparat.

209 Ebenso *nobis* Bohair. Kyrill. (Renaudot² 1, 45, 8)

210 Ihr Erscheinen an dieser Stelle vermutete bereits Brakmann, Eucharistiegebet 157. Henner, Teile 269 hatte hier hingegen eine (sonst unbelegte) Fortsetzung der vorherigen Bitten angenommen.

ουꜥc]ί[αc - - -] fortzuführen, was dem Text in Melk. Mark. (Brightman 131, 21; Cuming 37, 2) und in Kacm. fol. 132r entspräche.

PVindob. G 16545 *verso* (Fasernverlauf längs)

Paralleltexte:

A. 1. spätantik/frühbyzantinisch; griechisch: PRyl. gr. 465 *recto* 11-17 (u. S. 78); außerdem PDêr-Balizeh fol. II *verso* 18-27 (u. S. 176: dieser Papyrus ist allerdings nicht Markos/Kyrillosliturgie).

A. 2. Sahidisch: OBritMus. nr. 54036 *recto* 6-10.

B. Anaph. Melk. Mark.: Brightman 132, 29-133, 18; Cuming 40, 15-43, 1.

C. 1. Anaph. Gr. Kyrill.: Kacm. fol. 134v-135r (94f Macomber).

C. 3. Anaph. Bohair. Kyrill.: Renaudot[2] 1, 46, l. 6-24.

Noch am Ende der Vorderseite oder am Beginn der Rückseite – je nachdem auf welcher Höhe des Blattes sich die erhaltenen Zeilen des Papyrus befunden haben – muß sich die Fortführung des in PVindob. G 17047/38329 / 38379 *recto* **10** einsetzenden Ante-Sanctus, das Sanctus und das Post-Sanctus mit dem Beginn des Einsetzungsberichtes befunden haben. Eine spätantike griechische Textfassung der hier fehlenden Teile der Markosliturgie ist nur ab dem Post-Sanctus in PRyl. gr. 465 *recto* 1-10 erhalten (u. S. 77f).[211] Ein Text dieser Länge würde auf dem Wiener Papyrus ca. 19 Zeilen entsprechen. Wie auch an anderen Stellen, wird man jedoch wohl eine knappere Fassung zugrundelegen müssen. So entspricht z.B. PRyl. gr. 465 *recto* 1-3 dem zwar nicht wie die Markosliturgie angeordneten, mit ihr im Wortlaut jedoch vergleichbaren knapperen Text in PDêr-Balizeh fol. II *recto* 24-27 (u. S. 174f). Gleichwohl müßte man allein für diesen Abschnitt im Wiener Papyrus wohl mit einem Ausfall von ungefähr 15 Zeilen rechnen, zu denen noch das (kurze) Sanctus und das Ante-Sanctus kämen. Letzteres könnte gegenüber der Fassung in PDêr-Balizeh fol. II *recto* 6-23 erheblich abgekürzt worden sein. So mag anstelle der ausführlichen Erwähnung von Engeln, Erzengeln, Cherubim

---

211 Außerhalb der Markosliturgie in PDêr-Balizeh fol. II *recto* 6 - II *verso* 17 (mit Ante-Sanctus, Sanctus, Post-Sanctus und Einsetzungsbericht; u. S. 174-176), PBerol. 17032 (mit Sanctus und Einsetzungsbericht; u. S. 151f), PVindob. G 41043 *verso* (Post-Sanctus; u. S. 156) und den Sunnartifragmenten (Ante-Sanctus, Sanctus, später der Beginn des Einsetzungsberichts; u. S. 207f).

und Seraphim in PDêr-Balizeh fol. II *recto* 11-19, wenn überhaupt, eine mit Sunnarti fr. 3+4, 2-6 (u. S. 206f) vergleichbare Kurzfassung gestanden haben, während die in PDêr-Balizeh fol. II *recto* 6-10 stehende Aussage sich hier vielleicht sogar auf die Worte cὺ γὰρ εἶ ὁ ὑπεράνω πάcηc ἀρχῆc beschränkt hat.

Selbst wenn man mit einem möglichst geringen, sich auf ca. 20 Zeilen belaufenden Textausfall rechnet, ergibt sich eine unerwartet große Höhe des Blattes. Bereits die erhaltenen Fragmente müssen sich zuzüglich der in der Blattmitte verlorenen Zeilen[212] bereits mindestens über 26, 5 cm ausgedehnt haben. Legte man für den zwischen Vorder- und Rückseite fehlenden Text den größeren Zeilenabstand auf der Rückseite zugrunde, müßte die Höhe des beschriebenen Blattes noch fast 20 cm mehr betragen haben. Doch auch wenn der fehlende Text fast ganz auf der enger beschriebenen Vorderseite gestanden hätte, würden noch ca. 15 cm hinzuzufügen sein, so daß bei einer Zeilenbreite von ca. 15 cm die beschriebene Höhe jedenfalls mehr als 40 cm betragen haben müßte.

1 [τοῦτό ἐcτιν τὸ cῶμα || μο]ῦ entspräche Vat. gr. 1970 von Melk. Mark., deren andere Zeugen ebenso wie Kacm. fol. 134v τοῦτό μού ἐcτιν τὸ cῶμα bieten (vgl. Cuming 40, 15 mit Apparaten). Wie beliebig solche kleineren Variationen bei Textzeugen ein und derselben Liturgie vorgenommen werden konnten, ohne daß dies in diesem[213] und ähnlichen Fällen Folgen für die Klassifizierung einer Liturgie haben sollte, zeigt die umgekehrte Setzung des Possessivpronomens bei der Erwähnung des Blutes in Zeile **9**.

2 Vielleicht stand [υμον] statt [ὑμῶν] (vgl. **11**). Melk. Mark. (Brightman 132, 29f; Cuming 40, 15) und Kacm. haben κλώμενον καὶ διαδιδόμενον. PRyl. gr. 465 *recto* 11 bietet (interlinear) bloß τω (υπερ) ụμωṿ κρωμενον (u. S. 78), vgl. Bohair. Kyrill. (Renaudot[2] 1, 46, l. 6 *frangitur*); die andere Variante vertreten OBritMus. nr. 54036 *recto* 6f («denn das ist mein Leib, der für euch hingegeben werden wird») sowie der ähnlich wie die Markosliturgie formulierende PDêr-Balizeh fol. II *verso* 18f τὸ ὑπὲρ ὑμῶν διδ[όμενο]ṿ (u. S. 176). Henner, Teile 271 wollte die Ergänzung διδόμενον statt des von Treu/Diethart eingesetzten κλώμενον nicht ausschließen.

3-4 Vielleicht [πηειτε] statt [ποιεῖτε] (vgl. **13**). Die in **12-14** im Zusammenhang mit dem Wein wiederkehrende Aufforderung, dies zu Christi Ge-

---

212 Dazu u. S. 71 zu PVindob. G 16545/38329/38379 *verso*.
213 Vgl. auch Henner, Teile 271f mit Anm. 68 und 275 mit Anm. 91.

dächtnis zu tun, steht an dieser Stelle auch in PRyl. gr. 465 *recto* 12 (u. S. 78), in OBritMus. nr. 54036 *recto* 7, Kacm. fol. 134v (94 Macomber) und Bohair. Kyrill. (Renaudot² 1, 46, l. 7f), während sie in den Mss. von Melk. Mark. fehlt. Daß dieses Fehlen keineswegs gegen eine Zuweisung zur Markosliturgie spricht (vgl. Henner, Teile 272), bewies Brakmann, Eucharistiegebet 159 mit Anm. 79ff.

4-6 Die Ergänzung [ὁμοίωϲ] in **4** wurde bereits erwogen von Henner, Teile 272 mit Parallelen Anm. 74; vgl. vor allem PDêr-Balizeh fol. II *verso* 20 (u. S. 176); aus Platzgründen weniger wahrscheinlich, doch nicht gänzlich zu verwerfen ist [ὡϲαύτωϲ] (Treu/Diethart; Henner, Teile 258 im Text). Aus denselben Gründen ist in **5-6** die Ergänzung [τὸ πο]|τήριον (Treu/Diethart) weniger wahrscheinlich,[214] jedoch nicht ganz von der Hand zu weisen (ohne Artikel PRyl. gr. 465 *recto* 13 [u. S. 78] und OBritMus. nr. 54036 *recto* 7f («ebenso nahm er, nachdem sie gegessen hatten, einen Kelch»); auch PDêr-Balizeh fol. II *verso* 21; vgl. des weiteren Henner, Teile 273 Anm. 77).

6 Auch in PRyl. gr. 465 *recto* 13 (u. S. 78) und OBritMus. nr. 54036 *recto* 8 (sowie in PDêr-Balizeh fol. II 21; s.u 176) fehlt der Hinweis auf die Mischung von Wasser und Wein durch κεράϲαϲ, wie er sich in Melk. Mark. (Brightman 133, 2; Cuming 40, 19f) und Gr. Kyrill. (Kacm. fol. 134v; Renaudot² 1, 46, l. 10sq.) eingebürgert hat; man könnte ihn daher, anders als Henner, Teile 273 Anm. 78, durchaus als eine spätere Formel betrachten, die erst nachträglich zum festen Bestandteil der Markosliturgie geworden ist.[215]

6-8 Vgl. PRyl. gr. 465 *recto* 13f, wo die Ausdehnung der Lücke ebenfalls die Lesung ευ[χαριϲτηϲαϲ ευλογηϲαϲ αγιαϲαϲ εδω]|κεν zu erfordern scheint (u. S. 78). Die Sequenz kehrt in der ansonsten erweiterten Melk. Mark. (Brightman 133, 4f; Cuming 40, 23f) und Gr. Kyrill. wieder (Kacm. fol. 134v [95 Macomber]; vgl. Renaudot² 1, 46, l. 11-15). Mit [πλήϲαϲ πν(εύ-

---

214 Henner, Teile 272 schloß sich hier hingegen ausdrücklich der Kalkulation der Zeilenlänge von Treu/Diethart an.

215 Daß hier auch die in Anaph. Melk. Mark. (Brightman 133, 2f; Cuming 40, 20-23) und in Kacm. fol. 134v angeschlossene Erwähnung des Aufblickens zu Gott fehlt, wurde von Henner, Teile 273 Anm. 78 als besonders starkes Argument gegen eine Zuweisung des Wiener Papyrus zur Markosliturgie in Feld geführt. Doch fehlt diese Wendung, wie Brakmann, Eucharistiegebet 158 mit Anm. 75-78 herausstellte, auch in allen anderen älteren Textzeugen wie PRyl. gr. 465 *recto* 13 (u. S. 78), OBritMus. nr. 54036 *recto* 8, und zudem in Bohair. Kyrill. (Renaudot² 1, 46, l. 11) und dem arabischen *Testamentum Domini* Rez. B, das eine Umarbeitung der Markos- bzw. Kyrillosanaphora enthält (A. Baumstark: Oriens Christianus 1 [1901] 17, l. 3sq.; dazu Brakmann, Eucharistiegebet 158 Anm. 69), sowie in PDêr-Balizeh fol. II *verso* 21 (u. S. 176).

ματο)ϲ ἁγίου] als Ergänzung nach ἁγιάϲ[αϲ] in **7** (Treu/Diethart) wäre καὶ λέγων in **8** grammatisch unvereinbar, da ein finites Verb fehlt. Bei Henners Ergänzung [μετέδωκεν αὐτοῖϲ] (weitere Überlegungen ebd. 274 mit Anm. 86) würde hingegen die Kopula καὶ λέγων ein vorangehendes Partizip vermissen lassen. Die hier vorgeschlagene Ergänzung[216] weicht zwar vom Formular in Melk. Mark. ab, findet aber teilweise eine Bestätigung in PDêr-Balizeh fol. II *verso* 22: καὶ πιὼν ἔδωκεν αὐτοῖϲ εἰπών· κτλ. (u. S. 176). Kacm. fol. 135r erwähnt das Trinken mit γευϲάμενοϲ (ebenso Bohair. Kyrill. [Renaudot², 1, 46, l. 17]; weitere Parallelen dafür bei Henner, Teile 274 Anm. 83). Schermann 19 wies auf Iren. haer. 5, 33, 1 (SC 153, 405: καὶ πιὼν ... καὶ δοὺϲ ... ἔλεγεν) als frühestes Zeugnis hin. Zwar wäre so die Zeile **7** (bei Annahme einer Interpunktion nach ἁγιάϲαϲ) ca. einen Buchstaben länger als die längsten übrigen Zeilen, doch mag dies durch eine Schreibung von Omega als Omikron in δέδωκε und πιών ausgeglichen worden sein.

8-9 Melk. Mark. und Kacm. fol. 135r formulieren πίετε ἐξ αὐτοῦ πάντεϲ (Brightman 133, 8; Cuming 40, 30), ebenso OBritMus. nr. 54036 *recto* 9f,[217] doch vgl. PRyl. gr. 465 *recto* 14f [λαβετε πιετε παν]|τεϲ εξ αυτου, (u. S. 78), Bohair. Kyrill. (Renaudot² 1, 46, l. 18) sowie den ebenfalls wörtlich übereinstimmenden PDêr-Balizeh II *verso* 22 (u. S. 176).[218]

9 [μου] wurde von Henner, Teile (vgl. ebd. 259 Anm. 24 und 275) in die Ergänzung von Treu/Diethart eingefügt. Vgl. PRyl. gr. 465 *recto* 15, von Melk. Mark. die Mss. Vat. gr. 2281, Mess. gr. SS. Salv. 177 und, nach Cumings Angaben zu urteilen, wohl auch Sin. gr. 2148 (Cuming 40, 33),[219] Kacm. fol. 135r, des weiteren PDêr-Balizeh fol. II *verso* 23f.

10 Wörtliche Übereinstimmung der Erwähnung des Neuen Bundes mit PBerol. 17032 *verso* 9 (u. S. 152). Ähnlich Melk. Mark. (Cuming 40, 33f: τὸ αἷμα τὸ τῆϲ διαθήκηϲ; so wohl auch zu ergänzen in PRyl. gr. 465 *recto*

---

[216] Daß so das aoristische Partizip mit dem präsentischen durch καί verbunden wird, bleibt zwar eine nicht zu verharmlosende Schwierigkeit, die wir jedoch, falls sich keine überzeugendere Lösung ergibt, wohl als geringeres Übel verschmerzen müssen.

[217] Seine frühere Wiedergabe mit «und trinkt alle davon» (Quecke, Zeuge 46) änderte Quecke in seiner überarbeiteten Übersetzung: «trinket daraus alle».

[218] Vgl. Brakmann, Eucharistiegebet 158 mit Anm. 64ff.

[219] Verkehrt ist also die Angabe bei Henner, Teile 275 Anm. 91 über die (melkitische) Markosliturgie, denn nur Vat. gr. 1970 (vgl. Brightman 133, 12) und Alex. 173 schließen in symmetrischer Entsprechung mit der vorherigen Erwähnung von Christi Leib (in diesem Papyrus in Zeile **1-2**) das Possessivpronomen μου an αἷμα an (vgl. Brakmann, Eucharistiegebet 158 mit Anm. 70).

15 [u. S. 78]), leicht erweitert Vat. gr. 1970 (Brightman 133, 12f) und Kacm. fol. 135r (τὸ αἷμα τὸ τῆϲ καινῆϲ διαθήκηϲ).

11 So wörtlich PDêr-Balizeh II *verso* 24f (u. S. 176; mit der Schreibung ἐκχυννόμενον);[220] PBerol. 17032 *verso* 9f (u. S. 152; mit [ἐκ]χυνόμενον). PRyl. gr. 465 *recto* 15f (u. S. 78; mit αχεννομενον), Kacm. fol. 135r (ἐκχυνόμενον), Bohair. Kyrill. (Renaudot[2] 1, 46, l. 19sq.) und Melk. Mark. (Brightman 133, 12f; Cuming 40, 33f: τὸ ὑπὲρ ὑμῶν καὶ πολλῶν ἐκχυνόμενον καὶ διαδιδόμενον) bieten zwei Erweiterungen (nach Cumings Apparat z.St. zu urteilen fehlt καὶ διαδιδόμενον allerdings in Sin. gr. 2148).[221].

12-15 Wörtliche Übereinstimmung mit OBritMus. nr. 54036 *recto* 9f, Kacm. fol. 135f, den Priesterworten von Melk. Mark. (Brightman 133, 13-18; Cuming 40, 34-36) und Bohair. Kyrill. (Renaudot[2] 1, 46, l. 20-24) sowie, wohl abgesehen von einer vermutlichen Auslassung, auch mit PRyl. gr. 465 *recto* 16f (u. S. 78)

PVindob. G 17047/38329/38379 *verso*

Paralleltexte:

A. 1. spätantik/frühbyzantinisch; griechisch: PRyl. gr. 465 *recto* 19-23 (u. S. 78f).

A. 2. Sahidisch: OBritMus. nr. 54036 *recto* 12-14

B. Anaph. Melk. Mark.: Brightman 133, 21-28 bzw. Cuming 44, 11-18.

C. 1. Anaph. Gr. Kyrill.: Kacm. fol. 135v-136r (95 Macomber).

C. 3. Anaph. Bohair. Kyrill.: Renaudot[2] 1, 46, l. 27-33.

Bei Zugrundelegung der Textfassung, wie sie in PRyl. gr. 465 *recto* 17-19 vorliegt (u. S. 78), würden zwischen dem vorangehenden Fragment PVindob. G 16545 *verso* **15** und dem vorliegenden Stück PVindob. G 16545 / 38329/38379 *verso* **2** drei Zeilen fehlen; dieselbe Vermutung trug schon Henner, Teile 276f vor, die allerdings einen längeren Text (mit ἄχριϲ οὗ ἔλθω) einsetzte.

Statt der drei finiten Verbformen in **5**, **7** und **9** bieten die Priesterworte in Kacm. fol. 135v und in Melk. Mark. (Brightman 133, 21-28; Cuming 44, 11-18) Partizipien, die wohl trotz einer anschließenden Gemeindeakklamation

[220] Diese auch von Treu/Diethart vorgezogene Schreibung würde als Ergänzung von **11** ohne weiteres noch in die Zeile passen.

[221] Vgl. OBritMus. nr. 54036 *recto* 9: «das vergossen werden wird für viele».

mit der Bitte an den Herrn um Schonung und Nachsicht im Jüngsten Gericht allesamt als abhängig von dem nachfolgenden Verb προεθήκαμεν (Kacm. fol. 136r; Brightman 133, 31; Cuming 44, 2) betrachtet werden müssen.[222] Mit dem vorliegenden Text ist unter den Textzeugen dieser Liturgie nur Bohair. Kyrill. vergleichbar, soweit es die lateinische Wiedergabe überhaupt erlaubt, die die entsprechenden Verben mit *annunciamus* (sic) ... *et confitemur* ... *et exspectamus* wiedergibt (Renaudot² 1, 46, l. 27, 29, 31).[223] Bedauerlicherweise sind in PRyl. gr. 465 *recto* 19-23 alle Verbformen an dieser Stelle verloren. Daß in der Lücke vor dem dort teilweise noch in *recto* 25 erhaltenen [προεθήκα]|μ̣ε̣ν̣ wohl kein Platz für eine Kopula ist, scheint jedoch für eine Unterordnung der vorherigen Verba als Partizipien zu sprechen.[224]

Obgleich Henner die Vielzahl an orthographischen Besonderheiten sowohl im vorliegenden Papyrus als auch in PBerol. 7561 kannte,[225] nahm sie in

---

[222] So auch in OBritMus. nr. 54036 *recto* 12-15: «Indem wir also, Herr, den Tod deines eingeborenen Sohnes, unseres Herrn und unseres Retters Jesus Christus, verkünden (13) und seine Auferstehung und seine Aufnahme in die Himmel bekennen und (14) seine glorreiche Parusie erwarten, bringen wir vor deinem Angesicht (15) diese Gaben aus dem Deinen dar, dieses Brot und diesen Kelch.» Anders konstruiert die lateinische Übersetzung in der von A. Raes besorgten Ausgabe der Markosanaphora bei Hänggi/Pahl³ 113-115, nr. 321 l. 212-219, die die ersten beiden, mit *annuntiantes* und *confitentes* wiedergegebenen Partizipien καταγγέλλοντες und ὁμολογοῦντες von einem, offenbar in Gedanken nach καὶ τὴν εἰς οὐρανοὺς ἀνάστασιν zu ergänzenden, *confitemur* abhängen läßt [*in caelos quoque ascensionem confitemur*]; dann allerdings fortfährt mit *expectantes ... proposuimus*). Brakmann, Eucharistiegebet 159 Anm. 90 führte die Umformung der finiten Verbformen in Partizipien auf stilistische Erfordernisse zurück, die aus Einführung der mit denselben finiten Verba formulierten Gemeindeakklamation (vgl. u. Anm. 223) resultierten.

[223] Die Worte τὸν θάνατόν σου, Κύριε, καταγγέλλομεν καὶ τὴν ἀνάστασίν σου ὁμολογοῦμεν καὶ πιστεύομεν, die der Alex. 173 auf ὁσάκις γὰρ ἂν ἐσθίητε τὸν ἄρτον τοῦτον, πίνητε δὲ καὶ τὸ ποτήριον τοῦτο, τὸν ἐμὸν θάνατον καταγγέλλετε (Cuming 43, 1f) folgen läßt, bevor er, wie alle anderen Textzeugen von Melk. Mark., die Verkündung von Christi Tod, das Bekenntnis seiner Auferstehung und die Parusieerwartung in Partizipialkonstruktion bietet, führen eine in Kacm. und in den anderen Mss. von Melk. Mark. teils verkürzt, teils überhaupt nicht wiedergegebene Gemeindeakklamation aus (vgl. auch o. Anm. 222).

[224] Außerhalb der Markos/Kyrillosliturgie hat zwar der PDêr-Balizeh fol. II *verso* 30f (u. S. 176) zwei finite Formen, erwähnt jedoch anschließend nicht das Darbieten der Gaben. Da aber diese Erwähnung in der Markos/Kyrillosliturgie mit προεθήκαμεν das einzige finite Verb enthält, bietet die Konstruktion des PDêr-Balizeh hier für die spätantike Markosliturgie keinen Anhalt. Solange wir also nicht wissen, ob im Wiener Papyrus ebenfalls ein προεθήκαμεν folgte, bleibt die Konstruktion in PRyl. gr. 465 unsicher; ebenfalls ohne προεθήκαμεν PBerol. 7561 (7./8. Jh.; van Haelst, Catalogue nr. 724) *verso* 1f: + των θανατον σου κ(υρι)ε καταγγελλωμεν και την αγιαν σου αναστασιν | δοξολωγουμεν Χ(ριστο)ς κτλ. und PNaqlun inv. 10/95 *verso* 10-12 (Derda/Urbaniak-Walczak 15).

[225] Vgl. Henner, Teile 260 mit Anm. 28; 278 Anm. 106.

beiden Texten eine Konjunktivform καταγγέλλωμεν an,[226] die sie von καταγγέλλομεν in PDêr-Balizeh fol. II *verso* 30 unterscheiden wollte.[227] Doch dürften die in jenem Berliner und dem vorliegenden Wiener Papyrus jeweils anschließenden Indikative δοξολογοῦμεν bzw. ὁμολογοῦμεν, die Henner zwar in der Form beließ, in ihrer Übersetzung aber als Konjunktive wiedergab,[228] wohl kaum aus δοξολογῶμεν bzw. ὁμολογῶμεν verdorben sein. Vielmehr ist mit der häufig anzutreffenden, leichten Verschreibung von καταγγέλλομεν zu καταγγέλλωμεν zu rechnen.

2-3 Über dem ε ist noch deutlich der Querstrich erkennbar, der seine Zugehörigkeit zu einem Nomen sacrum anzeigt. Die Anrede des Herrn ist hier entsprechend Bohair. Kyrill. (Renaudot² 1, 46, l. 27) rekonstruiert:[229] *Deus, pater omnipotens*. Noch knapper formuliert OBritMus. nr. 54036 *recto* 12 mit «Herr», während PRyl. gr. 465 *recto* 19 hier eine Lücke hat (u. S. 78). Melk. Mark. bietet die abweichende und erweiterte Anrede δέϲποτα κύριε παντοκράτορ ἐπουράνιε βαϲιλεῦ,[230] die in Kacm. fol. 135v (δέϲποτα κύριε θεὲ πάτερ παντοκράτορ ἐπουράνιε βαϲιλεῦ) mit der Formulierung von Bohair. Kyrill. kombiniert zu sein scheint.

3-4 Die Christuserwähnung stimmt mit Melk. Mark. überein (Brightman 133, 22-24; Cuming 44, 11-13 mit App.).[231] Anders zu ergänzen PRyl. gr. 465 *recto* 20 (u. S. 78).

5 Als Objekt zu καταγγέλλομεν muß ungeachtet der in **6** zu vermutenden, eine Verbindung von καταγγέλλομεν mit τὴν ἀνάϲταϲιν herstellenden Interpunktion der Tod Christi am Anfang der Aussage vor κ(ύρι)ε (Zeile **2**) ge-

[226] Vgl. ihre Liste der Orthographica und Übersetzung des Fragments ebd. 260.

[227] Henner, Teile 278.

[228] Henner, Teile 260: « ... wollen wir verkünden ... laßt uns bekennen ... wollen wir erwarten».

[229] Anders Henner, Teile 280.

[230] Brightman 133, 22; Cuming 44, 11; in Mess. gr. SS. Salv. 177 fehlt δέϲποτα und βαϲιλεῦ. Wieweit neben der mit dem Nominativ übereinstimmenden Vokativform von παντοκράτωρ (auch durch das Metrum gesichert in G. Kaibel, Epigrammata Graeca ex lapidibus conlecta [Berlin 1878] nr. 815, 11; vgl. PRyl. gr. 465 *verso* 11 [u. S. 90] und die o. S. 53 im Kommentar zu PLitLond 232 *verso* 2-6 zitierten Stellen; Gignac a.O. (o. S. 49) 2 [1981] 62 und 142) schon in der Spätantike die Form παντοκράτορ vorkam, wie sie die oben im Text zitierten mittelalterlichen griechischen Fassungen der Markos/Kyrillosliturgie bieten, bleibt ungewiß (vgl. Did. 10, 3 [SC 248, 178], dort allein im Hierosolymitanus 54 [11. Jh.] erhalten: ϲύ, δέϲποτα παντοκράτορ).

[231] Als geringe weitere Abweichung schreibt der von Cuming zur Textgrundlage genommene Vat. gr. 2281 statt τοῦ ϲωτῆροϲ gleich hinter dem Namen Jesu Christi τοῦ ϲωτῆροϲ ἡμῶν.

nannt worden sein (vgl. PRyl. gr. 465 *recto* 19f [u. S. 78]; Melk. Mark. [Brightman 133, 21; Cuming 44, 11]; auch PDêr-Balizeh fol. II *verso* 30 [u. S. 176]; Henner, Teile 278). Während die Markos/Kyrillosliturgie und die in PVindob. G 41043 überlieferte Liturgie (*verso* 4 [u. S. 156]) auf Christus als denjenigen, der den Tod auf sich genommen hat, in der dritten Person zu sprechen kommen (mit αὐτοῦ bzw. οὗ), sondern verbinden andere Liturgieformulare die Todeserwähnung durch ϲοῦ direkt mit dem unter dem Aspekt seiner Einheit betrachteten Gott (vgl. z.B. PDêr-Balizeh fol. II *verso* 30 [u. S. 176; PNaqlun inv. 10/95 *verso* 10 [Derda/Urbaniak-Walczak 15]).

5-7 Auferstehung und Himmelfahrt Christi werden als Gegenstand des zweiten, wohl mit dem hier meist verwendeten[232] ὁμολογεῖϲθαι ausgedrückten Bekenntnisses auch in PRyl. gr. 465 *recto* 20f und in der mit dem vorliegenden Text offenbar wörtlich übereinstimmenden sahidischen Holztafel[233] genannt; ebenso, aber mit ausschmückenden (in der Überlieferung variierenden)[234] Attributen in Kacm. fol. 135v und in Melk. Mark. (Brightman 133, 24-26; Cuming 44, 13f); vgl. übrigens auch PNaqlun inv. 10/95 *verso* 11f (Derda/Urbaniak-Walczak 15); die Auferstehung allein erscheint in der knapperen Fassung dieser Stelle in PDêr-Balizeh fol. II *verso* 31 (u. S. 176); vgl. PBerol. 7561 (s.o. Anm. 224).

8-9 Die Erwartung der erneuten Wiederkunft erscheint in ähnlicher Formulierung (ohne φοβεράν) auch in PRyl. gr. 465 *recto* 22 und OBritMus. nr. 54036 *recto* 14[235] als dritte Glaubensaussage.[236] Unter den Mss. von Melk. Mark. (Brightman 133, 27f; Cuming 44, 16) ist Mess. gr. SS. Salv. 177 besonders ähnlich: καὶ τὴν ἔνδοξον καὶ φοβερὰν αὐτοῦ παρουϲίαν ἀπεκδε-

232 Vgl. Henner, Teile 281 mit Anm. 155.

233 OBritMus. nr. 54036 (Übersetzung o. Anm. 222).

234 Vgl. Cumings Apparat.

235 Übersetzung o. Anm. 222.

236 Spätere Fassungen der Markos/Kyrillosliturgie erwähnen hiervor das Sitzen zur Rechten Gottes (Kacm. fol. 13v; Bohair. Kyrill. [Renaudot 2 1, 46, 30; Brightman 133, 26f; Cuming 44, 15); dies ist jetzt auch in der Ergänzung von PRyl. gr. 465 *recto* 21 nicht mehr zu halten (u. S. 79; trotz der schon von Coquin 342 geäußerten Bedenken an der übergroßen Zeilenlänge übernahm sie noch Henner, Teile 281). Diese Bitte ist als eine entwicklungsgeschichtlich jüngere Erweiterung zu betrachten (vgl. Brakmann, Eucharistiegebet 160 mit Anm. 92.

χόμενοι,[237] während das Verbum προcδοκάω in Kacm. fol. 136r wiederkehrt.[238]

10 Zur Erwartung der Wiederkunft Christi zum Gericht vgl. PRyl. gr. 465 *recto* 22f (u. S. 78);[239] Kacm. fol. 136r, Bohair. Kyrill. (Renaudot[2] 1, 46, l. 33) und Melk. Mark. (Brightman 133, 28; Cuming 44, 18).

---

[237] Vgl. Brakmann, Eucharistiegebet 160 Anm. 98ff.

[238] Vgl. Brakmann, Eucharistiegebet 160 Anm. 103f, der Henner, Teile 281 Anm. 117 zurückwies.

[239] Sie fehlt in OBritMus. nr. 54036 *recto* 14.

4. PRyl. gr. 465 (van Haelst, Catalogue nr. 976f): a) Post-Sanctus, Einsetzungsbericht, Anamnese, Zweite Epiklese und Schlußdoxologie der Markos/Kyrillosanaphora; b) Fürbitte für die Verstorbenen

Abb. Taf. V+VI; sorgfältige Editio princeps bei Roberts,[240] der das 1917 von Rendel Harris in Ägypten erworbene[241] Pergamentblatt ins 6. Jh. datierte. Zahlreiche Vorschläge in Baumstarks Besprechung[242] und bei Coquin.[243]

Bisher unerkannt waren die auf der Fleischseite (hier *verso*) schwach, aber unzweifelhaft erkennbaren Buchstaben einer früheren sorgfältig ausgeführten Buchschrift. Diese jetzt ausgewaschene Schrift verläuft rechtwinklig zu den später verfaßten Zeilen liturgischen Inhalts, wobei der linke Rand der Fleischseite als Unterkante des früheren Textes unbeschrieben ist. Auf der Höhe von *verso* **13** des später hierübergeschriebenen Textes sieht man den linken Rand einer Kolumne, aber auch oberhalb, also weiter links von dieser Kolumne erkennt man weitere Buchstaben. Der primäre Text war also in zwei nebeneinanderstehende Kolumnen aufgeteilt. Da die John Rylands Library zur Zeit meines Besuchs[244] zwar über Vergrößerungsgläser, nicht aber über ein Mikroskop verfügte, mußte einstweilen auf die genaue Entzifferung dieser neu entdeckten Buchstaben verzichtet werden.[245] Der Charakter der aufrecht stehenden, quadratischen Schrift ist gekennzeichnet durch die vollkommen runde Form des Omikron, das ebenso groß wie die anderen Buchstaben ist, und durch das vergleichbar runde Epsilon.

---

[240] C.H. Roberts, Catalogue of the Greek and Latin Papyri in the John Rylands Library, Manchester vol. III (Manchester 1938) 25-28. Die Identifikation mit der Markosliturgie verdankte er E.C. Ratcliff.

[241] Vgl. Engberding, Papyrus 68.

[242] A. Baumstark, Rez. Roberts: Oriens Christianus 36 bzw. Ser. 3, 14 (1939) 128-130.

[243] R.-G. Coquin, L'anaphore alexandrine de saint Marc: Le Muséon 82 (1969) 307-356.

[244] Dem Leiter der John Rylands Library in Manchester, Mr. David W. Ridley, danke ich dafür, daß er mir im September 1993 Einsicht in das Fragment gewährte.

[245] Sehr wünschenswert wäre auch eine Kontrolle der über *recto* **11** eingefügten interlinearen Buchstaben durch das Mikroskop gewesen.

Von den in Zweitverwendung auf der ursprünglichen Rückseite (jetzt *recto*) beginnenden und auf der kopfüber gewendeten ehemaligen Vorderseite (jetzt *verso)* quer zur ursprünglichen Schriftrichtung eingetragenen liturgischen Texten fehlen die Zeilenenden, die offenbar ungefähr ebenso lang wie die linken, erhaltenen Zeilenanfänge waren. Auf dem erhaltenen Teil des Blattes[246] lassen sich (in der neuen Beschreibrichtung) eine Quer- und zwei Längsfalten erkennen.[247]

Während der Text der Markosanaphora (a) durch zahlreiche, nur zu einem geringen Teil nachträglich korrigierte orthographische Besonderheiten auffällt, finden sich im Fürbittengebet für die Verstorbenen (b) keine von literarischen Papyrustexten abweichenden Orthographica.[248]

Da die Hälfte des Textes fehlt, sind die Ergänzungen natürlich allzu oft unsicher. Indem die Ergänzungsmöglichkeiten in Zeichnungen projiziert wurden, konnte jedoch immerhin sichergestellt werden, daß sie stets ungefähr die gleiche Länge einhalten.[249]

a) Markosanaphora[250]

PRyl. gr. 465 *recto* (Haarseite)

1 αληθωϲ π̣λ̣η̣ληϲ γαρ εϲτιν ⟦α⟧`ο´
ουρα[νοϲ και η γη τηϲ αγιαϲ ϲου δοξηϲ

2 τια του κ(υριο)υ και θ(εο)υ και ϲοτηροϲ
ημω̣[ν Ιηϲου Χ(ριϲτο)υ (+ *5/6*) πληρωϲον

[246] In der Höhe (der neuen Schriftrichtung) mißt es 18, 9 cm, in der Breite am oberen Ende 10, 5 cm, am unteren Rand 12, 4 cm (bei den beiden Quermessungen sind die Angaben zur Ober- und Unterkante auf *recto* zu beziehen).

[247] Roberts 25 dachte an eine Verwendung als Amulett. Seine Vermutung, daß die Löcher in dem Pergament zum Durchziehen einer Kordel gedient hätten, ist allerdings aufgrund ihrer unregelmäßigen Position, in der sie bei einer Faltung nicht aufeinander gepaßt hätten, zurückzuweisen.

[248] Schreibungen wie πίϲτι (*verso* **13** = πίϲτει) und ἐπαγγελείαϲ (*verso* **18** = ἐπαγγελίαϲ) stellen in dieser Hinsicht keine Besonderheit dar. Je nach Beurteilung der Form ϲυνανεγείρων *verso* **17** könnte es sich hierbei um einen Schreibfehler handeln (s. Kommentar zu *verso* **15-21**.

[249] Erschwert wird die Rekonstruktion der ursprünglichen Zeilenlänge dadurch, daß die Breite des Blattes *recto* nach unten zu, bzw. *verso* nach unten abnimmt (vgl. die Maße o. Anm. 246). Da die verlorene Hälfte des Blattes über die erhaltene gefaltet war, ist wohl auch in ihr mit derselben Zu- bzw. Abnahme der Zeilenlänge zu rechnen.

[250] Zu der für diesen Text gewählten Art der Darstellung des Griechischen o. S. 17.

3 ο θ(εο)ϲ και ταυτην ⟨την⟩ θυϲιαν τηϲ
παρα ϲ̣[ου ευλογιαϲ δια του αγιου ϲου
4 πν(ευμ)ατοϲ /οτι αυτοϲ ο κ(υριο)ϲ και θ(εο)ϲ ·
κα[ι ϲωτηρ και παμβαϲιλευϲ ημων
5 ι⟦ε⟧`η´ϲουϲ ο χ(ριϲτο)ϲ · εν τη(ι) ν⟦η⟧`υ´κτι
⟨η(ι)⟩ παρετι[του εαυτον εκουϲιωϲ υπερ των
6 αμαρτιων ημων´ και των ⟦η⟧`υ´περ
απ[αντων υφιϲτατο θανατον ϲαρκι
7 αρτ⟦ω⟧`ο´ν λαβων επι των αγιων
κα[ι αχραντων και αμωμων αυ-
8 τ̣ο̣υ χιρω`ν{α}´ αναβρεψαϲ ειϲ τον
ουρ[ανον προϲ ϲε τον π(ατε)ρα των ολων
9 ευχαριϲ̣τ̣⟦ε⟧`η´ϲαϲ ευλογηϲαϲ αγιαϲαϲ
κ̣[λαϲαϲ εδωκε τοιϲ ιδιοιϲ αυτου μα-
10 θητηϲ και αποϲτολοιϲ ⟦αυ⟧`ε̣´[ι]⟦το⟧`π̣ω̣´ν
λαβε[τε φαγετε παντεϲ εξ αυτου τουτο μου
11 εϲτιν το ϲωμα τηϲ γηνηϲ διαθηκη̣ϲ `τω (υπερ) υ̣μ̣ων̣ κρ̣ωμενον̣´
[καὶ ὑπὲρ πολλῶν διαδιδόμενον]
12 ειϲ αφηϲιν αμαρτιων τουτο
ποιειτε [ειϲ την εμην αναμνηϲιν ωϲαυτωϲ
13 + μετα τω τιπνηϲι λαβων πο⟦λ⟧τηλιον
ευ[χαριϲτηϲαϲ ευλογηϲαϲ αγιαϲαϲ εδω-
14 κεν τηϲ ιτιαιϲ αυτου μαθητ̣ηϲ
και απ[οϲτολοιϲ ειπων λαβετε πιετε παν-
15 τεϲ εξ αυτου τουτο μου εϲτιν το ῡμα
τ̣[ηϲ καινηϲ διαθηκηϲ το υπερ πολ-
16 λον α̣χ̣εννομενον και τετομενον ειϲ
α[φεϲιν αμαρτιων τουτο ποιειτε
17 ειϲ την `ε̣´μην αναμνηϲιν + ωϲαγηϲ
γαρ [αν εϲθιητε τον αρτον πινητε δε
18 και το ποτηριον τουτο⟦ν⟧ τ̣ον ημω̣ν
[θανατον καταγγελλετε και την
19 η̣μ⟦α⟧`η´ν αναϲ̣τ̣η̣ϲ[ι]ν ⟦α⟧`ο´μολογιται `+´
τον θ̣[ανατον θ(ε)ε π(ατε)ρ παντοκρατωρ
20 του μ̣ον⟨ο⟩{γε}γενουϲ `ϲ̣ου´ υιου του κ(υριο)υ και θ(εο)υ
η̣[μων καταγγελλοντεϲ και την

21 α̣ν̣α̣cταcιν και την ειc ουρανου`c´
αυ[του αναληψιν ομολογουντεc
22 κ̣α̣ι την εντοξον αυτου τευτεραν
π̣α̣[ρουcιαν προcδοκωντεc εν η(ι) μελ-
23 λει] κρ̣ινη την ηκουμενην εν δικ̣[αιοcυνη(ι)
και αποδουναι εκαcτω(ι)
24 κατα τα εργα αυτου [ειτε α]γαθ̣ον
[ειτε κακον εκ των cων προεθηκα-
25 μ̣ε̣ν̣ ενοπιον cου [δεομεθα] και
παρ[ακαλουμεν cε ινα εξαποcτειλη(ι)c
26 το πν(ευμ)α το αγιον επ̣ι̣ τ̣[α] π̣ρ̣ο̣κ̣ι̣μενα cο̣υ̣
[δωρα επι τον αρτον τουτον
27 και επι τ⟦α⟧`ο´ π⟦ε⟧`ο´τηριο̣ν̣ [το]υ̣τ̣ο *(vacat)*

3 ⟨την⟩ Hammerstaedt **5-6** supplevit Hammerstaedt **8** Hammerstaedt: ουρ[ανον προc cε θ(εο)c τον ιδιον π(ατε)ρα] Roberts, ουρ[ανον προc cε τον ιδιον π(ατε)ρα θ(εο)ν] Baumstark, Rez. Roberts 128 **9** Hammerstaedt **10** Coquin 332: λαβε[τε φαγετε εκ τουτου παντεc τουτο μου] Roberts **13-15** supplevit Hammerstaedt **17** Hammerstaedt **19** Hammerstaedt: θ̣[ανατον ο θ(εο)c πατερ παντοκρατωρ] Roberts **20** Hammerstaedt: θ(εο)υ κ̣[αι cωτηροc καταγγελλοντεc και] Roberts, θ(εο)υ η̣[μων Ι(ηcο)υ Χ(ριcτο)υ αγγελλοντεc και την] Baumstark a.O. 129 **21-23** usque ad [μελ|λει] supplevit Hammerstaedt **24** Baumstark 129 **25** Coquin 344: παρ[ακαλουμεν cε εξαποcτειλον cου] Roberts, παρ[ακαλουμεν cε οπωc καταπεμψηc] Baumstark 129 **26** π̣ρ̣ο̣κ̣ι̣μενα Hammerstaedt (προκειμενα coniecerunt Baumstark 129, Coquin 345)

Orthographica etc.: **1** π̣λ̣ηλη̣c: πλήρηc **2** τια: διά; cοτηροc: cωτῆροc **5** παρετι[του]: παρεδίδου **6** των: τόν **8** χιρω`ν{α}´: χειρῶν; αναβρεψαc: ἀναβλέψαc **9-10** [μα]|θητηc: μαθηταῖc **11** γηνηc: καινῆc; τω ... κρ̣ωμενο̣ν̣: τὸ ... κλώμενον **12** αφηcιν (vgl. *verso* **8-9**): ἄφεcιν **13** μετα τω τιπνηcι: μετὰ τὸ δειπνῆcαι; πο⟦λ⟧τηλιον: ποτήριον **14** τηc ιτιαιc αυτου μαθητηc: τοῖc ἰδίοιc αὐτοῦ μαθηταῖc **15** ῦμα: αἷμα **15-16** [πολ]|λον α̣χ̣ε̣ννομενον και τετομενον: πολλῶν ἐκχυννόμενον καὶ ⟨δια⟩διδόμενον **17** ωcαγηc: ὁcάκιc **18** ημω̣ν: ἐμὸν **18-19** [την] | ημ⟦α⟧`η´ν αν̣α̣c̣τ̣ηc[ι]ν ⟦α⟧`ο´μολογιται: τὴν ἐμὴν ἀνάcταcιν ὁμολογεῖτε **22** εντοξον: ἔνδοξον; τευτεραν: δευτέραν **23** κρ̣ινη την ηκουμενην: κρῖναι τὴν οἰκουμένην **25** ενοπιον: ἐνώπιον **26** π̣ρ̣ο̣κ̣ι̣μενα: προκείμενα

Wahrhaft voll sind Himmel [und Erde deiner heiligen Herrlichkeit] durch unseren Herrn

und Gott und Erlöser [Jesus Christus (+ Lücke von 5-6 Buchstaben); erfülle], Gott, auch diese Opferung des von dir kommenden [Segens durch deinen heiligen] Geist; weil er selbst, [unser] Herr und Gott und [Erlöser und Allmächtiger] (**5**) *Jesus Christus in der Nacht, <in der> er [sich selbst freiwillig] hingab [für] unsere Sünden und den [Tod] für alle [mit seinem Fleische auf sich nahm], nachdem er Brot in [seine] heiligen, [unbefleckten und tadellosen] Hände genommen, gen Himmel [zu dir, Vater von Allem], aufgeblickt, gedankt, (es) gesegnet, geweiht und gebrochen hatte, [es seinen]* (**10**) *Jüngern und Aposteln gab mit den Worten: Nehmt (und) [eßt alle davon: Dies] ist [mein] Leib des Neuen Testaments, der für euch gebrochen [und für viele aufgeteilt] wird zur Vergebung der Sünden. Dies tut [zu meinem Gedächtnis].* + *Nachdem er [ebenso] nach dem Mahl einen Kelch genommen, gedankt, [(ihn) gesegnet und geweiht] hatte, gab er ihn seinen Jüngern und Aposteln [mit den Worten: Nehmt (und) trinkt]* (**15**) *alle davon: Dies ist mein Blut des [Neuen Testaments, das für] viele vergossen und hingegeben wird zur Vergebung [der Sünden; dies tut] zu meinem Gedächtnis.* + *Denn sooft [ihr das Brot eßt] und aus diesem Kelch [trinkt, verkündet ihr] meinen [Tod und] bekennt meine Auferstehung.* + *[Indem wir] den Tod, [Gottvater, Allmächtiger],* (**20**) *deines eingeborenen Sohnes, unseres Herrn und Gottes [verkünden], seine Auferstehung und [Aufnahme] in den Himmel [bekennen] und seine herrliche zweite Wiederkunft [erwarten, bei der er] die Welt in Gerechtigkeit richten [und jeden] entsprechend seinen Werken [entweder] mit Gutem oder [mit Schlechtem] entgelten [wird], haben wir* (**25**) *vor deinem Antlitz [von dem Deinigen geopfert]. Wir [bitten] und flehen [dich] an, [daß du] den Heiligen Geist auf deine vorliegenden [Gaben herabsendest, auf dieses Brot] und auf diesen Kelch,*

PRyl. gr. 465 *verso* 1-9 (Fleischseite)

1 και ποιηcη(ι)c το⟨ν⟩ μεν αρτον τουτο⟨ν⟩ cω[μα του
κ(υριο)υ ημων Ιηcου Χ(ριcτο)υ το δε ποτη-
2 ριον ημα της κηνηc διαθηκηc /α̣[υτου
του κ(υριο)υ και cωτηροc και παμ-
3 βαcιλευc ημων Ιεcου Χ(ριcτο)υ αμην +
ινα̣ [γενωνται ημιν τοιc εξ αυτων με-
4 ταλαμβανωcιν ειc πιcτιν ειc νεψ[ιν ειc cωφροcυνην ειc αγιαcμον
5 ειc εμπανανεωcιν ψυχη⟨c⟩ cω⟦τ⟧`μ´ατο[c
τε και πν(ευμ)ατοc ειc κοινωνιαν
6 † ειc cοφρο⟦ν⟧`c̣´⟨υν⟩ην † και αφ⟦ρ⟧`θ´αρcιαc
ειc αφ̣[εcιν αμαρτιων + ινα cου

7 και εν τουτο καθοc και εν παντι
τ[οξαcθη υψωθη και αγιαcθη το
8 αγιον και εντιμων κα⟨ι⟩
πανευ̣[λογημενον cου †ονοματοc ειc α-
9 φηcιν αμαρτιω`ν'† +
10 *(alia manus:)* cοινει`η'θ[

1-8 supplevit Hammerstaedt **7-8** fortasse τ[οξαcθη υψωθη αγιαcθη το παν]|αγιον

Orthographica etc.: **2** ημα τηc κηνηc διαθηκηc: αἷμα τῆc καινῆc διαθήκηc **2-3** [παμ]|βαcιλευc: [παμ]|βαcιλέωc **3** Ιεcου (verbessert *recto* **5**): Ἰηcοῦ **4** μεταλαμβανωcιν: μεταλαμβάνουcιν; ειc νεψ[ιν]: εἰc νῆψιν **5** ειc εμπανανεωcιν ψυχη: εἰc ἐπανανέωcιν ψυχῆc **7** τουτο: τούτω(ι); καθοc: καθώc; τ[οξαcθη] (?): δοξαcθῇ(ι) **8** εντιμων: ἔντιμον **8-9** [α]|φηcιν (vgl. *recto* **12**): ἄφεcιν

und dieses Brot zum Leib [unseres Herrn Jesus Christus, den] Kelch [aber] zum Blut des Neuen Testaments unseres [Herrn und Erlösers und] Allherrschers Jesus Christus selbst machst: Amen + ; damit [sie uns, die wir von ihnen] nehmen, zum Glauben, zur Nüchternheit, [zur Besonnenheit, zur Heiligung,] (**5**) *zur Erneuerung der Seele, von Körper [und Geist, zur Teilhabe an] <der Seligkeit des ewigen Lebens>*[251] *und an der Unvergänglichkeit, zur Vergebung [der Sünden gereichen + ; damit dein] heiliger, angesehener und immerdar gelobter <Name>*[252] *ebenso in dieser wie auch zu allen Zeiten gerühmt, [erhöht und geheiligt wird].*

Kommentar:

a) Markosanaphora

PRyl. gr. 465 *recto* (Haarseite)

Paralleltexte:

A. 1. spätantik/frühbyzantinisch; griechisch: PVindob. G 16545 *verso* (o. S. 59; entspricht hier *recto* **11-17**); PVindob. G 17047/38329/38379 *verso*

[251] Stattdessen wiederholt der Schreiber {zur Besonnenheit}; vgl. den Kommentar z.St.

[252] Statt dieser Form steht hier, im Anklang an vorher teils bereits erschienene teils fehlende Formeln: «*deines Namens zur Vergebung der Sünden*»; s. den Kommentar z.St.

(o. S. 60; entspricht *recto* **19-23**); PVindob. G 26134 *recto* 1-3 (u. S. 97; entspricht *recto* **26-27**)

A. 2. Sahidisch: OBritMus. nr. 54036 *recto*

B. Anaph. Melk. Mark.: Brightman 132, 11-134, 10; Cuming 39, 2-46, 16.

C. 1. Anaph. Gr. Kyrill.: Kacm. fol. 133r-138v (94-96 Macomber).

C. 3. Anaph. Bohair. Kyrill.: Renaudot[2] 1, 45, l. 23-47, l. 35.

1 ⟦α⟧ durchgestrichen, \`ο´ interlinear. Die übrigen griechischen Textzeugen der Markosliturgie haben die Wortstellung πλήρης γάρ ἐστιν ὡς ἀληθῶς ὁ οὐρανός κτλ.,[253] während der sahidische Text von OBritMus. nr. 54036 *recto* 1 wie der vorliegende Text mit dem griechischen Wort ΑΛΗΘΩϹ einsetzt.[254]

2 Vgl. die übrigen Fassungen der Markos/Kyrillosanaphora außer Kacm. fol. 133v sowie Vat. gr. 1970, Vat. gr. 2281 und Mess. gr. SS. Salv. 177, die zusätzlich διὰ τῆς ἐπιφανείας τοῦ κυρίου κτλ. schreiben. Die von Roberts vorgenommene Ergänzung mit ἡ[μῶν Ἰησοῦ Χ(ριστο)ῦ· πλήρωσον] stimmt mit allen anderen Textzeugen überein, füllt aber nicht die Lücke.

3 Kacm. fol. 133v, Bohair. Kyrill. (Renaudot[2] 1, 45, l. 26) und vier Mss. von Melk. Mark. schreiben διὰ τῆς ἐπιφοιτήσεως τοῦ κτλ., während der Alex. 173, und auch OBritMus. nr. 54036 *recto* 2 die auch hier von Roberts ergänzte kürzere Formulierung haben.

4 Schrägstrich als Interpunktion nach πν(εύμ)ατος.

5 ⟦ε⟧ und ⟦η⟧ durchgestrichen, \`η´ und \`υ´ interlinear. Die Länge der Lücke spricht eher für die Ergänzung von ἑκουσίως als von τοῦ παθεῖν; vgl. allerdings Kacm. fol. 134r (94 Macomber: τῇ νυκτὶ ᾗ παρεδίδου ἑαυτὸν <u>τοῦ παθεῖν</u> ὑπὲρ τῶν ἁμαρτιῶν ἡμῶν καὶ τοῦ ὑπὲρ πάντων, <u>ἑκουσίως, αὐθαιρέτως</u> ὑφίστατο θάνατον σαρκὶ διὰ τοῦ σταυροῦ), die sahidische Holztafel und Bohair. Kyrill., die die Freiwilligkeit mit der anschließenden Erwähnung des von Jesus auf sich genommenen Todes verbinden.[255]

---

[253] Kacm. fol. 133r (94 Macomber) ohne ὡς.

[254] Quecke, Zeuge 43.

[255] OBritMus. nr. 54036 *recto* 3: «in der Nacht, in der er überliefert werden und <u>freiwillig</u> den Tod für uns alle auf sich nehmen sollte»; Renaudot[2] 1, 45, l. 30-32: *ea nocte qua tradidit se ipsum, <u>ut pateretur</u> pro peccatis nostris, ante mortem, quam <u>propria sua voluntate</u> suscepit pro nobis omnibus*. Roberts ergänzte in **5** ⟨η⟩ παρετι[του εαυτον υπερ των].

6 Über η von ἡμῶν Querstrich; der an ἡμῶν anschließende Schrägstrich liegt über der Zeile; ⟦η⟧ nachträglich zu `υ´ umgewandelt. Für [cαρκί] vgl. Melk. Mark. (Brightman 132, 17; Cuming 39,3).[256]

7 ⟦ω⟧ durchgestrichen, `ο´ interlinear. Die Epitheta zu Christi Händen stimmen wörtlich mit Melk. Mark. überein (Brightman 132, 19; Cuming 39, 4f; eine Abweichung Mess. gr. SS. Salv. 17).

8 τọ̣ in Falte; `να´ interlinear von anderer Hand nachgetragen, wobei aufgrund mangelnder Möglichkeiten eines Schriftvergleichs nicht entschieden werden kann, ob der zweite Buchstabe nicht auch ein λ sein könnte. Die Anrede des Gottvaters erfährt sonst in den Rezensionen der Markos/Kyrillosliturgie eine in Wortlaut und Umfang recht feststehende, in diese Lücke nicht passende Erweiterung.[257] Abgesehen von der stark abweichenden Formulierung in Mess. gr. SS. Salv. 177 bietet nur OBritMus. nr. 54036 *recto* 5 einen abweichenden Text: «zu dir, dem Vater des Alls». Quecke, Zeuge 48 vermutete, daß so die ursprüngliche, vielleicht einen Anklang an Eph. 4, 6 πατὴρ πάντων bietende Fassung der Markosliturgie gelautet haben könnte.

9 ⟦ε⟧ durchgestrichen, `η´ interlinear. Die vermutliche Länge der Lücke könnte wohl auch mit einem Kompositum wie μετέδωκε,[258] vielleicht sogar διέδωκε,[259] erreicht werden, doch spricht für die Ergänzung von αὐτοῦ das Auftreten des Pronomens in allen Fassungen der Markos/Kyrillosliturgie.[260] Die strikt parallele Formulierung in Zeile **14** sichert auch ἰδίοιϲ (vielleicht auch hier verschrieben zu ιτιαιϲ) als Attribut der Jünger, wobei dieses hier allerdings keine emphatische, die Zugehörigkeit der Jünger eigens betonende, sondern eine rein possessive Bedeutung hat (vgl. Bauer/Aland s.v. ἴδιοϲ 2; ein Teil der Überlieferung in 1 Thess. 4, 11 mit ταῖϲ ἰδίαιϲ χερϲὶν ὑμῶν bietet dieselbe Tautologie).

10 ⟦α⟧ durchgestrichen; ⟦υ⟧ und ⟦το⟧ offenbar nachträglich zu `ε̣´ und `πω´ umgewandelt. Die mittelalterlichen griechischen Fassungen der Markos /

256 Roberts ergänzte απ[αντων υφιϲτατο θανατον].

257 Kacm. fol. 134r, Vat. gr. 2281, Sin. gr. 2148, Alex. 173: πρὸϲ cὲ τὸν ἴδιον πατέρα, θεὸν ἡμῶν καὶ θεὸν τῶν ὅλων (Cuming 40, 2f); ähnlich Vat. gr. 1970 (Brightman 132, 20f): πρὸϲ cὲ τὸν ἴδιον πατέρα, θεὸν δὲ ἡμῶν καὶ θεὸν τῶν ὅλων; vgl. auch Bohair. Kyrill. (Renaudot[2] 1, 45, l. 35sq.): *ad te, Deum, patrem suum, et omnium dominum.*

258 Mess. gr. SS. Salv. 177.

259 Kacm. fol. 134v; Vat. gr. 1970, Sin. gr. 2148, Alex. 173.

260 Kacm. fol. 134v; Brightman 132, 22; Cuming 40, 9; OBritMus. nr. 54036 *recto* 6: «gab es seinen Jüngern, den Aposteln»; Renaudot[2] 1, 46, l. 4: *et dedit illum suis discipulis sanctis et apostolis puris*). Roberts ergänzte κ̣[λαϲαϲ εδωκε τοιϲ αγιοιϲ μα]θηταιϲ.

Kyrillosliturgie haben hier die bloße Aufforderung λάβετε φάγετε,[261] doch bietet OBritMus. nr. 54036 *recto* 6 «nehmet und esset alle davon» und Bohair. Kyrill.: *accipite, manducate ex eo vos omnes* (Renaudot² 1, 46, l. 5). Coquins Ergänzung stellt eine Symmetrie mit Zeile **14-15** her.

11 Abkürzung des ὑπέρ wie bei O. Lehmann, Die tachygraphischen Abkürzungen der griechischen Handschriften (Leipzig 1880) 87f. Trotz seiner Position über τηϲ γηνηϲ διαθηκηϲ paßt der Text des über der Linie eingefügten Zusatzes erst nach diesen Worten. Für den Text der anschließenden Lücke sind wohl die mittelalterlichen Fassungen der Markos/Kyrillosliturgie heranzuziehen (Kacm. fol. 134v; Brightman 132, 29; Cuming 40, 15: τὸ ὑπὲρ ὑμῶν κλώμενον καὶ διαδιδόμενον),[262] wobei die Länge der Zeile (mindestens) die von Roberts übernommene Erweiterung[263] in Bohair. Kyrill. erfordert (Renaudot² 1, 46, l. 6sq.: *quod pro vobis frangitur, et pro multis tradetur*). Die Erwähnung des Neuen Bundes wurde von Coquin athetiert,[264] doch sollte mit ihr wohl eine Symmetrie mit Zeile **15** erreicht werden.

12 Vgl. PVindob. G 16545 *verso* 3f (o. S. 59; vgl. den Kommentar z.St.). Für die Lücke wäre ὁμοίωϲ statt ὡϲαύτωϲ vielleicht schon zu kurz.

13 Von dem Kreuz ist der Fuß noch erhalten. Derselbe Wortlaut PVindob. G 16545 *verso* 5-7 (o. S. 59, Parallelen im Kommentar z.St.).[265]

14 Mit dem Satzbau vgl. die mittelalterlichen griechischen Fassungen der Markos/Kyrillosliturgie (Kacm. fol. 135r [95 Macomber]; Brightman 133, 5; Cuming 40, 27f: μετέδωκε τοῖϲ ... αὐτοῦ μαθηταῖϲ καὶ ἀποϲτόλοιϲ εἰπών κτλ.). Anders formuliert PVindob. G 16545 *verso* 7f (o. S. 59, mit Kommentar z.St.).[266]

15 Nach τὸ αἷμα, also vor der von Roberts eingesetzten, für die Lücke jedoch zu kurzen Ergänzung τ̣[ο υπερ υμων και πολ]|λον konjizierte Coquin

---

[261] Kacm. fol. 134v; Brightman 132, 25; Cuming 40, 12.

[262] So schon, ohne eine Entsprechung mit dem in Zeile **11** nachträglich eingefügten τὸ ὑπὲρ ὑμῶν κλώμενον, OBritMus. nr. 54036 *recto* 6f: «denn dies ist mein Leib, der für euch hingegeben werden wird».

[263] Wahrscheinlich lautete der ursprüngliche Text in der Lücke vor dem nachträglichen interlinearen Zusatz [τὸ ὑπὲρ πολλῶν διαδιδόμενον], was der Korrektor dann wohl mit einem καί anstelle des bestimmten Artikels an seinen Zusatz angepaßt haben wird.

[264] Coquin 332 las: {τῆϲ καινῆϲ διαθήκηϲ} `τὸ κλώ[μενον ὑπὲρ ὑ]μῶν ?ʹ [καὶ ὑπὲρ πολλῶν διδόμενον].

[265] Roberts ergänzte ευ[χαριϲτηϲαϲ μετεδω]|κεν, Coquin 333 hingegen εὐ[χαριϲτήϲαϲ καὶ πίων ἔδω]|κεν.

[266] Roberts ergänzte απ[οϲτολοιϲ ειπων πιετε παν]|τεϲ.

333 schon ⟨τῆϲ καινῆϲ διαθήκηϲ⟩.[267] Die Lücke würde auch entsprechend Melk. Mark. (Cuming 40, 33)[268] die Ergänzung τ̣[ο τηϲ διαθηκηϲ, το υπερ υμων και πολ]λον zulassen, doch entspricht sie nicht dem wohl parallelen Wortlaut von Zeile **11**.

16 α̣ klein oben vorne an χ angehängt, sieht aus wie ο; ε̣ linker Streifen der Rundung, wobei die Spuren auch mit α̣ zu vereinbaren wären.

17 \ε̣' (interlinear) Querstrich.[269]

18 Mir scheint keineswegs sicher, daß ⟦ν⟧ tatsächlich, wie Roberts annahm, getilgt ist.

19 Alle Korrekturen sind durch nachträgliche Umwandlung von Buchstaben erfolgt (nur das Kreuz ist interlinear eingefügt); Änderungen scheinen auch in αν α̣ϲ̣τ̣ηϲ[ι]ν vorgenommen worden zu sein; vielleicht ist ἀνάμνηϲιν[270] in ἀνάϲταϲιν verbessert worden. Die erhaltenen Worte stimmen mit OBritMus. nr. 54036 *recto* 11, mit Bohair. Kyrill. (Renaudot[2] 1, 46, l. 24sq) und dem Mess. gr. SS. Salv. 177 von Melk. Mark. überein, während deren übrige Textzeugen ebenso wie Kacm. fol. 135r (95 Macomber) zusätzlich καὶ ἀνάληψιν bieten. Nur in OBritMus. nr. 54036 *recto* 11 fehlt danach ebenfalls die Wendung ἄχριϲ οὗ ἔλθω. Unsicher ist der anschließende, hier entsprechend dem in PVindob. G 16545/38329/38379 *verso* 2f (o. S. 60, und den Kommentar o. 73) zu vermutenden Wortlaut ergänzte Text, der möglicherweise etwas zu kurz ist.

20 ϲ̣ου interlinear. Anders PVindob. G 16545/38329/38379 *verso* 3-5 (o. S. 60). Baumstark, Rez. Roberts 129 wollte mit seiner von Roberts abweichenden Ergänzung erreichen, daß hier der Name Jesu Christi erschiene. Doch mußte er in seiner eigenen Ergänzung nicht nur ein Simplex ἀγγέλλονταϲ, sondern auch die Schreibung von Jesus als Nomen sacrum annehmen, die der Schreiber bei diesem Namen sonst nicht anwendet (vgl. *recto* **5**, *verso* **3**).

---

267 An dem (durch die Ergänzung in der vorliegenden Ausgabe behobenem) Fehlen einer Erwähnung des neuen Bundes, die an dieser Stelle üblich ist (vgl. z.B. PVindob. G 16545 *verso* 10; o. S. 59), nahm auch Quecke, Zeuge 49 Anm. 3 Anstoß.

268 Genaueres o. S. 70f im Kommentar zu PVindob. G 16545 *verso* 10 und 11.

269 Entsprechend allen anderen Textzeugen der Markosliturgie (o. S. 71 Kommentar zu PVindob. G 16545 *verso* 12-15) und PDêr-Balizeh fol. II *verso* 26 (u. S. 176) ergänzte Roberts ωϲαγηϲ γαρ α̣[ν εϲθιητε τον αρτον τουτον πινητε δε], doch reicht hierfür die Lücke nicht aus.

270 Vgl. die Entsprechung in PDêr-Balizeh fol. II *verso* 29.

21 \`ϲ´ interlinear.[271]

22-23 Die Erwähnung von Christi Gericht erfolgt sonst stets mit ἔρχεϲθαι (die Stellen o. 75 im Kommentar zu PVindob. G 16545/3829/38379 *verso* 10), doch könnte aus der insgesam sowohl für die Lücke in **22** als auch für den Beginn von **23** zu langen Textherstellung von Roberts (π[αρουϲιαν απεκδεχομενοι εν η μελλει ερχε]ϲ̣θ̣α̣ι̣) allenfalls das Partizip ἀπεκδεχόμενοι für προϲδοκῶντεϲ übernommen werden, wobei aber selbst dies vielleicht zu lang für die Zeile ist. Auch Kacm. fol. 136r bietet τὴν οἰκουμένην, während Melk. (Brightman 133, 28f; Cuming 44, 18f) und Bohair. Kyrill. (Renaudot^2 1, 46, l. 33: *orbem*) Jesus über die Lebenden und die Toten Gericht halten läßt.

24 Aus der zu langen Ergänzung von Roberts [ειτε κακον ϲοι εκ των ϲων δωρων προεθηκα]ιμ̣ε̣ν̣ strich Baumstark, Rez. Roberts 129 δώρων mit Hinweis auf die moderne Chrysostomos- (Brightman 398, 19) und Basileiosanaphora (Brightman 405, 24) und, schon im Alten Testament, 1 Par. 29, 14.[272]

25 Anders als in der stark erweiterten Melk. Mark. (Brightman 133, 32-134, 13; Cuming 46, 3-23), in Kacm. fol. 137v-138r (96f Macomber) und in Bohair. Kyrill. (Renaudot^2 1, 47, l. 22-48, l. 4), die nach einem Imperativ ἐξαπόϲτειλον ... τὸ πνεῦμα ... τὸ ἅγιον und der Erwähnung der Gaben die Wandlungsbitte in dritter, auf den Heiligen Geist zu beziehender Person (ποιήϲῃ)[273] mit einem weiteren καί an einen ἵνα αὐτὰ εὐλογήϲῃ καὶ ἁγιάϲῃ καὶ τελειώϲῃ lautenden Finalsatz anschließen, ist auf diesem Pergamentblatt die Ergänzung mit einem Finalsatz erforderlich, da anderfalls der durch καί mit dem Vorhergehenden verbundene Konjunktiv ποιήϲη(ι)ϲ in *verso* **1** in der Luft hinge.[274] Die zuerst von Baumstark, Rez. Roberts erwogene, hier in der Formulierung von Coquin übernommene Konstruktion findet weitere Bestätigung in OBritMus. nr. 54036 *recto* 15-17: «Wir bitten und rufen dich an, daß

---

[271] Roberts ergänzte (zu lang): αν[αληψιν και την εκ δεξιων ϲου καθεδραν]; zum entwicklungsgeschichtlich offenbar erst spät erfolgten Einschub des Sitzens zur Rechten Gottes, das auch in PVindob. G 16545/38329/38379 *verso* 7-9 nicht erscheint, o. S. 74 Anm. 236.

[272] Für die Markos/Kyrillosliturgie vgl. schon OBritMus. nr. 54036 *recto* 14f: «bringen wir vor deinem Angesicht diese Gaben aus dem Deinen dar, dieses Brot und diesen Kelch» und Bohair. Kyrill. (Renaudot^2 1, 46, l. 37sq.): *tu es coram cuius gloria haec sancta dona proponimus, ex illis quae tua sunt, Pater sancte.*

[273] Vgl. den Kommentar zu Sunnarti fr. 1+2+5+6+7, 15-20 (u. S. 215f).

[274] Gegen die Zweifel von Henner, Markusanaphora 168 Anm. 15 vgl. Hammerstaedt, Präzisierungen 166 Anm. 4.

du deinen Heiligen Geist und deine Kraft herabsendest auf die dargebrachten <Gaben?> etc.» und ist wohl auch für die Worte anzunehmen, die dem in PVindob. G 26134 *recto* (u. S. 97) erhaltenen Text vorangehen.

26 π̣ρ̣ο̣ blaß; klar zu sehen sind hingegen von κ̣ das untere Ende der Vertikale und die rechten Enden beider Schrägstriche, an die die ebenfalls deutlich erkennbare Vertikale von ι̣ anstößt; die von Roberts vermutete Deutung beider Buchstaben als ρ̣ω̣ kann also ausgeschlossen werden.[275] Vgl. PVindob G 26134 *recto* 1-3 (u. S. 97), OBritMus. nr. 54036 *recto* 17[276] und Sunnarti fr. 1+2+5+6+7, 17f (u. S. 208); erweitert kehrt die Verbindung τὰ προκείμενά cου ... δῶρα (ταῦτα) auch in Kacm. fol. 138r/v und in Bohair. Kyrill. (Renaudot^{2} 1, 47, l. 34: *et super haec veneranda dona proposita coram te*) wieder.[277]

27 Die Korrekturen sind nachträglich an bestehenden Buchstaben erfolgt.

PRyl. gr. 465 *verso* **1-9** (Fleischseite)

Paralleltexte:

A. 1. spätantik/frühbyzantinisch; griechisch: PVindob. G 26134 *recto* 4-7 (o. S. 97; entspricht *verso* **1-3**); PVindob. G 26134 *verso* (u. S. 98; entspricht *verso* **6-8**).

A. 2. Sahidisch: OBritMus. nr. 54036 *recto* 17f (entspricht *verso* **1-3**).

B. Anaph. Melk. Mark.: Brightman 134, 13-28 bzw. Cuming 46, 23-48, 10.

C. 1. Anaph. Gr. Kyrill.: Kacm. fol. 138v-139v (97 Macomber).

C. 3. Anaph. Bohair. Kyrill.: Renaudot^{2} 1, 48, l. 4-21.

Zu dem ausgewaschenen ursprünglichen Text dieser Palimpsestseite o. S. 76. Der Beginn von Zeile **1** ist um ein bis zwei Buchstaben nach rechts eingerückt, ebenso Zeile **8**, und noch stärker Zeile **9**.

---

[275] Engberding, Licht 63 bildete daraus [προcφ]ερόμενα.

[276] Übersetzung o. S. 272; Quecke, Zeuge 46 hatte die Worte mit «auf diese <deine?> vorliegenden <Gaben>» wiedergegeben.

[277] Parallelen aus anderen Liturgien und Vermutungen über Abhängigkeitsverhältnisse bei Brakmann, Eucharistiegebet 161 Anm. 111.

1 Ähnlich, bis auf die Erweiterung mit καὶ cωτῆροc, PVindob. 26124 *recto* 5f (u. S. 97).[278] In knapper Form vom «Leib Christi» sprechen auch OBritMus. nr. 54036 *recto* 17, Kacm. fol. 138v (97 Macomber) und Bohair. Kyrill. (Renaudot² 1, 48, l. 4),[279] während in Melk. (Brightman 134, 13; Cuming 46, 25) cῶμα kein Genitivattribut hat.

2 Schrägstrich als Interpunktion nach διαθηκηc.[280]

3 Während der von Coquin 346 eingesetzte Text ([γένωνται πᾶcιν ἡμῖν τοῖc ἐξ αὐτῶν με]|ταλαμβάνωcιν), der mit allen für diese Stelle erhaltenen Textzeugen der Markos/Kyrillosliturgie übereinstimmt,[281] auf jeden Fall zu lang ist, ergänzte Roberts die Zeile wohl zu kurz (ινα̣ [γενωνται παcιν ημιν τοιc με]|ταλαμβανωcιν).

4 Zu lang wäre die von Roberts im Anschluß an Vat. gr. 2281 gewählte Ergänzung (ειc νεψ[ιν ειc ιαcιν ειc ευφροcυνην ειc αγιαcμον]), zu kurz Coquin 346, der diesen Text ohne εἰc ἁγιαcμόν einsetzen wollte. Der in Melk. Mark. fast einhellig, in drei von vier Mss. allerdings mit cωφροcύνην statt εὐφροcύνην überlieferte Text[282] erscheint in Kacm. und (mit einem kleinen Ausfall) in Bohair. Kyrill. erst im Anschluß an zusätzlich erbetene Wirkungen der Gaben.

5-6 Sowohl hier als auch ein weiteres Mal am Ende der Anaphora ist der Text des Pergamentblatts verworren. Melk. Mark. (Brightman 134, 23-26; Cuming 48, 6-8) bietet zunächst εἰc ἐπανανέωcιν ψυχῆc, cώματοc τε[283] καὶ πνεύματοc, εἰc κοινωνίαν μακαριότητοc ζωῆc αἰωνίου καὶ ἀφθαρcίαc,

---

[278] Zu kurz Roberts: cω[μα Ιηcου Χ(ριcτο)υ το δε ποτη]|ριον; desgleichen Baumstark, Rez. Roberts 129: cῶ[μα ἅγιον Χ(ριcτο)ῦ τὸ δὲ ποτή]|ριον, übernommen bei Coquin 346.

[279] Die Vorwegnahme der Erwähnung Christi bei der Brotbitte erklärte Brakmann, Eucharistiegebet 162 mit dem auch an anderen Stellen wirksamen Symmetriestreben (vgl. o. S. 84) und wies die von Henner, Markusanaphora 169 Anm. 27 gehegten Zweifel an einer Vereinbarkeit dieser Formel mit der Markos/Kyrillosliturgie unter Anführung weiterer Belege zurück.

[280] Zu lang die der Melk. Mark. in Vat. gr. 1970 und Mess. gr. SS. Salv. 177 (Brightman 134, 17f; Cuming 46, 25f) und Bohair. Kyrill. (Renaudot² 1, 48, l. 9sq.) entsprechende Ergänzung von Roberts: α[υτου του κ(υριο)υ και θ(εο)υ και cωτηροc και παμ]|βαcιλευc ημων Ιεcου Χ(ριcτο)υ. Mit der hier bevorzugten Ergänzung stimmt Alex. 173 überein, während OBritMus. nr. 54036 *recto* 18 noch knapper «[unseres] Herrn und unseres Retters Jesus Christus» schreibt, dieselbe Wendung also, die in PVindob. G 26134, in dem die Kelchbitte nicht erhalten ist, die vorherige Brotbitte begleitet (*recto* 5f; u. S. 97).

[281] Kacm. fol. 139r; Bohair. Kyrill. (Renaudot² 1, 48, l. 12); Brightman 134, 22; Cuming 48, 4f.

[282] Mess. gr. SS. Salv. 177 hat an der entscheidenden Stelle eine Lücke.

[283] τε nicht in Vat. gr. 1970 (vgl. Brightman 134, 24).

εἰϲ δοξολογίαν τοῦ παναγίου ϲου ὀνόματοϲ, εἰϲ ἄφεϲιν ἁμαρτιῶν,[284] einen Wortlaut, der auch dem Schreiber des Pergamentblatts vor Augen gestanden haben muß.[285] Die an dieser Stelle in **6** völlig unpassend eingefügte Wendung εἰϲ ϲωφροϲύνην tilgte Coquin 347.[286]

5 \`μ´ ist aus ⟦τ⟧ korrigiert.

6 ⟦ν⟧ und ⟦ρ⟧ durch Umänderung korrigiert; von φ̣ ist die untere Hälfte der unter die Zeile ragenden, leicht linksgekrümmten Vertikale und die linke Hälfte des Bauches erhalten und entspricht der Form der beiden anderen φ in derselben Zeile; Roberts druckte dafür als sichere, von ihm aber nicht weiter ergänzte[287] Lesung ξ, doch ist der Buchstabe *recto* **15** und **22** anders geschrieben (anstelle der weiten Rundung hat er in der Mitte links eine spitze Ecke, und der Fuß biegt unten nicht nach links, sondern nach rechts ab).

6-8 Vgl. PVindob. G 26134 *verso* 1-5 (u. S. 98) und Melk. Mark. (Brightman 134, 26-28; Cuming 48, 8-10: ἵνα ϲου καὶ ἐν τούτῳ, καθὼϲ καὶ ἐν παντί, δοξαϲθῇ καὶ ὑμνηθῇ καὶ ἁγιαϲθῇ τὸ πανάγιον καὶ ἔντιμον καὶ δεδοξαϲμένον ϲου ὄνομα).[288] Auch in Alex. 173 und Mess. gr. SS. Salv. 177 steht kein καί nach δοξαϲθῇ. Zudem ist in Mess. gr. SS. Salv. 177 ὑψ[ωθ]ῇ als Interlinearkorrektur neben ὑμνηθῇ sichtbar, was ebenso wie PVindob. 26134 *verso* 3 und Bohair. Kyrill. (Renaudot² 1, 48, l. 20: *extollatur*) der hier gewählten Ergänzung entspräche.

8-9 Die hier vorgeschlagene Ergänzung[289] beruht auf der Annahme, daß das hier völlig unpassende nochmalige Auftreten der Wendung εἰϲ ἄφεϲιν

---

[284] Kleine (übersetzungsbedingte?) Abweichungen finden sich in Bohair. Kyrill. (Renaudot² 1, 48, l. 15-17), wörtliche Übereinstimmung, mit Voranstellung der Worte εἰϲ δοξολογίαν τοῦ παναγίου ϲου ὀνόματοϲ vor εἰϲ κοινωνίαν μακαριότητοϲ ζωῆϲ αἰωνίου καὶ ἀφθαρϲίαϲ, in Kacm. fol. 139r (97 Macomber).

[285] Auch Teile der Wendung εἰϲ δοξολογίαν τοῦ παναγίου ϲου ὀνόματοϲ scheinen in **8** eingedrungen zu sein (s.u.).

[286] Für das unmittelbar Vorhergehende übernahm er die (deutlich zu lange) Ergänzung von Roberts: ϲωματο[ϲ και πν(ευμ)ατοϲ ειϲ κοινωνιαν ζωηϲ αιωνιου].

[287] Die anschließende Lücke füllte er nur teilweise mit ινα ϲου. Eine vollständige Ergänzung schlug Baumstark, Rez. Roberts 129 vor: ειϲ αξ[ιοτητα του ονοματοϲ ϲου ινα]. Dagegen setzte Coquin 347 ein: εἰϲ ἀξ[ίαν (?) τοῦ ἁγίου ϲου ϲώματοϲ, ⟨εἰϲ ἄφεϲιν ἁμαρτιῶν⟩, ἵνα].

[288] In Kacm. fol. 139v erscheinen nur die ersten Worte der Schlußdoxologie; zu lang ergänzte Roberts: τ[οξαϲθη και υμνηθη και αγιαϲθη το]; Coquin 347: δ[οξαϲθῇ καὶ ὑψωθῇ καὶ εὐλογηθῇ τὸ].

[289] Roberts: πανεχ̣[- - - ϲου ονομα - - - ειϲ α]ǀφηϲιν; zu kurz Baumstark, Rez. Roberts 129: πανευ̣[λογητον ϲου ονομα ειϲ α]ǀφηϲιν; wohl etwas zu lang, selbst mit Χ(ριϲτ)ῷ als

ἁμαρτιῶν aufgrund einer Verwechslung des in der Schlußdoxologie im Nominativ zu erwartenden ὄνομα mit der kurz zuvor ausgelassenen Formel εἰϲ δοξολογίαν τοῦ παναγίου ϲου ὀνόματοϲ, εἰϲ ἄφεϲιν ἁμαρτιῶν (Brightman 134, 25f; Cuming p. 48, 7f)[290] erfolgt ist. Ein Hapax πανευλογημένον wird man diesem Schreiber ohne weiteres zutrauen.[291] Entsprechungen mit diesen Attributen von Gottes Namen finden sich in Bohair. Kyrill. (Renaudot^{2} 1, 48, l. 20): *nomen tuum magnum, sanctissimum, venerandum et benedictum*).

9 `ν´ interlinear.

10 Mit ihrem Oberteil reichen die Buchstaben dieser Zeile in den unbeschriebenen Raum von **9** hinein, während die nächste Zeile (**11**) der nachfolgenden Totenfürbitte erst nach einen gewissen Abstand einsetzt. Die Schrift der Buchstaben unterscheidet sich von derjenigen des Schreibers der Markosanaphora, und, trotz gewisser Ähnlichkeiten, wohl auch von dem nachfolgenden Fürbittengebet für die Verstorbenen.

b) Totenfürbitte[292]

PRyl. gr. 465 *verso* **11-21** (in anderer Schrift)

11 + δέϲποτα κ(ύρι)ε παντοκράτωρ π̣[ατὴρ
τοῦ κ(υρίο)υ καὶ ϲωτῆροϲ
12 ἡμῶν Ἰ̣(ηϲο)ῦ̣ Χ(ριϲτο)ῦ δεόμεθα καὶ
πα[ρακαλοῦμέν ϲε φιλάνθ-
13 ρωπε τῶν κοιμηθέντων̣ [πατέρων καὶ ἀδελφῶν ἐν
πίϲτ(ε)ι θ(εο)ῦ ἀναπαυϲαμένω[ν τὰϲ ψυχὰϲ ἀνάκλινον
15 μετὰ τῶν ἁγίων ϲου ϲυνά[πτων ἔνθα ἀπέδρα ὀδύνη
καὶ λύπη καὶ ϲτεναγμὸϲ̣ [ἐν τῇ λαμπρότητί ϲου τῶν
ἁγίων ϲυνανεγείρων : κα̣[ὶ τὴν ϲάρκα αὐτῶν ἐν ᾗ
ὥριϲαϲ ἡμέρᾳ̣ κατὰ τὰ[ϲ ἀληθεῖϲ καὶ ἀψευδεῖϲ

Nomen sacrum, Coquin 347: πανέ[νδοξόν ϲου ὄνομα ϲὺν Ἰηϲοῦ Χριϲτῷ {εἰϲ ἄ]|φεϲιν ἁμαρτιῶν}.

[290] In Kacm. fol. 139r (nicht aber in Bohair. Kyrill.) erscheinen die Worte εἰϲ δοξολογίαν τοῦ παναγίου ϲου ὀνόματοϲ hingegen um ein Kolon nach vorne versetzt.

[291] Das Simplex erscheint in diesem Zusammenhang in PVindob. G 26134 *verso* 4f (u. S. 98); Baumstarks πανευ[λογητον] (s. Anm. 289) ist für meine Ergänzung zu kurz.

[292] Zu der für diesen Text gewählten Art der Darstellung des Griechischen o. S. 17.

cου ἐπαγγελείαc ἀποδι[δοὺc αὐτοῖc ἃ ὀφθαλμὸc οὐκ εἶδεν καὶ οὖc οὐκ ἤκ[ουcεν καὶ ἐπὶ καρδίαν ἀν(θρώπ)ου ο[ὐκ] ἀνέβη. *(vacat)* [

13 Hammerstaedt **14-16** Baumstark, Rez. Roberts 130: fort. (**14**) ἐκεῖ λαβών pro ἀνάκλινον et (**15**) cύνα[ψον] pro cυνά[πτων] **17** Engberding, Papyrus 71; potius cυνανέγειρον? **19** Baumstark 130: αποδι[δουc αυτοιc ο (= ὃ) οφθαλμοc] Roberts

Gebieter, Herr, Allherrscher, Vater unseres [Herrn und Erlösers] Jesus Christus, wir bitten und rufen [dich] an, Menschenfreundlicher, [bette die Seelen] der entschlafenen [Väter und Brüder, die im] Glauben an Gott sich zur Ruhe begeben haben, (**15**) *indem du sie mit deinen Heiligen vereinigst,*[293] *[dort wo der Schmerz] und die Betrübnis und das Stöhnen [fern sind, in der Pracht deiner] Heiligen, und du auch [ihr Fleisch] weckst [an] dem Tag, [den] du bestimmt hast, und nach deinen [wahrhaftigen und untrüglichen] Verheißungen [ihnen] verleihst,*[294] *[was] kein Auge* (**20**) *erblickt und kein Ohr vernommen hat [und] (was) [in] kein Menschen[herz] gedrungen ist.*

Kommentar:

b) Totenfürbitte

PRyl. gr. 465 *verso* **11-21**

Entgegen den bei Roberts 25f wiedergegebenen Vermutungen von E.C. Ratcliff, der der Stellung dieser Totenfürbitte auf dem Pergamentblatt hinter dem Konsekrationsritus der Markosanaphora eine besondere liturgische Bedeutung beimessen wollte, schloß Engberding, Papyrus aus dem breiten Ausbau der Gottesanrede in *verso* **11-12**, daß dieses Gebet nicht als Fortsetzung der zuvor in *verso* **9** bis zur Schlußdoxologie geführten Markosanaphora, sondern als ein selbständig verwendeter Text zu verstehen ist, der bloß den Wortlaut jener Liturgie übernimmt. Eine klare Bestätigung für Engberdings

---

[293] Die andere mögliche Textkonstitution wäre zu übersetzen: *Vereinige mit deinen Heiligen [die Seelen] der entschlafenen [Väter und Brüder, die im] Glauben an Gott sich zur Ruhe begeben haben,* (**15**) *indem du sie [dort fortnimmst], in der Pracht der Heiligen.*

[294] Andere mögliche Textkonstitution: *Wecke auch ihr Fleisch ..., indem du [ihnen] verleihst etc.*

Ansicht ergibt sich daraus, daß dieses Gebet von einer anderen, wenn auch bei Roberts in dieselbe Zeit des Schreibers von *recto* und *verso* **1-9** datierten Hand nachgetragen worden ist.

Paralleltexte (für die Zeilen **13-21**):

1) Die griechische Kyrillosliturgie (Gr. Kyrill.) in Kacm. fol. 119r (84 Macomber: τῶν ἐν πίϲτει Χριϲτοῦ προκεκοιμημένων πατέρων τε καὶ ἀδελφῶν ἡμῶν τὰϲ ψυχὰϲ ἐκεῖ λαβὼν ἀνάπαυϲον) bzw., nach Verlesung der Diptycha mit den Namen der Verstorbenen,[295] fol 122v und daran anschließend fol. 104r/v[296] (86 Macomber): (scil. μνήϲθητι) καὶ τούτων καὶ πάντων, δέϲποτα, ὧν εἴπομεν τὰ ὀνόματα καὶ ὧν οὐκ εἴπομεν, ἐν πίϲτει Χριϲτοῦ προαναπαυϲαμένων ... πάντων τὰϲ ψυχὰϲ ἀναπαῦϲαι καταξίωϲον ἐν κόλποιϲ τῶν ἁγίων πατέρων ἡμῶν, Ἀβραὰμ καὶ Ἰϲαὰκ καὶ Ἰακώβ. ἔκθρεψον, ϲύναψον εἰϲ τόπον χλοῆϲ ... ἔνθα ἀπέδρα ὀδύνη καὶ λύπη καὶ ϲτεναγμόϲ, ἐν τῇ λαμπρότητι τῶν ἁγίων ϲου. ϲυνανέγειρον, ὁ θεόϲ, καὶ τὴν ϲάρκα αὐτῶν ἐν ᾗ ὥριϲαϲ ἡμέρᾳ, κατὰ τὰϲ ἀληθεῖϲ καὶ ἀψευδεῖϲ ϲου ἐπαγγελίαϲ, *χαριζόμενοϲ* αὐτοῖϲ κατὰ τῶν ἐπαγγελίων ϲου ἀγαθὰ ἃ ὁ ὀφθαλμὸϲ οὐκ εἶδε καὶ οὖϲ οὐκ ἤκουϲε, καὶ ἐπὶ καρδίαν ἀνθρώπου οὐκ ἀνέβη.

2) Die sahidische Kyrillosliturgie (Sahid. Kyrill.) im Euchologion Z 100 des Weißen Klosters, p. 39, 7f bzw. p. 40, 1f + 6-18.

11-13 Mit einer nur unwesentlich mehr ausgebauten Anrede, die auch Gottes Vaterschaftsverhältnis zu Jesus Christus erwähnt, sind auch diejenigen Fürbitten der Markosliturgie eingeleitet, die der eigentlichen Anaphora in selbständigerer Stellung vorausgehen (vgl. Engberding, Papyrus 69f).[297] Innerhalb des festen Rahmens der eigentlichen Markosanaphora verzichtet die Gottesanrede hingegen zu Beginn der Interzessionen in PStraßb. 254 *recto*

---

[295] Vgl. PStraßb. gr. inv. 254 *verso* 13f (o. S. 26).

[296] Andere Beispiele für den Rückverweis auf vorangehende Seiten in Kacm. o. S. 27 mit Anm. 87.

[297] So die Einleitung der Bitte um den Patriarchen (Brightman 115, 6f bzw. Cuming 8, 5f): δέϲποτα κύριε ὁ θεόϲ, ὁ παντοκράτωρ, ὁ πατὴρ τοῦ κυρίου καὶ θεοῦ καὶ ϲωτῆροϲ ἡμῶν Ἰηϲοῦ Χριϲτοῦ, δεόμεθα καὶ παρακαλοῦμέν ϲε, φιλάνθρωπε, ἀγαθέ κτλ.; ähnlich, allerdings in abweichenden Fassungen, wird zuvor schon die Bitte um den Kaiser eingeleitet (Brightman 114, 23f; Cuming 7, 5f). Des weiteren ist jetzt die voranaphorische Bitte um Frieden in Qaṣr Ibrim fr. III a/b *recto* 22-25 (u. S. 107) und Prag kopt. Ms. III p. 2 (137 Hažmuková; Übersetzung s.u. Anm. 373) zu vergleichen.

19 (o. S. 24) auf jegliche Ausschmückung, wird an derselben Stelle in PLit-Lond. 232 *recto* 18 (o. S. 46) nur mit φιλάνθρωπε, und auch in der Melk. Mark. mit φιλάνθρωπε ἀγαθέ (Vat. gr. 1970; vgl. Brightman 126, 12f) bzw. in den übrigen Mss. (Cuming 21, 22) und in Kacm. fol. 114v (79 Macomber) bloß mit φιλάνθρωπε ἀγαθέ, κύριε ὁ θεὸϲ ἡμῶν erweitert.[298]

13-15 Die Anfangszeilen der Bitte stellen eine freie Umformulierung des Textes von Gr. Kyrill. dar. So sind zu Beginn zwei Partizipien (κοιμηθέντων und ἀναπαυϲαμένων), die im Kacmarcikocodex in ähnlicher Form (προκεκοιμημένων und προαναπαυϲαμένων) an zwei verschiedenen Stellen erscheinen (fol. 119r bzw. 122v), offensichtlich gleichrangig nebeneinandergestellt und ἀπὸ κοινοῦ auf πατέρων καὶ ἀδελφῶν zu beziehen.[299] In **14** schlug Baumstark, Rez. Roberts 130 anstelle des Ausdrucks τὰϲ ψυχὰϲ ἀνάπαυϲον, der in PStraßb. gr. inv. 254 *verso* 11f (o. S. 26) und in Melk. Mark. (Brightman 128, 22f bzw. 129, 11; Cuming 29, 4f bzw. 30, 26)[300] an den Genitiv mit der Erwähnung der Toten angeschlossen ist, zur Vermeidung einer Wiederholung des soeben in der Partizipform ἀναπαυϲαμένων aufgetretenen Verbums die Ergänzung mit [τὰϲ ψυχὰϲ ἀνάκλινον] bzw. mit [τὰϲ ψυχὰϲ ψόμιϲον *(sic)*] vor.[301] Baumstarks Ergänzung des in **15** nur teilweise erhaltenen Wortes zu einer Form von ϲυνάπτειν wird durch das Erscheinen von ϲύναψον in Kacm. fol. 104r glänzend bestätigt.[302] Grammatisch möglich wäre stattdessen auch die Ergänzung eines Imperativs ϲύναψον in **15** (vielleicht mit gleichzeitiger Änderung von ϲυνανεγείρων in **17** zu ϲυνανέ-

---

298 Auch Qaṣr Ibrim fr. III c *recto* 2 könnte in der Lücke, wenn überhaupt, dann nur ein bloßes κ(ύρι)ε enthalten haben (u. S. 110f mit Apparat). Ein Gegenbeispiel scheint allerdings in einer offenbar der Anaphora zuzuweisenden Fürbitte der Markos/Kyrillosliturgie in Qaṣr Ibrim 1964, 4/12 fr. 1/2+4 (Vorderseite) vorzuliegen (u. S. 129).

299 Das zweite Partizip steht offenbar in Apposition: τῶν κοιμηθέντων [πατέρων καὶ ἀδελφῶν, ἐν] πίϲτ(ε)ι θ(εο)ῦ ἀναπαυϲαμένω[ν]. Andere Lösungen erlaubt die Ausdehnung der Lücke in **13** wohl nicht; zu lang ergänzte Roberts: [πατερων ημων και αδελφων εν].

300 Leicht erweitert auch in Kacm. (Text ausgeschrieben o. 92).

301 Zum Vergleich hiermit zog er eine Grabinschrift (Lefebvre nr. 107, 2f bzw. 5f): κ(υρι)ε αναπ[α]υϲον τη | ψυχην τη δουλη ϲου θεκλα α|νακλινον αυτου | εν κολπηυϲ αβρααμ κ|αι ιϲακ και ιακωβ και ψο|μιϲον αυτου επι του ξυλο|υ τηϲ ζωηϲ κτλ.) heran. Der Imperativ ανακλινον stellt in **14** nicht nur eine bessere Ergänzung als das wohl zu kurze ψωμιϲον dar, sondern seine Verwendung für die Gemeinschaft der verstorbenen Seelen mit den Heiligen entspricht genau der ägyptischen Grabinschrift, die mit demselben Verbum das Ruhen der Seele bei den heiligen Patriarchen erbittet.

302 Für den Textzusammenhang o. S. 92. Während Roberts die Lücke in **14** unausgefüllt ließ, ergänzte er in **15**: ϲυνα[γεϲθαι? ενθα απεδρα οδυνη]. Engberding, Papyrus 74 wollte die Lücke in **14** offenbar bloß mit τὰϲ ψυχάϲ füllen und schlug ebd. 76, ohne Erwähnung von Baumstarks Konjektur, in **15** ϲυνα[νάπαυϲον] als regierendes Verbum vor.

γειρον),[303] wobei in die in **14** hinter τὰc ψυχὰc dann nicht mehr mit ἀνάκλινον auszufüllende Lücke z.B. ἐκεῖ λαβών (vgl. Kacm. fol. 119r)[304] eingesetzt werden könnte.

15-21 Schon Baumstark, Rez. Roberts 129 hatte die Übereinstimmung mit Sahid. Kyrill. bemerkt.[305] Engberding, Papyrus 70-75 schloß aus seiner Beobachtung, daß **15-17** mit Basil. Alex.,[306] **19-21** mit Melk. Mark. (Brightman 129, 12-14; Cuming 30, 27-29),[307] die gesamten Verse **15-21** aber allein mit der koptischen Kyrillosliturgie übereinstimmen, daß sowohl diese Totenfürbitte als auch die entsprechenden Sätze in der koptischen Kyrillosliturgie auf eine gemeinsame griechische Vorlage zurückgingen, zumal der Wortlaut teilweise schon in der Mitte des 6. Jh. in der *Christlichen Topographie* des sogenannten Kosmas Indikopleustes auftaucht (7, 97 [SC 197, 16]): τὴν ψυχὴν τοῦδε ἀνάπαυcον cυνανεγείρων καὶ τὴν cάρκα αὐτοῦ ἐν ᾗ ἂν ἡμέρᾳ ὥριcαc κατὰ τὰc ἀληθεῖc καὶ ἀψευδεῖc cου ἐπαγγελίαc.[308]. Engberdings Vermutung hat sich 1979 bewahrheitet: Von hier ab entspricht das Gebet bis zum Schluß fast wörtlich Gr. Kyrill. in Kacm. (Text o. S. 92). Die Formulierung in Kosmas Indikopleustes gab den Ausschlag für den Verzicht auf die Herstellung eines Imperativs cυνανέγειρον, die (freilich auch bei Kosmas) allein der strengen Logik genügen würde, auch dem Kacmarcikkodex entspräche und an der vorliegenden Stelle, deren verfehlte Interpunktion (s. zu **17**) dem Votum des Schreibers weiteres Gewicht nimmt, eine besonders unbedenkliche und geringfügige Änderung bedeutet hätte.

17 Die drei übereinanderstehenden Punkte nach cυνανεγείρων sind irrtümlich gesetzt. Während das Verbum in sämtlichen Paralleltexten das nachfolgende Objekt τὴν cάρκα regiert, ist es mit dem Vorhergehenden in keine sinnvolle Verbindung zu bringen.[309]

---

303 Beide Imperative cύναψον und cυνανέγειρον (vgl. den Kommentar zu **15-21**) in Kacm.

304 Text o. S. 92.

305 Euchologion Z 100 des Weißen Klosters; die betreffenden Seiten waren damals bekannt in der Edition von H. Lietzmann: Oriens Christianus N.S. 9 (1920) 8-19.

306 Renaudot^2 1, 71. Engberding, Papyrus 71 stellte in **15-16** her: [ἐν τῇ λαμπρότητι τῶν] ἁγίων cου ἀνεγείρων.

307 Die ganze Formulierung fehlt noch an der entsprechenden Stelle in PStrasb. gr. inv. 254 *verso* 11-17 (o. S. 26).

308 Zu diesem Zitat vgl. E. Peterson, Die alexandrinische Liturgie bei Kosmas Indikopleustes: EphemLiturg 46 (1932) 66-77.

309 Roberts: κα̣[ι την cαρκα αυτων αναcτηcον εν η].

18 Anstelle von ἀληθεῖϲ bei Roberts hielt Baumstark, Rez. Roberts 130 ἀληθινάϲ für sprachlich richtiger; vgl. jedoch Kacm. fol. 104v (o. S. 92) und die *Christliche Topographie* (s. Kommentar zu **15-21**).

19-21 Vgl. 1 Cor. 2, 9; Melk. Mark. (s.o. zu **15-21**); danach änderten Baumstark, Rez. Roberts 130 und später Engberding, Papyrus 71 das Relativpronomen in ἅ (dahinter setzt Kacm. noch ὁ als Artikel). Die Partizipform (anstelle eines Imperativs ἀποδί[δου] ist gesichert durch das Vorkommen von χαριζόμενοϲ in Melk. Mark. und in Kacm.,[310] der zuvor ϲυνάπτειν und auch ϲυνανεγείρειν imperativisch verwendet.[311]

20 Über ο von οὐκ Zeichen in Form eines Akuts: όυκ.

21 Nach ἀνέβη ist vor Abbruch des Blattes ein Raum von ca. 5 Buchstaben unbeschrieben.

---

310 Sahid. Kyrill. scheint hier einen Imperativ zu haben (Weißes Kloster Z 100 p. 40, 15).

311 Vgl. o. Anm. 303.

5. PVindob. G 26134 (van Haelst, Catalogue nr. 1024): Epiklese und Schlußdoxologie der Markos/Kyrillosanaphora

Dieses Oberteil eines jetzt noch 11,4 cm breiten und 5, 4 cm hohen Blattes aus einem ins 5./6. Jh. datierten Papyruscodex[312] unbekannter Herkunft edierte zuerst Sanz in dem unveröffentlichten Teil seiner (handschriftlichen) Dissertation.[313] Erstmalig gedruckt wurde es über ein halbes Jahrhundert später von Treu und Diethart,[314] die auch die Übereinstimmung von *verso* mit der Schlußdoxologie und von *recto* **4-6** mit der Wandlungsbitte in Melk. Mark. erkannten.[315] Entsprechend der Abfolge der auf diesem Blatt enthaltenen Epiklese und Doxologie gehört das von Sanz, der die Herkunft des Textes aus einer Anaphora nicht in Betracht gezogen hatte,[316] und ebenso noch von Treu und Diethart als Vorderseite betrachtete *verso* mit Sicherheit erst hinter das *recto*.[317] Große Ähnlichkeit mit der spätantiken Markosliturgie,

---

[312] Die Herkunft aus einem Codex (vgl. auch Treu/Diethart 91) ist durch den auf beiden Seiten erhaltenen unbeschriebenen oberen Rand gesichert. Denn daß sich auf dem *verso* sich 10 Zeilen befänden (van Haelst), ist unmöglich. Die Ausdehnung der Oberfläche ließe auf dem *verso* allenfalls eine einzige weitere beschriebene Zeile oberhalb von Zeile **1** zu. Doch erkennt man dort keine Schrift, und über der rechten Zeilenhälfte ist die unbeschriebene Oberfläche etwa doppelt so breit wie zwischen den anderen Zeilen. Ohnehin kann der von keinem angezweifelte unbeschriebene Oberrand auf dem *recto*, der keinem gedanklichen Einschnitt entspricht, nur als Seitenoberrand erklärt werden. Da die Vorderseite mitten im Satz beginnt, kann das Fragment kein Einzelblatt gewesen sein. Am Buchinnenrand von Vorder- und Rückseite sind jeweils ca. 1,5 cm unbeschrieben.

[313] P. Sanz, Christliche Papyri aus der Papyrussammlung der Nationalbibliothek zu Wien, Diss. Wien (1936) 123-127; gedruckt wurde postum P. Sanz, Griechische literarische Papyri christlichen Inhaltes I. (Biblica, Väterschriften und Verwandtes), betreut von H. Gerstinger = Mitteilungen aus der Papyrussammlung der Österreichischen Nationalbibliothek (Papyrus Erzherzog Rainer) N.S. 4 (Baden bei Wien 1946).

[314] K. Treu / J. Diethart, Griechische literarische Papyri christlichen Inhaltes II = Mitteilungen aus der Papyrussammlung der Österreichischen Nationalbibliothek (Papyrus Erzherzog Rainer) N.S. 17 (Wien 1993) 91f nr. 50 (mit Photos von *recto* und *verso* auf Taf. XXXIV); *recto* erneut abgebildet bei Hammerstaedt, Präzisierungen Taf. II.

[315] Den *verso* überlieferten Text hatte K. Treu, Christliche Papyri XIV: ArchPap 35 (1989) 110 bereits vorher der Markosliturgie zugewiesen.

[316] Vgl. auch Henner, Markusanaphora 167 Anm. 10.

[317] So J. Hammerstaedt, Die Markusanaphora auf Wiener Papyrusfragmenten: ZPE 101 (1994) 67-70, dort 68f; zustimmend J. Henner, Die Markusanaphora auf Wiener Papyrusfragmenten?: ZPE 105 (1995) 166-170, dort 167 Anm. 11; H. Brakmann, Das alexandrinische Eucharistiegebet auf Wiener Papyrusfragmenten: JbAC 39 (1996) 149-164, dort 161 mit Anm. 108.

wie sie uns in PRyl. gr. 465 *recto* 25-27 (o. S. 79) noch ohne die Erweiterungen der mittelalterlichen Fassungen begegnet, hat auch *recto* **1-3**. Auf Widerspruch stießen die von Henner, Markusanaphora in Verbindung mit einer eigenen Edition der betreffenden Verse (*recto* **1-3**) vorgebrachten Bedenken an einer Übereinstimmung des Wortlauts[318] ebenso wie ihre Zweifel an der Zuordnung des gesamten Blattes zur Markosliturgie.[319]

Wie die Berücksichtigung der von der Gemeinde gesprochenen Worte (*verso* **7**) und die Sprecherbezeichnung im anschließenden Vers zeigt, enthält dieses Blatt nicht einen für den Priester zur Gedächtnisstütze bestimmten Auszug der ihn betreffenden Teile des Meßrituals, sondern Fragmente eines vollständigen, alle gesprochenen Sätze (wenn auch bisweilen abgekürzt) erwähnenden Meßtextes.[320]

PVindob. G 26134 *recto*[321]

[- - - - - - - - - ἐξ οὐ-]||
ρανοῦ ἐ̣π̣ὶ̣ τ̣ὰ̣ π̣ροκ⟨ε⟩ίμ̣[ε-
νά c⟨ου⟩ δῶρα τα̣ῦ̣τ̣α, τὸ̣ν̣ ἄ̣ρ-
τον καὶ τ̣[ὸ] ποτήρ̣ιο̣ν,
καὶ ποιήcε̣ι̣c τὸν μ̣ὲ(ν)
ἄ̣ρτον cῶμα τοῦ κ(υρίο)υ
καὶ c(ωτῆ)ρ̣(ο)c ὑμῶ̣ν̣ Ἰ̣(ηcο)ῦ̣ Χ̣(ριcτο)ῦ· ἀμ̣ή̣[ν.
.̣ .̣[(*ca. 12*)] α̣ἷ̣μα̣

1-2 ἐ̣π̣ὶ̣ τ̣ὰ̣ π̣ροκ⟨ε⟩ίμ̣[ε]νά c⟨ου⟩ δῶρα legit Hammerstaedt **7** Hammerstaedt

Orthographica etc.: **4** ποιήcε̣ι̣c: wohl ποιήcηc **6** ὑμῶ̣ν̣: ἡμῶν

---

[318] J. Hammerstaedt, Präzisierungen zu PVindob. G 26134 (Markusliturgie): ZPE 110 (1996) 165-167; mit Korrektur der eigenen früheren, noch an der Photographie erfolgten Lesung. Vgl. auch Römer 124f. Herrn Hofrat Univ.-Doz. Dr. H. Harrauer, dem Direktor der Papyrussammlung der Österreichischen Nationalbibliothek, danke ich für die Erlaubnis zur Einsichtnahme des Papyrus.

[319] Bei Brakmann, Eucharistiegebet 161f.

[320] Vgl. dazu bereits Treu/Diethart 92.

[321] Zu der für dieses Papyruscodexblatt gewählten Art der Darstellung des griechischen Textes o. S. 17. Die aus Treu/Diethart übernommenen Lesungen und Ergänzungen sind im Apparat nicht verzeichnet.

[Wir bitten dich und flehen dich an, daß du den Heiligen Geist herabsendest vom] || Himmel auf diese deine vorliegenden Gaben, das Brot und den Kelch, und das Brot zum Leib unseres Herrn Jesus Christus machst: Amen; [den Kelch aber] zum Blut [des Neuen Testaments].

PVindob. G 26134 *verso*

[- - - - - - - - - - - ΐ-]||
ν]α̣ cου καὶ ἐν̣ τ̣ούτ̣ω(ι)
κ]α̣θὼc κ̣α[ὶ ἐ]ν̣ παντὶ
δο̣ξαcθῆ(ι) κ̣[αὶ] ὑ̣ψωθῆ(ι)
τὸ παναγιω[ν] κ̣αὶ εὐλογη-
μένον cου ὄνομα
cὺν Ἰ(ηcο)ῦ Χ(ριcτ)ῷ(ι) καὶ ἁγίω(ι) πν(εύματ)ι.
ὁ λαός· ὥcπερ ἦν καὶ ἔcτι(ν) ...
ὁ π̣ρ̣ε̣[c]β̣[ύτεροc *(ca. 11)*]c̣

Orthographica etc.: **4** παναγιω[ν]: πανάγιον

damit dein allheiliger und gelobter Name ebenso in dieser wie auch zu allen Zeiten gerühmt und erhöht wird mit Jesus Christus und dem Heiligen Geist. – DIE GEMEINDE: Wie es war und ist (und sein wird von Geschlecht zu Geschlecht und bis in die Ewigkeiten der Ewigkeiten: Amen). – DER PRESBYTER:

Kommentar:

PVindob. G 26134 *recto*

Paralleltexte:

A. 1. spätantik/frühbyzantinisch; griechisch: PRyl. gr. *recto* 26-*verso* 2 (o. S. 79f).

B. Anaph. Melk. Mark.: Brightman 133, 32 und 133, 9-15; Cuming 46, 3 und 14-24.

C. 1. Anaph. Gr. Kyrill.: Kacm. fol. 137v und 138r/v (96f Macomber).

C. 3. Anaph. Bohair. Kyrill.: Renaudot^{2} 1, 47 l. 22sq. und 47, l. 34-48, l. 7).

0-1 Vor Beginn dieser Seite dürfte ungefähr folgender Text gestanden haben: [δεόμεθα καὶ παρακαλοῦμεν cε, ἵνα ἐξαποcτείλῃ(ι)c[322] τὸ πν(εῦμ)α τὸ ἅγιον ἐξ οὐ]|ρανοῦ. Mit ἐξ οὐρανοῦ vgl. PBarc. inv. 155a 4f;[323] die byzantinischen Fassungen der Markosliturgie bieten: ἐξαπόcτειλον ἐξ ὕψουc ἁγίου cου usw. (Brightman 133, 32; Cuming 46, 3).

1-3 Die Bitte um Sendung des Heiligen Geistes auf die Gaben[324] weicht von den hier stark erweiterten melkitischen Texten ab, ähnelt jedoch sehr PRyl. gr. 465 *recto* 26f und Sunnarti fr. 1+2+5+6+7, 16-18 (u. S. 208).

1-2 π̣ροκ⟨ε⟩ίμ̣[ε]νά c⟨ου⟩: vgl. neben den zu PRyl. gr. 465 *recto* 26 (o. S. 79) angeführten Parallelen aus der Markos/Kyrillosliturgie auch die byzantinische Chrysostomosliturgie des 9. Jh. (Brightman 329a 30f. b17f bzw. Parenti/Velkovska nr. 35, 1: ἐπὶ τὰ προκείμενα δῶρα ταῦτα) und Basil. Alex. (Renaudot[2] 1, 67 bzw. Hänggi/Pahl[3] 352, nr. 471 l. 85: ἐπὶ τὰ προκείμενά cου δῶρα ταῦτα). Das nach προκείμενα erhaltene c verrät wohl, daß die Vorlage, ähnlich wie PRyl. gr. 465 *verso* 26, hier ein cου bot.

5-6 Die Worte τοῦ κ(υρίο)υ | καὶ c(ωτῆ)ρ̣(ο)c ὑ̣μ̣ῶ̣ν Ἰ̣(ηcο)ῦ̣ Χ̣(ριcτο)ῦ stellen eine mit PDêr-Balizeh fol. II *recto* 29 (u. S. 175) übereinstimmende Erweiterung dar. Auch in PRyl. gr. 465 *verso* 1 erfordert die Länge der Lücke eine ähnliche Ergänzung. Abgesehen von den dort z.St. (o. S. 88) vermerkten Parallelen aus der Markos/Kyrillosliturgie fügt auch PBarc. inv. 155a 6 Χρ(ιcτο)υ zur Erwähnung des Leibes hinzu.[325]

7 Für τ̣ὸ̣ [δὲ ποτήριον] α̣ἷμα̣ ist die Lücke zwei Buchstaben zu lang. Nicht auszuschließen wäre, daß der am Zeilenanfang erhaltene Querstrich Teil eines (zwei Buchstaben breiten) Kreuzzeichens ist, das auch in PRyl. gr. 465 *verso* 3 auf ein ἀμήν folgt. Merkwürdigerweise ist die Lücke an derselben Stelle in PDêr-Balizeh II *recto* 30 (u. S. 175) ebenfalls zu groß.

---

322 Ergänzung als Finalsatz gerechtfertigt im Kommentar zu PRyl. gr. 465 *recto* 25 (o. S. 86f).

323 Roca-Puig 11f.

324 Zum Zustandekommen der Lesung dieser Zeilen vgl. die ausführliche Beschreibung der erhaltenen Spuren und ihre Deutung bei Hammerstaedt, Präzisierungen 166f.

325 Keine Erweiterung hat hier Sunnarti fr. 1+2+5+6+7, 19.

PVindob. G 26134 *verso*

Paralleltexte:

A. 1. spätantik/frühbyzantinisch; griechisch: PRyl. gr. *verso* 6-8 (entspricht *verso* **1-5**, danach korrupt; o. S. 80f).

B. Anaph. Melk. Mark.: Brightman 134, 26-31; Cuming 48, 8-11.

C. 1. Anaph. Gr. Kyrill.: Kacm. fol. 139v (97 Macomber; abgekürzt, entspricht *verso* **1-2**).

C. 3. Anaph. Bohair. Kyrill.: Renaudot² 1, 48, l. 19-22.

Aufgrund der vor allem bei der Herabsendungsbitte *recto* **1-3** feststellbaren Knappheit dieses Textes im Vergleich zu den byzantinischen Fassungen der Markos/Kyrillosliturgie ist es schwierig, die Länge des verlorenen Textes zwischen dem Ende der Vorderseite (*recto*) und dem Beginn der Rückseite (*verso*) zu bestimmen. Ein Vergleich mit der Fassung im kaum späteren PRyl. gr. 465 *verso* 2-6 läßt hier an einen Verlust von ca. 12 Zeilen denken.

1-6 Gegenüber dem melkitischen Text der Markosliturgie ist die Doxologie leicht verknappt (Brightman 134, 26-29; Cuming 48, 8-10): <u>ἵνα cου καὶ ἐν τούτῳ καθὼς καὶ ἐν παντὶ δοξαcθῇ</u> καὶ ὑμνηθῇ καὶ ἁγιαcθῇ <u>τὸ πανάγιον</u> καὶ ἔντιμον καὶ δεδοξαcμένον <u>cου ὄνομα cὺν Ἰηcοῦ Χριcτῷ καὶ ἁγίῳ πνεύματι</u>. Statt ὑμνηθῇ καὶ ἁγιαcθῇ bietet der Papyrus also ὑψωθῇ (s. auch o. S. 89 zu PRyl. gr. 465 *verso* 6-8). Neben ὑμνηθῇ steht ὑψωθῇ auch in den alexandrinischen Anaphoren des Basilius (Renaudot² 1, 71) und Gregors von Nazianz (Hänggi/Pahl³ 372, nr.475 l. 268). Zur Form dieser Schlußdoxologie vgl. Brakmann, Eucharistiegebet 162f.

7 Der abgekürzte Text konnte vollständig lauten: ὥcπερ ἦν καὶ ἔcτιν καὶ ἔcται εἰc γενεὰν καὶ γενεὰν καὶ εἰc τοὺc cύμπανταc αἰῶναc τῶν αἰώνων· ἀμήν (vgl. Alex. gr. 173 im App. zu Cuming 48, 12). Ähnlich PNaqlun inv. 10/95 *verso* 18-20 (Derda/Urbaniak-Walczak 15): ὥcπερ ἶν κὲ ἔcτιν καὶ [ἔc-τ]ạị εἰc γενεὰc | γενεῶν · καὶ εἰc [τ]οὺ[c cύ]μπανταc ἐῶναc | τῶν ἐώνων.

8 Nach dem Abschluß der Anaphora mit der Doxologie wird die Liturgie fortgeführt, vermutlich mit der Einleitung des Vaterunsers (Treu/Diethart 92; vgl. Brightman 135, 1f). Als Sprecher ist vermutlich ὁ πρẹ[c]βύτεροc angegeben. Zu der bisher einzigen bekannten Nennung eines πρεcβύτεροc als Sprecher priesterlicher Gebete in PBerol. inv. 13918, 5 (5. Jh.; van Haelst,

Catalogue nr. 881) mit den Worten ὁ πρεϲβ(ύτερο)ϲ λέγ(ει)[326] vgl. H. Brakmann: OstkStud 36 (1987) 35 Anm. 3; ferner Henner, Markusanaphora 170 mit Anm. 33. Weniger wahrscheinlich ist die Lesung ὁ πρọ[ε]ϲ̣[τώϲ. Zwar wird so in Iust. apol. 1, 67, 4 derjenige bezeichnet, der eine Homilie hält, doch lassen sich außer einer auf Kirchenväterzeugnissen beruhenden Rekonstruktion der byzantinischen Liturgie vor dem 7. Jh. bei Brightman, in der der προεϲτώϲ mehrfach als Sprecher der in im vorliegenden Zusammenhang zu erwartenden Grußworte εἰρήνη πᾶϲιν eingesetzt ist (528, 9 und 20; 529, 30), aus liturgischen Texten keine Parallelen für eine solche Lesung anführen.

326 Daneben erscheint ebd. 6: ὁ διάκ(ονο)ϲ λέγ(ει).

6. Qaṣr Ibrim fr. III a/c (vgl. van Haelst, Catalogue nr. 766): Voranaphorische Gebete; Beginn der Markos/Kyrillosanaphora mit Gratiarum actio und Interzessionen

Die Editio princeps der drei beidseitig mit schwarzer, teils auch mit roter Farbe beschriebenen Pergamentfetzen besorgten Frend und Dragas.[327] Sie setzten auch fr. III a und b zu einem Stück zusammen.[328]

Die Zeilenlänge von fr. III a/b beträgt auf der Vorderseite mindestens 10, 4 cm (*recto* **21**)[329] und höchstens 10, 7 cm (*recto* **19**). Auf der Rückseite schwankt sie von 10, 5 cm (*verso* **16**) bis 11, 2 cm (*verso* **20**).[330] In den vollständig erhaltenen Zeilen variiert die Buchstabenzahl *recto* zwischen 33[331] und 36,[332] *verso* zwischen 35[333] und 39 Buchstaben.[334]

Das fr. III a/b stammt offensichtlich aus einem Codex, denn die Verzierungen und der Textzusatz befinden sich auf der Vorderseite (*recto*) auf dem rechten, und auf der Rückseite (*verso*) auf dem linken Rand, jeweils also an der Außenkante des Buchs. Zwei kleine, eng neben der Kante des inneren Randes gelegene Löcher im Abstand von etwa 2 cm (in Höhe von *recto* **11-12** und **16** bzw. *verso* **11-12** und **15-16**) könnten für den Einband vorgesehen gewesen sein.

---

327 W.H.C. Frend / G. Dragas, A eucharistic sequence from Q'asr Ibrim: JbAC 30 (1987) 90-98; Photos auf Tafel 2.

328 Frend/Dragas 90.

329 Als Seitenhöhe geben Frend/Dragas 11, 7 cm, als Seitenbreite 13, 2 cm an. Auf den Photographien beträgt die Blatthöhe 9, 9 cm (Tafel 2a) bzw. 9, 8 cm (Tafel 2b), die Blattbreite hingegen 11, 8 cm in Tafel 2a (*recto*) und 11, 7 cm in Tafel 2b (*verso*). Die Höhenangaben sind also auf 84, 6 % (Tafel 2a) bzw. 83, 8 (Tafel 2b) und die Breitenmaße auf 89, 4 % (Tafel 2a) bzw. 88, 6 % (Tafel 2b) verkleinert. Bei der Aufnahme wurde die Kamera also nicht gerade auf die Blätter gehalten, sondern (von der Zeilenausrichtung her betrachtet) vertikal versetzt. Die auf den Abbildungen von mir nachgemessenen Zeilenbreiten habe ich dementsprechend umgerechnet. Die hier errechneten 10,5 cm entsprechen also 9, 2 cm auf Tafel 2a.

330 Die Messungen wurden nur auf fr. III b vorgenommen, da fr. III a keine vollständigen Zeilen bietet.

331 *Recto* **21** und **22**.

332 *Recto* **19**.

333 *Verso* **21**.

334 *Verso* **20**.

In fr. III c beträgt der Abstand zwischen den beiden Seitenrändern an ihrer jeweils weitesten Ausdehnung 9 cm, die größte Höhe 4, 9 cm.[335] Die Schrift der Vorderseite von fr. III c unterscheidet sich von der auf der Rückseite deutlich durch ihre Größe. Daß sie von einem anderen Schreiber stamme, ist wegen ihrer sonstigen Ähnlichkeit kaum anzunehmen, zumal auch die Schrift in fr. III a/b *recto* **21** und Umgebung ähnlich groß und an anderen Stellen wiederum viel zierlicher ist.[336] Das in fr. III c *verso* **3** interlinear zugefügte \`α´ stammt vielleicht von anderer Hand.

Einen gewissen Anhalt für Zeilenunterteilung und -länge bietet die feste Formel τῆϲ ἁγίαϲ μόνηϲ κα̣[θολικῆϲ] κ̣(αὶ) ἀποϲτολικῆϲ ϲου ἐκκληϲίαϲ, die die Länge der zwischen fr. III c *recto* **2** und **3** anzusetzenden Lücke vorgibt. Daher findet direkt im Anschluß zwischen *recto* **3** und **4** nicht mehr als [πάντ]ων τῶν λαῶν Platz.[337] Der hier gewählte Zeilenbeginn gewährleistet bei regelmäßiger Silbentrennung ein gleichmäßiges Einsetzen aller Zeilen.

Die mutmaßliche Zeilenlänge schwankt demnach zwischen ca. 9 cm[338] und ca. 10 cm.[339] Die vermutliche Buchstabenzahl pro Zeile beträgt auf der Vorderseite zwischen 26/27[340] und 33,[341] auf der Rückseite zwischen 30[342] und 34.[343]

Über fr. III c *recto* **1** ist ein unbeschriebener Rand sichtbar, der mindestens eine Zeile hoch gewesen sein muß. Auf fr. III c *verso* ist der Rest des oberen Randes sogar mindestens über zwei Zeilen ausgedehnt. Während der obere Rand auf der Vorderseite mit dem Einsetzen eines neuen Sinnabschnitts

---

335 Nach Frend/Dragas 95 beträgt die Höhe 3,5 cm. Auf der in der Höhe auf 83, 8 % verkleinerten Abbildung in Tafel 2b beträgt der Abstand zwischen der höchsten Stelle des oberen und der niedrigsten des unteren Randes jedoch 4, 1 cm, beläuft sich also in Wirklichkeit, d. h. nach der notwendigen Umrechnung (vgl. o. Anm. 329), auf 4, 9 cm. Die Wiedergabe auf Tafel 2a wurde bei den Messungen nicht berücksichtigt, da das Fragment sich dort in einer Schräglage befindet, so daß weder die Verkleinerung in der Höhe (84, 6 %) noch die Verkleinerung in der Breite (89, 4 %) den Berechnungen zugrundegelegt werden kann.

336 Auch Frend/Dragas 90 stellten in fr. III c «the same character of handwriting» wie in fr. III ab fest.

337 Ganz unausgewogen ist die angenommene Zeilenlänge in der Ergänzung bei Frend / Dragas 95, die in fr. III c *recto* **2-3** καθ[ολικηϲ | ορθοδοξου] α̣π̣ο̣ϲ̣τολικηϲ, und in **3-4** hingegen nur [και | παντ]ων ergänzten.

338 Fr. III c *recto* **1** mit der hier gewählten kürzeren Ergänzung; *verso* **1** und **7**.

339 Fr. III c *recto* **7**; *verso* **2**.

340 Fr. III c *recto* **1**.

341 Fr. III c *recto* **7**.

342 Fr. III c *verso* **1**, **6** und **8**.

343 Fr. III c *verso* **2** und **3**.

(δεόμεθα καὶ παρακαλοῦμέν cε) erklärt werden könnte,[344] kommt eine solche Erklärung für den unbeschriebenen Rand auf der Rückseite nicht in Frage. Man muß dieses Fragment daher auf jeden Fall als den Rest eines Blattes, nicht aber einer liturgischen Rolle, betrachten.[345]

Aufgrund der Ähnlichkeit der Schrift von fr. III a/b und fr. III c stellten Frend und Dragas aus diesen Stücken eine liturgische Sequenz mit einem Rest der Katechumenenmesse und dem Beginn der Markosanaphora bis zu den Interzessionen her.[346] Trotz gewisser Unterschiede in Schriftgröße und (teilweise allerdings nur zu rekonstruierender) Zeilenbreite von fr. III a/b und fr. III c ist es höchst wahrscheinlich, daß die drei Fragmente von zwei aufeinanderfolgenden Codexseiten stammen.

In den mit roter Tinte geschriebenen Zeilen fr. III a/b *recto* **12-15** und *verso* **10-14** enthält der liturgische Text die eingekreisten Sprecherangaben **I** (=ἱερεύc)[347] und **Δ** (=διάκονοc).[348] Die von der Gemeinde gesprochenen Worte erscheinen nicht.[349] Die Rubrizierung dient nicht zur Zuweisung des Textes an einen bestimmten Sprecher (Priester oder Diakon), sondern soll offenbar die an Gemeinde und Funktionsträger der Messe gerichteten Worte von den längeren, ununterbrochenen Gebetstexten unterscheiden.[350] Die interlinearen und marginalen Zusätze sind von anderer Hand nachgetragen, vielleicht von derselben, die fr. III d (u. S. 123) geschrieben hat.

Bisher ist es noch nicht gelungen, den ersten Text auf der Vorderseite von fr. III a/b *recto* **1-11** sicher zu identifizieren. Die Imperativform ἐκρίζωcον (fr. III a/b *recto* **5**) legt seine Deutung als Gebetstext nahe.[351] Frend/Dragas nahmen eine Verwandtschaft mit dem Entlassungsgebet der Katechumenen in

---

344 In PStraßb. gr. inv. 254 *recto* 18 (o. S. 24) geht die Gratiarum actio allerdings ohne äußeren Einschnitt in die Interzessionen über.

345 Das sahen bereits Frend und Dragas 90: «Fragment c is from the middle of the top of a page».

346 Frend/Dragas 90f.

347 Fr. III a/b *verso* **12**; ferner in den am Rand zu *recto* hinzugefügten Worten.

348 *Recto* **14** und **15**; *verso* **10**.

349 Sprecherbezeichnungen finden sich auch in den (ebenfalls rubrizierten) Sunnartifragmenten (u. S. 207) und dem PVindob. G 26134 *verso* **8**, der in *verso* **7** mit ὁ λαόc auch Worte der Gemeinde anführt (o. S. 98).

350 Während also *verso* **13-14** die Priesterworte εὐχαριcτήcωμεν τῶ(ι) κ(υρί)ω(ι), auf die die Gemeinde mit ἄξιον καὶ δίκαιον zu antworten hat, in roter Farbe geschrieben sind, erscheint die ebenfalls vom Priester gesprochene Gratiarum actio direkt anschließend in schwarzer Tinte.

351 Auch]ξον oder]ζον (*recto* **2**) ist wohl Rest eines Imperativs.

der byzantinischen Chrysostomosliturgie des 9. Jh. wahr.[352] Dessen Verwendung wäre hier keineswegs unwahrscheinlich, da die Katechumenen anschließend zum Verlassen der Kirche aufgefordert werden (*recto* **12-14**). Die rubrizierten Anweisungen, in denen *recto* **14-15** auch die ἀναγνῶϲται zum Sprechen aufgefordert werden, leiten zu einer teils mit Melk. Mark. übereinstimmenden Friedensbitte über.[353]

Am Beginn der zweiten Seite (fr. III a/b *verso*) nahmen Frend/Dragas 91 gewisse Anklänge an das Gebet wahr, das in der mittelalterlichen Markosliturgie dem Friedenskuß folgt.[354] Die anschließende Aufforderung τὰϲ θύραϲ (scil. κλείετε) erfolgt auch in der byzantinischen Chrysostomosliturgie des 9. Jh. und der modernen Chrysostomosliturgie nach dem Friedenskuß.[355] Anschließend setzt die Anaphora ein, deren Wortlaut Frend und Dragas mit PLitLond. 232 verglichen[356] und als knappere Fassung der mittelalterlichen Markosliturgie erkannten.[357] Wie der weitere Vergleich zeigt, ist sie an manchen Stellen ausführlicher als die spätantiken Zeugnisse des PStraßb. gr. inv. 254 und PLitLond. 232 und befindet sich öfters auch in Übereinstimmung mit der griechischen und den koptischen Versionen der Kyrillosanaphora.

---

[352] In]τρουϲ παλιν[(*recto* **9**) vermuteten sie a.O. 92 Anm. 5 die Reste eines Wortlauts wie Brightman 315b 22-24 bzw. Parenti/Velkovska nr. 28, 3: καταξίωϲον αὐτοὺϲ ... τῆϲ τοῦ λουτρου παλινγενεϲίαϲ (ferner Brightman 346, 24; 374, 24f; 400, 4). Vielleicht sind auch weitere Zeilen in diesen Zusammenhang eines Entlassungsgebets zu stellen. Vgl. mit *recto* **1** das Entlassungsgebet der Katechumenen in der byzantinischen Chrysostomosliturgie des 9. Jh. (Brightman 315a 15f bzw. b 18-20 [Parenti/Velkovska nr. 28, 3]: [ἐπίβλεψον καὶ ἐπὶ τοὺϲ δούλ]ουϲ ϲο[υ τοὺϲ κατηχουμένουϲ]; ferner die moderne Chrysostomosliturgie [Brightman 374b 20; 400, 7f]); so auch in Melk. Mark. im Eingangsgebet der Katechumenenmesse (Brightman 116, 6 bzw. Cuming 9, 9f: [οὕτωϲ καὶ ἐφ' ἡμᾶϲ τοὺϲ παρεϲτηκόταϲ δούλ]ουϲ ϲο[υ). In *recto* **2** könnte aus dem Katechumenengebet der byzantinischen Präsanktifikatenliturgie die Bitte [φώτι]ζον αὐτῶ[ν τὰϲ ψυχάϲ] (Brightman 346, 27) eingesetzt werden. Die letzte Gebetszeile (*recto* **11**) kann entsprechend dem Abschluß des Katechumenengebets von Melk. Mark. in Vat. gr. 1970 (vgl. Brightman 116, 15f) und Alex. gr. 173 (vgl. Cuming 10, 19) ergänzt werden: [χάριτι καὶ οἰκτιρμοῖϲ καὶ φιλανθρωπίᾳ] τοῦ μονογε[νοῦϲ ϲου υἱοῦ].

[353] Mit *recto* **22** vgl. Brightman 121, 5-8; ferner Cuming 14, 7f.

[354] Mit fr. III a/b *verso* **2** und **4** vgl. Brightman 123, 23f und 25 bzw. Cuming 17, 10 und 16f sowie Kacm. fol. 111v (77 Macomber).

[355] Vgl. Brightman 321, 4 bzw. Parenti/Velkovska nr. 31, 7; Brightman 383, 3: τὰϲ θύραϲ· τὰϲ θύραϲ (jeweils vom Diakon gesprochen); in der Jakobosliturgie werden die Türen hingegen vor dem Friedenskuß (Mercier 68, 22) geschlossen (nämlich schon ebd. 62, 16; vgl. Frend/Dragas 91).

[356] Frend/Dragas 95 mit Anm. 9.

[357] Vgl. Frend/Dragas 91.

Abgesehen davon, daß diese Fragmente die Verwendung der griechischen Markos/Kyrillosliturgie in einer späten Zeit an einem weit abgelegenen Ort beweisen, liegt ihre besondere Bedeutung darin, daß sie die Anaphora dieser Liturgie zusammen mit den vorausgehenden Teilen der Messe bieten.[358] Die Markos/Kyrillosanaphora wurde in Qaṣr Ibrim also nicht etwa nur abschnittsweise ergänzend zu einer anderen Hauptliturgie hinzugezogen, sondern konnte der gesamten Messe zugrundegelegt werden.

Qaṣr Ibrim fr. III a/b *recto*[359]

(6)]ο̣υϲ ϲο̣[*(ca. 21)*
(3-4)]ξ̣ον αυτω̣[*(ca. 21)*
(1-2)]ϲ̣ιν περι ω̣[*(ca. 21)*
αλειαν · παν[*(ca. 22)*
εκριζωϲ̣α`ν´ εκ τ[*(ca. 21)*
τα δικ(αι)ομα τ[α *(ca. 21)*
τα αγια κατα̣[*(ca. 21)*
επιτηδειω ρ̣[*(ca. 21)*
τρουϲ παλιν [*(ca. 22)*

---

[358] In ihrem Wortlaut weichen diese voranaphorischen Teile allerdings z.T. erheblich von denen der Lit. Melk. Mark. und der Lit. Gr. Kyrill. ab (wobei in Kacm. fol. 111v-112r aus dem entsprechenden Teil allerdings das Gebet zum Friedenskuß überliefert ist).

[359] Zu der für diese Fragmente gewählten Art der Darstellung des griechischen Textes s.o. S. 17. Zusätzlich ist folgendes zu beachten: Die nach den Angaben von Frend/Dragas 92f rot geschriebenen Buchstaben in fr. III a/b *recto* **12-15** und *verso* **10-14** sowie die zu Beginn von *verso* **15** auf dem Schwarzweißphoto durch ihre Blässe als rubriziert erkennbaren Buchstaben sind kursiv gedruckt. Die abgekürzten Sprecherbezeichnungen, die der Schreiber jeweils eingekreist hat, sind hier fett gedruckt. Die Verbindung ου ist am Zeilenende in fr. III a/b *recto* **18** und *verso* **8** als Omikron mit darüberliegender Öffnung des υ ausgeführt. Die über zahlreiche Vokale gesetzten Zeichen in Form von einem (z.B. *recto* **19** über α in εκκληϲιαϲ) oder mehreren (zwei z.B. *recto* **9** über ι in παλιν und *recto* **23** über α in ντοκρατωρ; drei z.B. *verso* **21** über ι in λιμναϲ) Punkten oder geraden bzw. krummen Quer- oder Schrägstrichen wurden nicht verzeichnet.

Die von W.H.C. Frend: Atti 9. CongrInternArchCrist 2 (1978) 301 vorgetragene und in JbAC 29 (1986) 68 unter Hinweis auf ein Trema über ι von ἰδού wiederholte Vermutung, daß die Nubier für griechische Texte ein Akzentuierungssystem entwickelt hätten, bei dem lange Silben durch zwei über den Vokal gesetzte Punkte gekennzeichnet wurden, erfährt weder in fr. III a/b noch in fr. III c (zwei Punkte *recto* **3** über ι in αποϲτολικηϲ) und III d (zwei Punkte in Zeile 9 über α in απελπιϲμ[ενουϲ]; u. S. 124) Bestätigung. Richtig ist, daß die Setzung von Punkten über Anfangsvokale von Worten aus dem Altnubischen herrührt (vgl. A. »aitar: ZPE 113 [1996] 103).

10 ναον το`υ´ αγι[ου *(+ ca. 21)*
του μονογε̣[νουc cου υιου δι’ ου κ(αι) μεθ’ ου
αναχωρη[cατε κατηχουμενοι · μη τιc των] κ̣α-
τηχουμ[ενων · *(+ca. 4/5)* *πορευε]c̣θαι κατηχου-*
μ̣ενοι · ο̣[ι ακοινωνητοι εξε]⸢λθα⸣τ̣ε̣ **Δ** *οι αναγνωc-*
15 *θ̣αι λεγ[ετε* *(+ca. 8)* *]⸢ο⸣ θ̣(εο)c :* **Δ** `ετι
επι | προcευ|χην c|ταθη|τε **I** | ειρη̣νη | παc̣ι̣ν̣
⸢π⸣ερι τηc ειρηνη`c´:
16 κ(αι) παλιν̣ [παρακ]α̣[λ]εcωμεν το̣[ν] παντωκρα-
17 τωρ̣[α κ(αι) π(ατε)ρα τ]ο̣υ̣ κ(υριο)υ κ(αι) θ(εο)υ κ(αι)
c(ωτη)ρ(ο)c ημων Ι(ηcο)υ Χ(ριcτο)υ · περι
18 τηc ειρ̣ηνηc τηc αγιαc μονηc καθολικηc αυτου
εκκληcιαc · οπωc πληθοc ειρηνηc χαριcεται
20 επι παντα του λαου cου κ(αι) επι παντα τα ποιμν-
ια · ο τηc ειρηνηc επιχωριγοc μονοc κ(υρι)ε ο θ(εο)c
22 ημων · `προcευξ(αcθε)´ *περι τηc ειρηνηc:*
δεcποτα κ(υρι)ε ο θ(εο)c ο πα-
23 ντωκρατωρ · ο π(ατ)ηρ του κ(υριο)υ
κ(αι) θ(εο)υ κ(αι) c(ωτη)ρ̣(ο)c̣ [ημων *(+2?)*
24 Ι(ηcο)]υ Χ(ριcτο)υ · δεομεθα κ(αι) παρακαλου̣[μεν cε την εξ
25 ο̣υ(ρα)νον ειρηνην βραβε̣[υcον ταιc απαντων
η]μ̣ων καρδιαιc · αλ̣[λα κ(αι) του βιου τουτου την
ειρην]η̣ν [η]μ̣ιν χα̣ρ̣[ιcαι

1]ο̣υc cọ[: α]βυcco[υ] Frend/Dragas **5** εκριζωc̣α`ν´: εδιζωcα`ν´ Frend/Dragas **6** δικ(αι)ο-ματ[α] Hammerstaedt: δικοματ[α] Frend/Dragas **7** κατα̣[Hammerstaedt: κατ[Frend/Dragas **8** ρ̣[legit Hammerstaedt **11** Hammerstaedt: του μονογ[ενουc του υ(ιο)υ cου - - -] Frend / Dragas **12** Hammerstaedt: αναχωρη[cιc - - -]κα Frend/Dragas **13** [πορευε]c̣θαι Hammer-staedt:]θαι Frend/Dragas **14-15** ο̣[ι ακοινωνητοι εξε]⸢λ̣θα⸣τ̣ε̣ **Δ** οι αναγωc|θαι Hammer-staedt: [- - -]χθατε **Δ** διαναγνωc|θαι Frend/Dragas **15** `ετι´ supra lineam inscriptum (`επι´ Frend/Dragas) verba e margine huc transferenda monet **16** supplevit Hammerstaedt **17** [κ(αι) π(ατε)ρα τ]ο̣υ̣ Hammerstaedt **23** του omiserunt Frend/Dragas; [ημων - - -] Hammer-staedt **24** [cε την εξ] Hammerstaedt

Orthographica etc.: **5** εκριζωc̣α`ν´: ἐκρίζωcον **6** δικ(αι)οματ[α]: δικαιώματα **11** η̣μ̣[ων]: ὑμῶν **13** [πορευε]c̣θαι: πορεύεcθε **14-15** αναγωc|θαι: ἀναγνῶcται **16-17** παντωκρατω-ρ̣[α]: παντοκράτορα **19** χαριcεται: χαρίcηται **20** παντα του λαου cου: πάντα τὸν λαόν ϲου **21** επιχωριγοϲ: ἐπιχορηγόϲ **22-23** πα|ντωκρατωρ: παντοκράτωρ **25** ο̣υ(ρα)νον: οὐ-(ρα)νοῦ, vel οὐ(ρα)νῶν?

[(?) blicke auch auf (?)] deine (?) Diener (?), [(?) die Katechumenen (?)] (bzw.:) *[So (blicke) auch auf uns,] deine (?) [hier stehenden] Diener (?). [...] Erleuchte (?) ihre (?) [Seelen. ...] Sicherheit (?) alle(s)[... (?) Die Götzenverehrung]* (**5**) *rotte aus der (?) [(?) Welt völlig (?)] aus. [...] Rechtssatzungen [...] die heiligen (oder: das heilige) [...] passend ... [... (?) Würdige sie der] Wiedergeburt (?) [der] Taufe (?). ...* (**10**) *Tempel (?) des heiligen [..., durch die Gnade und die Menschenfreundlichkeit deines] eingeborenen [Sohnes, durch den und mit dem (dir die Herrlichkeit zukommt mit dem Heiligen Geist bis in die Ewigkeiten der Ewigkeiten: Amen)]. Weicht hinfort, [ihr Katechumenen. Kein] Katechumene schaue (?) hinein (?). Geht weg, ihr Katechumenen. Die [der Kommunion nicht Teilhaftigen], geht. DIAKON: Ihr Vorleser,* (**15**) *tragt vor [was (?)] Gott [offenbart (?)]. DIAKON: Steht wieder auf zum Gebet! PRIESTER: Friede sei allen. FÜR DEN FRIEDEN: Und laßt uns nun wiederum den Allherrscher [und Vater] unseres Herrn und Gottes und Erlösers Jesus Christus anrufen für den Frieden seiner heiligen, einzig allgemeinen Kirche, damit eine Menge Frieden gewährt wird* (**20**) *deinem ganzen Volk und allen Herden, einziger Stifter des Friedens, Herr, unser Gott! (scil. DIAKON?) Betet für den Frieden! (scil. PRIESTER:) Gebieter, Herr, Gott, Allherrscher, Vater [unseres] Herrn und Gottes und Erlösers Jesus Christus, wir bitten und rufen [dich] an,* (**25**) *erkenne unser [aller] Herzen den himmlischen Frieden zu; doch gewähre uns [auch den] Frieden [dieses Lebens]*

Qaṣr Ibrim fr. III a/b *verso*

(ca. 27)]ικειω[*(+ ca. 4)*
(ca. 27) φ]ι̣λιματι α[γιω
(ca. 26)] ̣ χων ταϲ το
(ca. 27)]προαιρεϲιν
(ca. 27)] ̣ λουϲ απε̣ιρ
(ca. 28)]ν · τον εν
(+ ca. 26) χ]α̣ριτι κ(αι) φιλ-
ανθρωπια(ι) του μονογενουϲ ϲου υιου] δ̣ι' ου κ(αι) μεθ' ου
(+ ca. 21) ταϲ θυραϲ] ταϲ θυραϲ:
Δ ̣ ̣ [(+ ca. 12) προϲφερειν κα]τα τροπον
σταθητε ̣ϲ̣τ[ωμεν καλωϲ προϲ⟨ϲ⟩χωμεν τ]η̣ αγιαϲ
αναφορα(ι) εν ειρη̣[νη(ι) τω(ι)

θ(ε)ω(ι) προcφερειν] Ι ο κ(υριο)c
13 *μετα παντων ανω η̣μ̣[ων ταc καρδιαc ευχαριc]θ̣ιcω-*
μεν τω κ(υρι)ω : αληθοc αξιον̣ [εcτιν κ(αι) δικαιον ο]cιο⟨ν⟩ τε
15 κ(αι) πρεπον · κ(αι) τα⟨ι⟩c ημητερα̣ι̣[c ψυχαιc επωφ]ελεc
κ(υρι)ε ⟦ο⟧ θ(ε)ε ο παντωκρατωρ · cε υμν̣ειν [· cε αινει]ν · cε
δοξολογειν · cε δοξαcοι : cε προcκυνε̣ι̣[ν · cε ευλ]ο̣γειν ·
cε ευχαριcτια · cοι ανομολογειcθαι νυκτωρ τε κ(αι)
μεθ’ ημεραc ακαταπαυcτοιc χο`ι´λ⟦ι⟧`ε´ιcιν κ(αι) αcιωπιτω
20 καρδιαc · cυ τω(ι) ποιηcαντι τον ου(ρα)νον
κ(αι) ⟨τα⟩ εν `τω(ι)´ ου(ρα)νον · γην
21 κ̣[(αι)] τα εν αυτη · θαλcαc · ποταμουc · λιμναc · πηγαc · κ(αι)
22 παντα τα εν α]υ̣τοιc · cοι τω(ι) ποιηcαντι
τον αν(θρωπ)ον κατ ι-
23 διαν εικονα κ(αι) καθ ο]μ̣οιωcιν · παν`τα´ δ’ εποιηcαc δια τη-
c cηc cοφιαc του φω]τοc cου · του
αληθεινου ⟨cου υιου⟩ του κ(υριο)υ
25 κ(αι) c(ωτη)ρ(ο)c ημων Ι(ηcο)υ
Χ(ριcτο)υ . . . δι’] ο̣υ cοι κ̣(αι) cυν αυτω cυν αγιω
26 πν(ευματ)ι ευχαριcτουντεc cοι π]ρ̣οcφερωμεν την [θυ-
cιαν την λογικην κ(αι) αναιμα]κ̣τον λατρειαν ταυτ̣[ην
ην προcφερει cοι παντα τα εθνη απ ανα]τ̣ο̣[λων

1 ικετα[ι - - -] Frend/Dragas **3**]χωνταc το Frend/Dragas (fortasse recte) **9** [ταc θυραc] Hammerstaedt **10** [προcφερειν] supplevit Hammerstaedt **11** Hammerstaedt: cταθητε [παν-τεc - - -] Frend/Dragas **12** εν ειρη[νη(ι) τω(ι) θ(ε)ω(ι) προcφερειν] Hammerstaedt: ελειω [εν ειρηνη - - -] Frend/Dragas **13-14** [ευχαριc]θ̣ιcω|μεν Hammerstaedt: [ευχαριc]τιcω|μεν Frend/Dragas **14** αξιον̣ legit Hammerstaedt **17** cε προcκυνε̣ι̣[ν · cε ευλ]ο̣γειν Hammerstaedt: cε προcκυνε[ιν cε ευχαρι]cτειν Frend/Dragas **18** τε κ(αι) Hammerstaedt: τει Frend / Dragas **19** χο`ι´λ⟦ι⟧`ε´ιcιν κ(αι) αcιωπιτω Hammerstaedt: χολεcιν κ(αι) αcιωπητω Frend / Dragas **20** ⟨τα⟩ Hammerstaedt **22** [παντα τα εν α]υ̣τοιc Hammerstaedt: [παντα εν] αυτοιc Frend/Dragas **23** δ’ εποιηcαc Hammerstaedt: δε ποιηcαc Frend/Dragas **24** ⟨cου υιου⟩ Hammerstaedt **25** supplevit Hammerstaedt: [και θεου Ιηcου Χριcτου δι] Frend/Dragas **26** supplevit Hammerstaedt: [πνευματι ευχαριcτουντεc (?) πρ]οcφερωμεν Frend/Dragas **26-27** [θυ|cιαν την] supplevit Hammerstaedt **28** Hammerstaedt: [προcφερεται τω ονοματι (?)]τ[ω αγιω | cου θυcια καθαρα επιθυcια και προcφορα] Frend/Dragas

Orthographica etc.: **2** [φ]ι̣λιματι: φιλήματι **11** τη αγιαc: τῇ(ι) ἁγίᾳ(ι) **13-14** [ευχαριc]θ̣ιcω|μεν: εὐχαριcτήcωμεν **14** αληθοc: ἀληθῶc **15** ημητερα̣ι̣[c]: ἡμετέραιc **16** παντωκρατωρ: παντοκράτωρ **17** δοξαcοι: δοξάcαι (δοξάζειν?) **18** cε ευχαριcτια· cοι ανομολογειcθαι: cοὶ εὐχαριcτεῖν · cοὶ ανθομολογεῖcθαι **19** χο`ι´λ⟦ι⟧`ε´ιcιν: χείλεcιν **19-20** αcιωπιτω καρδιαc: ἀcιωπήτω(ι) καρδία(ι) **20** cυ: cοί; εν `τω(ι)´ ου(ρα)νον: ἐν τῶ(ι) οὐρανῶ(ι) **21** θαλcαc: θαλάccαc **24** αληθεινου: ἀληθινοῦ **26** [π]ροcφερωμεν: προcφέρομεν

[...] Schutzflehende (?) [... Laßt uns einander begrüßen (oder: begrüßt einander) mit] heiliger Liebkosung [...] (?) [ohne die] Neigung [zum Fremden/Gegnerischen erworben zu haben (**5**) *...] (?) unendlich(e) (?) [...] den in (?) [...] durch die Gnade und Menschenfreundlichkeit [deines eingeborenen Sohnes], durch den und mit dem (dir die Herrlichkeit zukommt mit dem Heiligen Geist bis in die Ewigkeiten der Ewigkeiten: Amen) [... (Schließt) die Türen], (schließt) die Türen!* (**10**) *DIAKON: (?) [... Um darzubringen] auf rechte Weise, erhebt euch! Laßt uns [geziemend] aufstehen. [Laßt uns unsere Aufmerksamkeit schenken] der heiligen Anaphora, [um Gott] in Frieden [das Opfer darzubringen]. PRIESTER: Der Herr sei mit allen. Erhebet eure [Herzen!] Laßt uns danken dem Herrn: Wahrhaft würdig und recht und geboten* (**15**) *und geziemend und unseren Seelen nutzbringend ist es, Herr, Gott, der Allherrscher, dich zu besingen, [dich] zu [preisen], dich zu verherrlichen, dich zu rühmen, dich anzubeten, [dich] zu loben, dir zu danken, dir Anerkennung zu zollen des nachts und tagsüber mit nimmermüden Lippen und nicht verstummendem* (**20**) *Herzen; dir, der du schufst den Himmel und <was> im Himmel ist, die Erde und was in ihr ist, die Meere, die Flüsse, die Sümpfe, die Quellen und [alles, was in] ihnen ist; dir, der du den Menschen erschaffen hast nach deinem eigenen Abbild und nach deiner Ähnlichkeit; alles aber hast du geschaffen durch [deine Weisheit], dein Licht, <deinen> wahren <Sohn>, [unseren] Herrn* (**25**) *[und Erlöser Jesus Christus; ... durch] den wir dir, und mit ihm, mit dem Heiligen [Geist dir dankend] das [geistige Opfer darbringen und] diesen unblutigen Gottesdienst, [den dir alle Völker darbringen, vom] Aufgang*

Qaṣr Ibrim fr. III c *recto*

(+9/10) δεομ]εθα κ(αι) παρακαλου̣-
μεν cε μνηcθητι] τηc αγιαc μονηc κα[θο-
λικηc] κ̣(αι) α̣π̣ο̣c̣τολικηc cου εκκληcια{ι}c [κ(αι)
παντ]ων των λαων · κ(αι) παντον τον π̣[οιμνι-
ον cου] την εξ ου(ρα)νον ειρηνην β̣[ραβευcον
ταιc] π̣αντων ημων κ̣[αρδιαιc αλλα κ(αι)

του βιου] τ̣ουτου την ειρ̣η̣[νην δωρηcαι · τον
βαcιλε]α· τα̣ [cτρατιωτικα *(+ ca. 8)*

1 [κ(αι) δεομ]εθα Frend/Dragas **1-2** παρακαλου̣|[μεν cε μνηcθητι] Hammerstaedt: παρακαλουμ[εν cε | κυριε μνηcθητι] Frend/Dragas **2-3** κα[θο|λικηc] κ̣(αι) Hammerstaedt: καθ[ο|λικηc | ορθοδοξου] Frend/Dragas **4-5** π̣[οιμνι|ον cου] Hammerstaedt: ποιμ|νιον cου· και] Frend/Dragas **5-6** β̣[ραβευcον ταιc] π̣αντων Hammerstaedt: β[ραβ|ευcον ταιc απ]αντων Frend/Dragas **7-8** ειρ̣η̣[νην δωρηcαι · τον | βαcιλε]α Hammerstaedt: ειρ̣[ηνην ημιν δωρηcαι | τον βαcιλε]α Frend/Dragas

Orthographica etc.: **4-5** παντον τον π̣[οιμνι|ον]: πάντων τῶν ποιμνίων **5** εξ ου(ρα)νον: ἐξ οὐρανοῦ, vel οὐρανῶν?

wir bitten dich und rufen [dich] an: [Gedenke] deiner heiligen, einzig allgemeinen und apostolischen Kirche [und] aller Völker und all [deiner] Herden; (5) *erkenne unser aller Herzen den himmlischen Frieden zu; doch gewähre auch den Frieden dieses [Lebens]; den Herrscher, das [Heer ... bewahre]*

Qaṣr Ibrim fr. III c *verso*

τουc πε]ποδυμενουc · ο ανο[ρθων τουc κα-
τερραγμ]ε̣νουc · η ελπιc τον αφ[ηλπιcμενον η
βοηθει]α̣ [τ]ον `α´βοηθειτον · η παρακληcιc τ[ον α-
παρακλητο]ν· η μαραμθυᾱ τον αλιγον̣[τον
ειc αναcτα]c̣ιν τον πεπτοκωτον · π[αcη(ι) ψυ-
χη(ι) θλιβομενη(ι) κ(αι)] περιεχωνμενη(ι) · δ̣[οc ελε-
οc δοc ανεcιν δοc] α̣ν̣α̣ψυχω · κ(αι) ημ̣[ιν κ(υρι)ε
ταc κατα την ψυχην νοcουc] ια[cαι *(+ 4)*
] ̣ [

1 Hammerstaedt: [ο λυων τουc πε]ποδυμενουc · ο ανο[ρθων τουc κατερραγμενουc] Frend / Dragas **2-3** Hammerstaedt: αφ[ελπιcμενων | η βοηθει]α Frend/Dragas; fortasse scribendum αφ[ηλπιcμενων κτλ.] **3-4** τ[ον απαρακλητο]ν supplevit Hammerstaedt **5** [ειc αναcτα]c̣ιν Hammerstaedt: [ανατηc]ειν (sic) Frend/Dragas **5-6** versus distinxit Hammerstaedt: π[αcη ψυχη | θλιβομενη και] Frend/Dragas **6-7** supplevit Hammerstaedt: δ[οc ελεοc | ε]μψυχω Frend/Dragas **7** ημ̣[ιν κ(υρι)ε] Hammerstaedt: ημ[ων] Frend/Dragas **8** usque ad ια[cαι]

Hammerstaedt **8-9**]ια[cαι τας | cωματικας αcθενειας ιατρε ψυχω]ν[και cωματων αλγουντων] Frend/Dragas

Orthographica etc.: **1** [πε]π̣οδυμενουc: πεπεδημένους **2** τον αφ[ηλπιcμενον]: τῶν ἀπηλπιcμένων **3** [τ]ον ʽα'βοηθειτον: τῶν ἀβοηθήτων **3-4** τ[ον α|παρακλητο]ν: τῶν ἀπαρακλήτων **4** η μαραμθυᾱ τον αλιγον̣[τον]: ἡ παραμυθία τῶν ἀλγούντων **5** [ειc αναcτα]c̣ιν τον πεπτοκωτον: ἡ ἀνάcταcιc τῶν πεπτωκότων **6** περιεχωνμενη: περιεχομένη(ι) **7** α̣ν̣α̣ψυχω: ἀνάψυξιν.

[der die] Gefesselten [befreit, die] Geknickten geradebiegt, die Hoffnung der Verzweifelten, [die] Hilfe der Hilflosen, der Beistand der [Beistandslosen], der Trost der Betrübten, (5) *[die] Aufrichtung der Gefallenen: Allen [bedrückten und] in der Ausweglosigkeit befindlichen [Seelen] gewähre [Mitleid, gewähre Erholung, gewähre] Linderung, und uns, [Herr,] heile [die Krankheiten an der Seele]*

Kommentar:

Qaṣr Ibrim fr. III a/b *recto*

Für das mutmaßliche Entlassungsgebet der Katechumenen in **1-11** sind keine wörtlich entsprechenden Gebete bekannt. Die (teilweise nur zu vermutenden) Ähnlichkeiten mit anderen Katechumenengebeten, besonders aus der byzantinischen Präsanktifikatenliturgie (Brightman 346, 22ff), sind o. Anm. 352 zusammengestellt.

Paralleltexte zu **15-27**
B. Lit. Melk. Mark.: Brightman 121, 5-8; anders Cuming 14, 1-8.

1 Die erhaltene Unterkante einer Rundung läßt sich gut mit einem ο̣, nicht jedoch mit dem von Frend/Dragas gelesenen β vereinbaren, das in *recto* **25** eine gerade, in der Mitte sogar leicht nach oben gewölbte Grundlinie hat. Vielleicht [δούλ]ουc cο[υ]; vgl. o. Anm. 352.

2 von ξ fehlt der oberste Querstrich. Der Buchstabenform nach zu urteilen ist ζ weniger wahrscheinlich, da in **5** dessen Schrägstrich gerader geführt und mit kantigeren Winkeln abgeschlossen ist, während auch der Unterteil von ξ *verso* **14** und **17** rundlichere Formen hat; allerdings ist der Text [φώτι]ζον αὐτῶ[ν τὰc ψυχάc] die einzige bisher erkennbare Ergänzungsmöglichkeit.

3-4 Frend/Dragas ergänzten [αcφ]|αλειαν, mit eigenwilliger, aber möglicher Trennung. Vgl. *recto* **20-21** ποιμν|ια.

5 c ausgefüllt (getilgt?); \`ν´ über Zeile. Möglich ist eine Ergänzung mit [τὴν εἰδωλολατρίαν τέλεον] ἐκρίζωcο̣ν̣ ἐκ τ[οῦ κόcμου]. Allerdings ist diese Bitte um Vernichtung des Götzendienstes bisher nur vom Ende der anaphorischen Interzessionen bekannt (vgl. PVindob. G 16545 *recto* 5-6; o. S. 57).

6 Vielleicht zu vergleichen ist die den Ps. 118, 12 LXX aufnehmende Bitte für die Katechumenen in Const. apost. 8, 6, 5 (SC 336, 152), daß Gott sie seine δικαιώματα lehren möge.

8 Nach επιτηδειω und einer Lücke von Länge eines Buchstabens reicht eine Vertikale unter die Zeile: wohl kein ι, da dies am Wortbeginn auf der Linie bleibt, wie in **17** I(ηcο)υ und am Beginn von **21** (unter die Zeile geht ι nur in der Kombination λι (*recto* **9** und **17**; *verso* **2** und **21**); vergleichbar wäre hingegen ρ in *recto* **3**, **19** (ειρηνηc), **22** (ειρηνηc) und **25** (ειρηνην).

9 Nach Frend/Dragas [καταξίωcον αὐτοὺc ... τῆc τοῦ λού]τρου{c} παλιν[γενεcίαc] (o. S. 105 Anm. 352).

10 \`υ´ über Zeile; το Ergebnis einer Korrektur?

11 Vgl. den Abschluß des Gebets nach dem Friedenkuß *verso* **7-8**. Entsprechend haben sich wohl in *recto* **10** an αγι[ου] und eine Lücke von 3-4 Buchstaben die Worte [χαριτι κ(αι) φιλανθρωπια(ι)] angeschlossen.

12-14 Die Ergänzungen erfolgen in Anlehnung an die noch unedierten Texte aus einem Diakonenbuch aus dem Weißen Kloster (Paris. copt. 129/20 fol. 228, 30-33).[360] Dort steht: αναχωριcατε οι κα|τηχουμενοι με (= μη) τιc των κατοιχουμενων (sic) | ιδε̣ cω πορευειcθε (sic) οι κατηχουμενοι οι ακοι|νωνηται (sic) εξελθατο (sic). Zu Beginn von Zeile 32 folgt dort auf ιδε ein klar erkennbares ω, das jedoch verändert wurde, indem es links oben durch einen Querstrich geschlossen wurde, während die Rundung rechts unten durch einen kräftigen Fuß zu einer senkrechten Geraden (ι) umgeändert wurde. Vielleicht ist der Text im Anschluß an μή τιc τῶν κατηχουμένων mit dem Verbot des Hineinblickens ἴ̣δη(ι) ε̣ἴ̣cω fortzusetzen.

[360] Van Haelst, Catalogue nr. 853 und 854; kurze Beschreibung bei A. Baumstark, Saidische und griechische Liturgiedenkmäler: Oriens Christianus 24 (1927) 380. Für den Hinweis und die zeitweilige Überlassung der Photographie danke ich Herrn Heinzgerd Brakmann.

Die in **14** mit ο̣[ἱ ἀκοινώνητοι ἐξέ]⌜λθα⌝ṭε[361] ergänzte Stelle hat wohl keine weitere Aufforderung an die Gruppe der Katechumenen enthalten,[362] weil im Gegensatz zu zwei vorher direkt an die Katechumenen gerichteten Befehlen, in denen jene, nach **13** zu urteilen, ohne bestimmten Artikel hinter dem Befehlswort genannt wurden, hier der Imperativ am Ende und offenbar, wie in dem anschließend an die ἀναγνῶϲται gerichteten Befehl, ein bestimmter, diesen Nichtkommunikanten unter den Gläubigen geltender Artikel am Anfang steht.

13 ϲ̣ unteres Drittel; in die Lücke zwischen κατ und ηχου könnte eine in **12** zu ergänzende Unterlänge hineingeragt haben, die freilich in der hier für **12** erwogenen Textherstellung keinen Platz findet.

14 ο̣ linke Hälfte, oben geschlossen; ⌜λθα⌝ auf Photo durch umgeknickten Streifen verdeckt; nach Frend/Dragas χθα.

14-15 Es muß οἱ ἀναγνῶϲ|θαι (sic) gelesen werden: ο ist sicher (kein δ!), und über dem ersten α wird, wie auf diesem Blatt häufig, der Wortbeginn durch einen Punkt angezeigt.

15 Nach λέγ[ετε] ist möglicherweise ein Relativsatz, z.B. [ἃ μηνύει] ὁ θεόϲ, zu ergänzen.

Daß der am rechten Rand mit breiterer Feder wohl von anderer Hand mit schwarzer Tinte nachgetragene Text vor περὶ τῆϲ εἰρήνηϲ gehört, zeigt sein über der Zeile vor περί wiederholtes Anfangswort ἔτι.[363] Mit dem Text der Priester- und Diakonenworte in ihrer vom Korrektor vervollständigten Form vgl. z.B. ein anderes voranaphorisches Gebet in Melk. Mark. (Brightman 124, 14-20): (διάκονοϲ·) ἐπὶ προϲευχὴν ϲτάθητε. (ἱερεύϲ·) εἰρήνη πᾶϲιν. (ὁ λαόϲ·) καὶ τῷ(ι) πνεύματί ϲου. (διάκονοϲ·) προϲεύξαϲθε ὑπὲρ τῶν προϲφερόντων. Anschließend richtet dort der Priester, ähnlich wie hier in **22-25**, das Gebet direkt an Gott. Zusätzlich ist hier nach dem Friedensgruß des Priesters die an die Gemeinde gerichtete Aufforderung καὶ πάλιν παρακαλέϲωμεν κτλ. eingefügt (**16-22**), wobei sowohl die ursprüngliche Fassung als auch die nachträglich vorgenommenen Zusätze und Änderungen[364] nicht si-

---

[361] Beispiele für schwache Aoristformen von ἔρχεϲθαι bei Blass/Debrunner/Rehkopf § 81 Anm. 3.

[362] Neben den Katechumenen werden in Const. apost. 8, 12, 2 (SC 336, 176) die ἀκροώμενοι, die ἄπιϲτοι und die ἑτερόδοξοι vom Diakon hinausgeschickt, während in Const. apost. 2, 57, 14 neben den Katechumenen die μετανοοῦντεϲ entlassen werden.

[363] Vgl. den Gebetsanfang PBarc. inv. 155b 2: ἔτι δεόμεθα ϲου κτλ.

[364] Auch die Sprecherbezeichnung **Δ** in **15** ist wohl Ergebnis einer nachträglichen Änderung. Dem Photo nach zu urteilen wurde das Delta in den ähnlich wie in **14** und *verso*

cher erkennen lassen, ob diese Worte dem Priester oder dem Diakon zuzuweisen sind. Für eine Zuweisung an den Diakon könnte der Aufbau voranaphorischer Gebete in den Apostolischen Konstitutionen sprechen.[365] Doch in Basil. Alex. (Renaudot² 1, 58f) fährt der Priester nach seinem Gruß εἰρήνη πᾶϲιν offenbar selbst mit καὶ πάλιν παρακαλέϲωμεν fort,[366] worauf wohl der Diakon[367] an die Gemeinde die (nur in ihrem Beginn ausgeschriebene) Aufforderung προϲεύχεϲθε ὑπὲρ τῆϲ εἰρήνηϲ τῆϲ ἁγίαϲ, μόνηϲ κ(τ)λ. einfügt und der Priester wiederum die eigentliche Friedensbitte mit Worten fol-

---

10 und **12** vom ersten Schreiber mit roter Farbe um die Sprecherbezeichnung gezogenen Kreis mit schwarzer Farbe eingetragen. Der erste Schreiber dürfte dort wohl mit roter Farbe ein *I* zur Angabe des ἱερεύϲ eingesetzt haben, der den in **14** genannten διάκονοϲ ablöst.

365 Dort wird ein voranaphorisches Gebet vom Diakon mit der Aufforderung εὔξαϲθε οἱ κατηχούμενοι eingeleitet (Const. apost. 8, 6, 3 [SC 336, 152]), die hier mit ἐπὶ προϲευχὴν ϲτάθητε in **15** vergleichbar wäre. Die anschließend vom Diakon gesprochene Aufforderung ὑπὲρ τῶν κατηχουμένων πάντεϲ ἐκτενῶϲ τὸν θεὸν παρακαλέϲωμεν, ἵνα κτλ. (Const. apost. 8, 6, 5) hat ähnlichen Aufbau wie hier παρακαλέϲωμεν τὸν παντοκράτορα ... περὶ ... ὅπωϲ (**16-19**). Daran schließt der Diakon eine erneut an die Katechumenen gerichtete Gebetsaufforderung τὴν εἰρήνην ... αἰτήϲαϲθε κτλ. an (Const. apost. 8, 6, 8), der das hier vom Korrektor hergestellte `προϲεύξ(αϲθε)´ περὶ τῆϲ εἰρήνηϲ (**22**) entsprechen mag. Erst jetzt richtet der Bischof sein Gebet an Gott (Const. apost. 8, 6, 10ff [SC 336, 154]; vgl. hier die zweifellos dem Priester zukommenden Worte in **22-25**). Derselbe Ablauf kehrt wieder in anderen voranaphorischen Gebeten in Const. apost. 8, 7, 1 (Diakon: εὔξαϲθε ... ὑπὲρ ... δεηθῶμεν, ὅπωϲ ...), 3 (Diakon: εὐλογεῖϲθε) und 4 (Bischof) und in 8, 9, 1 (Diakon), 7 (Diakon) und 8 (Bischof). Vgl. auch das inhaltlich nahestehende voranaphorische Gebet in Const. apost. 8, 10, 3 (Diakon: ὑπέρ τῆϲ εἰρήνηϲ ... δεηθῶμεν, ὅπωϲ κτλ.), das in 8, 11, 1 vom Bischof mit einer direkten Anrede Gottes fortgeführt wird.

366 Daß dort trotz des Fehlens von Sprecherbezeichnungen der Priester spricht, läßt der Text des der Basil. Alex. nahestehenden OTait-Petrie 415 vermuten, der im Anschluß an die sicherlich vom Priester gesprochene, direkt an Gott gerichtete Friedensbitte (OTait-Petrie 415 *recto* 1-9) und einer Zwischenüberschrift περὶ τοῦ πάπα das Gebet für das Kirchenoberhaupt mit καὶ πάλιν παρακαλέϲωμεν τὸν ... θεὸν ... ὅπωϲ ... ϲυντηρήϲῃ einleitet und (nach einer Lücke) auf der Rückseite in direkter Anrede an Gott fortführt. In dem entsprechenden Gebet in Basil. Alex. (Renaudot² 1, 59f) schließt sich dieser zweite, als direkte Anrede Gottes formulierte Teil in etwas anderer Syntax unmittelbar an die (natürlich von demselben Sprecher, also dem Priester erfolgte) Aufforderung καὶ πάλιν παρακαλέϲωμεν κτλ. an.

367 Solche in 2. Person an die Gemeinde gerichteten Aufforderungen spricht gewöhnlich der Diakon; neben dem oben angeführten Beispiel aus den voranaphorischen Gebeten von Lit. Melk. Mark (Brightman 124, 20; vgl. auch 113, 10; 114, 19; 115, 2) kehren solche Aufforderungen auch in den Interzessionsgebeten für die Früchte in manchen Textzeugen von Anaph. Melk. Mark. (Cuming 25, 2; 25, 15; 26, 28f) und geradezu regelmäßig in den Interzessionsgebeten von Kacm. (fol. 114v-130r [79-92 Macomber]) und Bohair. Kyrill. (Renaudot² 1, 40, l. 24-44 l. 27) wieder.

gen läßt, in denen auch der Satz τὴν ἐξ οὐρανοῦ εἰρήνην κτλ. (**24-25**) wörtlich wiederkehrt.[368]

Vermutlich sind die Zeilen **16-22** Worte des Priesters, da er vor den nächsten, mit Sicherheit von ihm selbst direkt an Gott gerichteten, in **22** einsetzenden Gebetsworten nicht als neuer Sprecher eingetragen ist. Der erste Schreiber hat wohl in **15** vor den von ihm als Rubrik eingesetzten Worten περὶ τῆϲ εἰρήνηϲ[369] den Priester als Sprecher des folgenden vermerkt.[370] Warum er in **22** dieselbe Rubrik vor dem vom Priester über denselben Gegenstand direkt an Gott gerichteten Gebet wiederholt, ist nicht leicht einzusehen. Der Korrektor, der in **15** die Diakonenworte und den Gruß des Priesters an die Gemeinde einfügte, formte die zweite Rubrik in **22** zu einer Aufforderung um,[371] die ähnlich wie in Melk. Mark. (Brightman 124, 20; s.o.) und wohl auch in Basil. Alex. (s.o.) vom Diakon an die Gemeinde gerichtet wird.

16 Für και παλιν vgl. neben den außeranaphorischen Bezeugungen in Basil. Alex. und OTait-Petrie 415 *recto* 9[372] auch die Markosanaphora in Qaṣr Ibrim 1964, 4/12 fr. 1/2+4 Vorderseite 3f (u. S. 129).

17-19 Während die Erwähnung des von der Bitte Begünstigten in der Regel von einem μνήϲθητι abhängt, ordnet ihn auch OTait-Petrie 415 *recto* 11f (περὶ τοῦ μακαρίου ἡμῶν πάπα · ὅπωϲ αὐ[τὸν ϲ]υντηρῶν ϲυντηρήϲῃ) dem vorherigen παρακαλέϲωμεν syntaktisch mit einem περί unter und schließt den eigentlichen Inhalt der Bitte mit einem durch ὅπωϲ eingeleiteten Finalsatz an (vgl. weiterhin Qaṣr Ibrim 1964, 4/12 fr. 1/2+4 Vorderseite 7-10 [u. S. 129] und das Gebet für die Früchte der Erde in Prag kopt. Ms. III p. 1).[373]

---

[368] In Prag kopt. Ms. III p. 1 und 2 (137 Hažmuková; s. auch u. Anm. 373) gibt es nicht das geringste Anzeichen dafür, daß der erste, in seinem Aufbau hier den Zeilen **16-19** entsprechende Teil des Gebets für die Früchte von einem Diakon, und nicht von ein und derselben Person wie der zweite, ähnlich wie **22-25** strukturierte Teil zu sprechen sei.

[369] Vgl. OTait-Petrie 415 *recto* 9 (van Haelst, Prière 100), wo am Anfang der Bitte für das Kirchenoberhaupt περὶ τοῦ πάπα steht, und wohl auch Qaṣr Ibrim 1964, 4/12 fr. 1/2+4 Vorderseite 3 (u. S. 129).

[370] Vgl. o. Anm. 364. Freilich ist die den Sprecherbezeichnungen des ersten Schreibers zugrundeliegende Logik nicht immer klar. Die Sprecherbezeichnung des Diakons erscheint nämlich in **14**, obgleich ihm bereits unmittelbar zuvor die Aufforderungen von ἀναχωρήϲατε bis ἐξέλθατε (**12-14**) zugefallen sind.

[371] Daraus resultiert die sonst in diesen Gebetstexten ungebräuchliche Kombination von προϲεύχεϲθαι mit περί (dazu u. Anm. 405).

[372] Bedenken gegen seine Klassifizierung als spätantikes Zeugnis der Anaphora der Markosliturgie o. Anm. 120.

[373] Hažmuková 137: «Let us supplicate again the Lord, the God Almighty, [the] Father of our Lord and our God and [our] Saviour, Jesus Christ, for all fruits of the earth. Give

22 ˋπροcεύξ(αcθε)ˊ: s.o. S. 116 zu *recto* **15**.

22-27 Bis auf die längere Betitelung Christi mit καὶ θεοῦ καὶ cωτῆροc und die Verwendung von χάριcαι[374] statt δώρηcαι stimmt diese Bitte, deren Zeilen **24-28** wenig später in fr. III c *recto* **5-7** (s.u.) innerhalb der Anaphora wiederkehren, wörtlich mit dem Vat. gr. 1970 der Melk. Mark. überein (Brightman 121, 5-8).

Qaṣr Ibrim fr. III a/b *verso*

Paralleltexte für den Wortlaut des Gebets für den Friedenskuß in **1-8** scheint es nicht zu geben. In den entsprechenden Gebeten der Markos/Kyrillosliturgie und anderer Formulare finden sich immerhin einige Anklänge.

1) Lit. Melk. Mark.: Brightman 123, 17-124, 4; Cuming 17, 4-23.

2) Lit. Gr. Kyrill.: Kacm. fol. 111v-112r (77 Macomber).

3) Lit. Bohair. Kyrill.: Renaudot^2 1, 38f (zwei Gebete).

Paralleltexte zu **9-28**:

A. 1. spätantik/frühbyzantinisch; griechisch: PStraßb. gr. inv. 254 *recto* 1-13 (o. S. 24); PLitLond. 232 *recto* 1-13 (o. S. 45).

B. Anaph. Melk. Mark.: Brightman 124, 7-126, 7; Cuming 19, 11-21, 18.

C. 1. Anaph. Gr. Kyrill.: Kacm. fol. 112r-114r (78f Macomber).

C. 2. Anaph. Sahid. Kyrill.: Prag kopt. Ms. II p. 1, 1-3, 11 (118-120 Hažmuková).

C. 3. Anaph. Bohair. Kyrill.: Renaudot^2 1, 39, l. 29-40, l. 15.

2 Vgl. in dem Gebet nach dem Friedenskuß in der Markos/Kyrillosliturgie (Brightman 123, 23f; Cuming 17, 10; Kacm. fol. 111v) die Worte ἀcπαcώμεθα ἀλλήλουc ἐν φιλήματι ἁγίῳ, und bereits vorher in Vat. gr. 1970 die

---

them growth etc.». Nach Hažmuková ebd. Anm. 12 lautet die Übersetzung am Ende wörtlich: «so that Thou givest them growth». Anschließend, auf p. 2 (137 Hažmuková), fährt das Gebet fort: «[O] Lord, [Lord], God Almighty, Father of our Lord and our God and [our] Saviour, Jesus Christ. We entreat and supplicate Thee, [O] Lord, and Man-loving! Give growth to thy earthly fruits etc.». In der Gottesanrede, den beiden anschließenden Verben des Bittens und dem nachfolgenden Imperativ stimmt seine Struktur hier mit den Zeilen **22-25** recht eng überein.

[374] So (inneranaphorisch) PStraßb. gr. inv. 254 *recto* 24 (o. S. 24).

Aufforderung des Diakons (Brightman 123, 15): ἀcπάcαcθε ἀλλήλουc ἐν φιλήματι ἁγίῳ; ebenso PNaqlun inv. 10/95 *recto* 16f (Derda/Urbaniak-Walczak 14).

4 Brightman 123, 24f: μὴ τὴν τοῦ ἀλλοτρίου κεκτημένοι προαίρεcιν.

7-8 Mit der bereits von Frend/Dragas vorgenommenen Ergänzung vgl. die Gebetsabschlüsse im Vat. gr. 1970 der Melk. Mark. (Brightman 116, 15-18; 122, 2-5; 124, 31-125, 1). Wie *recto* **11** ist auch hier damit zu rechnen, daß die nach δι' οὗ κ(αὶ) μεθ' οὗ folgenden Worte ἡ δόξα καὶ τὸ κράτοc cὺν τῷ παναγίῳ ... πνεύματι κτλ. nicht ausgeschrieben waren. So schreibt Vat. gr. 2281 nur die Anfangsworte der Gebetsschlußformel χάριτι καὶ οἰκτιρμοῖc (z.B. Cuming 10, 19; 13, 22; 15, 18f; 16, 15).

9 Vgl. Brightman 321, 4 bzw. Parenti/Velkovska nr. 31, 7 (byzantinische Chrysostomosliturgie des 9. Jh.); 383, 3 (moderne Chrysostomusliturgie): τὰc θύραc· τὰc θύραc, jeweils vom Diakon gesprochen. Warum wird er hier hingegen direkt anschließend zu Beginn von **10** mit **Δ** als neuer Sprecher bezeichnet? Und warum ist τὰc θύραc den Angaben von Frend/Dragas 93 zufolge nicht rot geschrieben? Auf der Schwarzweißphotographie erscheinen diese Buchstaben allerdings ähnlich blaß wie die anschließenden, nach Frend / Dragas 93 mit roter Tinte geschriebenen Buchstaben.

10-11 Vgl. die Worte des Diakons vor dem Glaubensbekenntnis von Melk. Mark. in Alex. gr. 173 (Cuming 19, 11; vgl. weiterhin Brightman 124, 7): προcφέρειν κατὰ τρόπουc cτάθητε; in PNaqlun inv. 10/95 *recto* 19f (Derda/Urbaniak-Walczak 14) in der Vorbereitung zur Anaphora.

11-12 cτῶμεν καλῶc spricht auch der Erzdiakon in Alex. gr. 173 und Vat. gr. 2281 von Melk. Mark. (Cuming 20, 2). Vgl. die Worte des Erzdiakons zu Beginn der Jakobosanaphora (cτῶμεν καλῶc, cτῶμεν εὐλαβῶc, cτῶμεν μετὰ φόβου θεοῦ καὶ κατανύξεωc, πρόc⟨c⟩χωμεν τῇ ἁγίᾳ ἀναφορᾷ ἐν εἰρήνῃ τῷ Θεῷ προcφέρειν [Mercier 82, 19f]) und des Diakons zur Einleitung der modernen Chrysostomosanaphora (Brightman 383, 28f).

12-14 Die Priesterworte lauten genauso im Vat. gr. 1970 der Melk. Mark. (Brightman 125, 7-15), fast ebenso in Sahid. Kyrill. (Prag kopt. Ms. II p. 1, 1-4), mit Erweiterung des Grußwortes ὁ κύριοc μετὰ πάντων um ὑμῶν. Stärker ausgebaut ist der Gruß in den anderen Mss. von Melk. Mark. (Cuming 20, 4-6). Vgl. auch PNaqlun inv. 10/95 *recto* 24-32 (Derda/Urbaniak-Walczak 14)

14 αξιον̣ ist auf dem bereits zu *recto* **14** erwähnten dünnen Streifen hinter die Oberfläche von *verso* abgeknickt, ist aber auf dem Photo von *recto* noch zu erkennen. Mit ἀληθῶϲ ἄξιον, ohne begründende Partikel, setzt auch Vat. gr. 2281 der Melk. Mark. ein (Cuming 21, 2). Die anderen Mss. von Melk. Mark. haben γάρ nach ἀληθῶϲ, Kacm. fol. 112v καὶ γάρ vor ἀληθῶϲ.

15 Nach καὶ ταῖϲ ἡμετέραιϲ ψυχαῖϲ setzen alle Mss. von Melk. Mark. außer Vat. gr. 2282 ἐπώφελεϲ; Kacm. stellt dies hingegen davor.

16 Statt des reinen Vokativs θεέ (Melk. Mark.) bietet Kacm. ὁ θεόϲ. In Melk. Mark. (Brightman 125, 22f; Cuming 21, 3) ist die Gottesanrede erweitert, ebenso in Kacm., wo zudem den anschließenden Verben des Preisens die Worte ἐν παντὶ καιρῷ καὶ ἐν παντὶ τόπῳ τῆϲ ϲῆϲ δεϲποτείαϲ vorausgehen.[375]

16-18 Die Verben für Gottes Lob kehren (in geänderter Reihenfolge) bis auf ϲὲ δοξάϲαι/δοξάζειν in Kacm. wieder. In Melk. Mark. fehlt zudem ϲὲ δοξολογεῖν[376] und ϲοὶ εὐχαριϲτεῖν.

18-20 Kürzer PStraßb. gr. inv. 254 *recto* 3f (o. S. 24); PLit.Lond. 232 *recto* 2f (o. S. 45); hingegen erweitert dies Melk. Mark. (Brightman 125, 24f; Cuming) noch leicht zu ἀκαταπαύϲτῳ ϲτόματι καὶ ἀϲιγήτοιϲ χείλεϲιν, während Kacm. am Ende noch καὶ ἀδιαλείπτοιϲ δοξολογίαιϲ hinzufügt.[377] Gewisse Nähe mit der vorliegenden Fassung zeigt Bohair. Kyrill. (Renaudot[2] 1, 40, l. 6sq: *labiis indesinentibus, corde nunquam silenti, et laude non interrupta*).

20-22 Kürzer PStraßb. gr. inv. 254 *recto* 3-6 (o. S. 24); PLitLond. 232 *recto* 3-5 (o. S. 45); bis auf eine leichte Umstellung scheint der Text von Bohair. Kyrill. dem vorliegenden wörtlich zu entsprechen (Renaudot[2] 1, 40 l. 7-9: *tu creasti coelos et quae in coelis sunt, terram et omnia quae in ea sunt, maria, flumina, fontes et paludes et quaecumque in eis sunt*); ganz ähnlich, nach γῆν allerdings mit καὶ πάντα τὰ ἐν τῇ γῇ, lauten die meisten Mss. von Melk. Mark. und Kacm. fol. 113r.

22-23 So wörtlich PStraßb. gr. inv. 254 *recto* 6f (o. S. 24), Prag kopt. Ms. II p. 2, 9-11 und Bohair. Kyrill. (Renaudot[2] 1, 40 l. 9f); noch kürzer, ohne καὶ καθ' ὁμοίωϲιν, PLitLond. 232 *recto* 5f (o. S. 45); in Melk. Mark. (Brightman 125, 29-126, 2; Cuming 21, 9-13) und Kacm. fol. 113r/v sind längere Erklärungen über Gottes nachsichtsvolles Bemühen um den Menschen eingeschoben (nachgebildet der Jakobosliturgie [Mercier 86, 16-19]).

---

[375] So auch Prag kopt. Ms. II p. 1, 9f.

[376] Erscheint hingegen vermutlich in PStraßb. gr. inv. 254 *recto* 0-1 (o. S. 24).

[377] Ähnlich Prag kopt. Ms. II p. 1, 13-2, 2.

23-25 Vgl. PStraßb. gr. inv. 254 *recto* 7-9 (o. S. 24); PLitLond. 232 *recto* 6-9 (o. S. 45); erweitert Kacm. fol. 113v: πάντα δὲ ταῦτα ἐποίηcας διὰ τῆc cῆc coφίαc, τοῦ φωτόc cου τοῦ ἀληθινοῦ, τοῦ μονογενοῦc cου υἱοῦ, τοῦ κυρίου δὲ καὶ θεοῦ καὶ cωτῆροc καὶ παμβαcιλέωc ἡμῶν Ἰηcοῦ Χριcτοῦ; dieselben Worte haben Prag kopt. Ms. II p. 2, 11-16 und Bohair. Kyrill. (Renaudot² 1, 40 l. 10-12); ähnlich, aber ohne das Possessivpronomen bei φῶc, Melk. Mark. (Brightman 126, 2-4; Cuming 21, 13-15).

25 κ̣(αι) ist wohl nachträglich in den knappen Zwischenraum eingefügt. Für die sprachliche Zuordnung der Trinitätspersonen vgl. o. S. 29f zu PStraßb. gr. inv. 254 *recto* 10.

26-27 Die Lücke zu Beginn von **27** bietet ca. 6 Buchstaben mehr Platz, als Melk. Mark. mit προcφέρομέν cοι τὴν | λογικὴν καὶ ἀναίμακτον λατρείαν ταύτην beanspruchen würde. Da ein weiteres ταύτην nach λογικήν, wie in Sin. gr. 2148, eher unwahrscheinlich ist,[378] ist mit einer ähnlichen Formulierung wie in PStraßb. gr. inv. 254 *recto* 11 (o. S. 24) und PLitLond. 232 *recto* 11f (o. S. 45) zu rechnen, wobei aus Platzgründen zwischen λογικὴν und ἀναίμακτον jedoch κ(αὶ) statt τὴν zu setzen ist. Dieser Wortlaut entspricht dann genau Kacm. fol. 114r 79 Macomber: τὴν θυcίαν τὴν λογικὴν καὶ ἀναίμακτον λατρείαν ταύτην); vgl. Bohair. Kyrill. (Renaudot² 1, 40 l. 14sq.: *hoc sacrificium rationabile et hoc ministerium incruentum*).[379]

Qaṣr Ibrim fr. III c *recto*

Paralleltexte:

A. 1. spätantik/frühbyzantinisch; griechisch: PStraßb. gr. inv. 254 *recto* 18-27 (o. S. 24); PLitLond. 232 *recto* 17-23 (o. S.46).

B. Anaph. Melk. Mark.: Brightman 126, 11-18; Cuming 21, 21-22, 5.

C. 1. Anaph. Gr. Kyrill.: Kacm. fol. 114v-115r und 29 r/v (80 Macomber).

C. 2. Anaph. Sahid. Kyrill.: Prag kopt. Ms. II p. 4, 4-15 (123 Hažmuková).

C. 3. Anaph. Bohair. Kyrill.: Renaudot² 1, 40 l. 21-23 (entspricht *recto* **1-4**).

---

378 Nach Cumings Apparat zu 21, 17, der allerdings auch vermerkt, daß das andere ταύτην nach λατρείαν durchgestrichen ist.

379 Die in **27** von Frend/Dragas vorgenommene Ergänzung [λογικην και αναιμακ]τον ist zu kurz.

Zwischen dieser Vorderseite eines neuen Codexblatts und dem Ende des vorhergehenden Blattes in fr. III a/b *verso* fehlt ein Abschnitt der Markos / Kyrillosliturgie, dessen kürzeste bekannte Fassungen in PStraßb. gr. inv. 254 *recto* 14-18 (o. S. 24) bzw. in PLitLond. 232 *recto* 13-17 im vorliegenden Codex ohne weiteres in ungefähr 4 Zeilen Platz gefunden hätten.

1 Vor den Verben des Bittens fehlt entweder, wie in PStraßb. gr. inv. 254 *recto* 18 (o. S. 24) und vielleicht auch in PLitLond. 232 *recto* 17 (o. S. 46), ein Text wie [ἐφ' ἧ(ι) θυcίlα(ι) κ(αὶ) προcφορᾶ(ι)] oder aber [διό], wie in den meisten Mss. von Melk. Mark. (Cuming 21, 21) und Kacm. fol. 114v, bzw. das von Frend/Dragas eingesetzte [καί], wie in Vat. gr. 1970 (Brightman 126, 12).

1-2 Für die Ergänzung (ohne namentliche Anrede des Herrn) vgl. PStraßb. gr. inv. 254 *recto* 19, dazu von den Mss. der Melk. Mark. (Cuming 22, 1) Alex. 173 sowie Sin. gr. 2148 vor der Korrektur.

3-4 Schon in dem ähnlichen, voranaphorischen Gebet in fr. III a/b *recto* **18** ist die Benennung der Kirche (dort ohne καὶ ἀποcτολικῆc) mit unverbundenen Epitheta vorgenommen worden (so auch in Kacm. fol. 114v, mit vorausgehendem μνήcθητι τῆc εἰρήνηc). Die gleichen Epitheta in Melk. Mark. (Brightman 126, 13f; Cuming 22, 1f), deren Mss. außer dem Vat. gr. 1970 zusätzlich cου nach ἁγίαc schreiben.

4-5 Eine Ergänzung π̣[οι|μνιον] ohne cου scheint ebenfalls möglich,[380] da das rechte Ende von **4** mit π̣[οιμνι]| überdurchschnittlich lang wird. Gewisse Schwankungen an den rechten Zeilenlängen muß man aber wohl in Kauf nehmen. In fr. III a/b *recto* **23-24** (s.o.) ist übrigens zu ποιμν|ια getrennt worden.

7 Auf die Einsetzung des üblichen ἡμῖν hinter ειρ̣η̣[νην muß wohl verzichtet werden, da die Zeile andernfalls um ungefähr diese 4 Buchstaben zu lang würde. Der Platz würde ebenfalls δὸc ἡμῖν zulassen, doch erscheint diese Formulierung sonst in der Markosliturgie erst an etwas späterer, nur in mittelalterlichen Textzeugen erhaltener Stelle (Brightman 126, 21; Cuming 23, 11; Kacm. fol. 29v [80 Macomber]).

---

380 Umstritten ist die Ergänzung von cου in PStraßb. gr. inv. 254 *recto* 21 (o. S. 24); es fehlt in fast allen Mss. von Melk. Mark. (Cuming 22, 3) und in Kacm. fol. 29r (79 Macomber), steht aber in Vat. gr. 1970 (Brightman 126, 15) und ist wohl in PLitLond 232 *recto* 21 (o. S. 46) zu ergänzen.

Qaṣr Ibrim fr. III c *verso*

Paralleltexte:

A. 1. spätantik/frühbyzantinisch; griechisch: Qaṣr Ibrim fr. III d 7-11 (u. S. 124; entspricht *verso* **1-7**).

B. Anaph. Melk. Mark.: Vat. gr. 1970 (Brightman 127, 1-7); deutlich ferner steht die übrige Überlieferung (Cuming 24, 10f).

C. 1. Anaph. Gr. Kyrill.: Kacm. fol. 102r/v (80f Macomber).

C. 2. Anaph. Sahid. Kyrill.: Prag kopt. Ms. II p. 8, 15-9, 14 (128 Hažmuková).

2 ελπ- aspiriert schon Rom. 8, 20; dazu Blass/Debrunner/Rehkopf § 14 mit Anm. 2. Während die Mss. von Melk. Mark. ἀπελπιcμένων schreiben (Brightman 127, 3; Cuming 24, 11; vgl. auch Qaṣr Ibrim fr. III d 9 [u. S. 124]), bildet Kacm. fol. 102r regelmäßig ἀπηλπιcμένων.

3-4 Die Bezeichnungen Gottes als παράκληcιc τῶν ἀπαρακλήτων und παραμυθία τῶν ἀλγοῦντων fehlen in Melk. Mark. (vgl. Frend/Dragas 96), doch erscheint in Kacm. fol. 102r/v an genau derselben Stelle ἡ παράκληcιc τῶν ὀλιγοψυχούντων und ἡ παραμυθία τῶν λυπουμένων und in Prag kopt. Ms. II p. 9, 4-7 (vgl. die Übersetzung von Hažmuková 129: «Encouragement of those who are depressed; Comfort of those who are in sorrow»).

5 Zum dem richtigem Wortlaut ἡ ἀνάcταcιc τῶν πεπτωκότων würde weder das klar sichtbare finale ν noch die zu große Länge der Zeile passen. Der Schreiber hat sich die in Glaubensbekenntnissen häufig auftretende Verbindung εἰc ... ἀνάcταcιν νεκρῶν angelehnt. Ähnlich sinnlos war oben schon ευχαριcτια anstelle von ευχαριcτειν in fr. III a/b *verso* **18**. Vat. gr. 1970 der Melk. Mark. (Brightman 127, 4f), Kacm. fol. 102v und Prag kopt. Ms. II p. 9, 8f bieten hiernach noch eine bzw. zwei weitere derartige Bezeichnungen Gottes als Hoffnungsträger.

5-8 Vat. gr. 1970 (Brightman 127, 5) und Kacm. fol. 102v fügen zu ψυχῇ noch die Bestimmung χριcτιανῇ hinzu (nicht so Prag kopt. Ms. II p. 9, 10 und Qaṣr Ibrim fr. III d 10 [u. S. 124]), stimmen aber sonst bis auf ein ἀλλά vor καὶ ἡμῶν mit dem hier erhaltenen und rekonstruierten Text völlig überein.

7. Qaṣr Ibrim fr. III d (vgl. van Haelst, Catalogue nr. 766): Aus den Interzessionen der Markos/Kyrillosanaphora

Frend und Dragas[381] besorgten die Editio princeps dieses nur einseitig beschriebenen Pergamentstücks (größte Höhe 4, 7 cm, größte Breite 3, 2 cm).[382] Nach ihrer Meinung[383] trägt es dieselbe Handschrift wie fr. III a/b. Da fr. III a/b und c jedoch beidseitig beschrieben sind, ordneten sie fr. III d einem anderen liturgischen Buchexemplar zu.[384] Doch trotz eines ähnlichen Gesamtcharakters ist die vergleichsweise niedrigere, flachere Schrift wohl einem anderen Schreiber zuzuweisen, der vielleicht auch die Korrekturen in fr. III a/b und c (o. S. 104) vorgenommen hat. Mit seiner leeren Rückseite scheint das Fragment eher Rest eines Einzelblatts als einer Buchseite zu sein.[385]

Die Nähe von **3-11** zu Anaph. Melk. Mark. wurde schon bei Frend/Dragas 97 vermerkt, die daher ebd. 91 das Fragment einer «similar anaphoric sequence» wie Qaṣr Ibrim fr. III a-c zuordneten. Die ersten beiden Zeilen lassen sich entsprechend Anaph. Gr. Kyrill. rekonstruieren, so daß der ganze Text eine knappe Fassung aus den Interzessionsgebeten der mittelalterlichen Markos/Kyrillosliturgie darstellt. Mit den Interzessionsgebeten anderer Liturgien bestehen nur punktuelle Übereinstimmungen.

---

[381] W.H.C. Frend / G. Dragas, A eucharistic sequence from Q'asr Ibrim: JbAC 30 (1987) 90-98; dort 97; Photo der beschriebenen Seite auf Tafel 2b, der leeren Rückseite auf Tafel 2a.

[382] Da bei Frend/Dragas 97 die Maße fehlen, mußte nach der Photographie auf Tafel 2 b nachgemessen werden. Dort betragen die Abstände 4, 0 cm und 2, 8 cm. Zwar liegt das Fragment dort um 45° schief, so daß für die Berechnungen weder die o. Anm. 335 festgestellte Verkleinerung der Wiedergabe in der Höhe (83, 8 %) noch die Verkleinerung in der Breite (88, 6 %) in ihrer jeweiligen Reinform berücksichtigt werden kann, doch erlauben die Abweichungen, die höchstens 3 mm betragen, das Einsetzen von Mittelwerten. Die mutmaßliche Zeilenbreite der nach der Photographie angefertigten Textrekonstruktion beträgt 7, 3 cm, was in Wirklichkeit auf eine durchschnittliche Zeilenbreite von ca. 8, 5 cm umzurechnen ist.

[383] Frend/Dragas 90.

[384] Frend/Dragas 90. In der Tat sprechen die Textüberschneidungen mit fr. III c *verso* (o. S. 111) gegen eine Zusammengehörigkeit.

[385] Unwahrscheinlich wäre die Annahme einer einseitig beschriebenen liturgischen Rolle.

Vermutlich sollte das Einzelblatt die Interzessionen der in Qaṣr Ibrim fr. III a/b und c erhaltenen Markosliturgie in einem begrenzten Abschnitt variieren. Denselben Zweck erfüllte wahrscheinlich auch die «Athanasiosanaphora» (u. S. 135).

Qaṣr Ibrim fr. III d[386]

[εξαναϲτηϲον τουϲ εν μακροιϲ]
αρρωϲτ]η̣μ[αϲι κατακειμενουϲ
παρακα]λεϲο{με}ν̣ [τουϲ ενοχλου-
μενου]ϲ υπο πν(ευματ)ω̣[ν ακαθαρτων
τουϲ εν φ]υ̣λακοιϲ η̣ [μεταλλοιϲ η δι-
καιϲ η εξ]ωριαιϲ · η̣ [πικρα(ι) δουλεια(ι)
κατεχο]μενο⟨υ⟩ϲ ελε̣[ηϲον οτι ϲυ ει ο
θ(εο)ϲ ο λυ]ων τουϲ πεπε̣[δημενουϲ
ο ανορθ]ων τουϲ \`α´καθ̣[ορθωτουϲ
η ελπιϲ τ]ω̣ν απελπιϲμ̣[ενων παϲη(ι)
ψυχη(ι) θλιβομ]ε̣νη(ι) κ(αι) π[εριεχομενη(ι)
δοϲ ελεοϲ · δο]ϲ̣ αν̣[εϲιν · δοϲ

1-11 Hammerstaedt

Orthographica etc.: **4** [φ]υ̣λακοιϲ: φυλακαῖϲ **5** [εξ]ωριαιϲ: ἐξορίαιϲ **8** \`α´καθ[ορθωτουϲ]: ἀκατορθώτουϲ **9** απελπιϲμ̣[ενων]: ἀπηλπιϲμένων

[richte die auf, die in schlimmen] Krankheiten [darniederliegen]; ermuntere [die, die] von [unreinen] Geistern [belästigt werden]; erbarme dich derer, [die im] Gefängnis oder [in Minen (auf Zwangsarbeit) oder unter Anklage (**5**) *oder in der] Verbannung oder [in bitterer Versklavung] gehalten sind; [denn du bist der Gott, der] die Gefesselten befreit, [der] die nicht mehr Aufzurichtenden aufrichtet, [die Hoffnung] der Verzweifelten: [Allen]* (**10**) *bedrückten und in der Ausweglosigkeit befindlichen [Seelen gewähre Mitleid, gewähre] Erholung, [gewähre ...]*

386 Zur Textdarstellung s.o. S. 17.

Kommentar:

Paralleltexte:

A. 1. spätantik/frühbyzantinisch; griechisch: Qaṣr Ibrim fr. III d 1-7 (o. S. 124; entspricht hier **7-11**).

B. Anaph. Melk. Mark.: Vat. gr. 1970 (Brightman 126, 29-127, 6: *τοὺϲ ἐν μακροῖϲ ἀρρωϲτήμαϲι* προ*κατακειμένουϲ ἐξανάϲτηϲον, τοὺϲ ὑπὸ πνευμάτων ἀκαθάρτων ἐνοχλουμένουϲ* ἴαϲαι, *τοὺϲ ἐν φυλακαῖϲ ἢ ἐν μετάλλοιϲ ἢ δίκαιϲ* ἢ καταδίκαιϲ *ἢ* ἐν *ἐξορίαιϲ ἢ πικρᾷ δουλείᾳ* ἢ φόροιϲ *κατεχομένουϲ πάνταϲ ἐλέηϲον, πάνταϲ* ἐλευθέρωϲον· *ὅτι cὺ εἶ ὁ θεὸϲ* ἡμῶν *ὁ λύων τοὺϲ πεπεδημένουϲ ὁ ἀνορθῶν τοὺϲ* κατερραγμένουϲ *ἡ ἐλπὶϲ τῶν ἀπηλπιϲμένων ... πάϲῃ ψυχῇ* χριϲτιανῇ *θλιβομένῃ καὶ περιεχομένῃ δὸϲ ἔλεοϲ, δὸϲ ἄνεϲιν, δὸϲ* ἀνάψυξιν);[387] die übrigen Mss. entsprechen nur **1-9**: Cuming 23, 6-24, 11.

C. 1. Anaph. Gr. Kyrill.: Kacm. fol. 101v-102v (80 Macomber: *τοὺϲ ἐν μακροῖϲ ἀρρωϲτήμαϲι* προ*κατακειμένουϲ ἐξανάϲτηϲον· παρακάλεϲον τοὺϲ* καταπονουμένουϲ ἢ *ἐνοχλουμένουϲ ὑπὸ πνευμάτων ἀκαθάρτων*· ἐλευθέρωϲον *τοὺϲ ἐν φυλακαῖϲ ἢ* ἐν *μετάλλοιϲ ἢ* ἐν *δίκαιϲ ἢ* ἐν καταδίκαιϲ ἢ *ἐν ἐξορίᾳ ἢ πικρᾷ δουλείᾳ* ἢ φόροιϲ *κατεχομένουϲ*· πάνταϲ *ἐλέηϲον, πάνταϲ* ἐλευθέρωϲον· *ὅτι cὺ εἶ ὁ θεὸϲ* ἡμῶν *ὁ λύων τοὺϲ πεπεδημένουϲ ὁ ἀνορθῶν τοὺϲ* κατερραγμένουϲ ἡ *ἐλπὶϲ τῶν ἀπηλπιϲμένων ... πάϲῃ ψυχῇ* χριϲτιανῇ *θλιβομένῃ καὶ περιεχομένῃ δὸϲ ἔλεοϲ, δὸϲ ἄνεϲιν, δὸϲ* ἀνάψυξιν).

C. 2. Anaph. Sahid. Kyrill.: Prag kopt. Ms. II p. 8, 9-9, 12 (128 Hažmuková).

2 Der überlieferte Text ließe sich allenfalls zu einer Bitte wie [καὶ πάλιν παρακα]λέϲωμεν[herstellen (vgl. Qaṣr Ibrim fr. III a/b *recto* 16 [o. S. 107]; Qaṣr Ibrim 1964, 4/12 fr. 1/2+4 Vorderseite 3f [u. S. 129], was jedoch, abgesehen von der schwierigen grammatischen Verknüpfung des Folgenden, eher als Einleitung für eine Bitte um eine einzelne Personengruppe als um die folgenden Kurzbitten passen würde.

4-5 Vgl. Jakobosanaphora (Mercier 96, 6-8: μνήϲθητι, κύριε, ... τῶν ἐν δεϲμοῖϲ καὶ φυλακαῖϲ, τῶν ἐν αἰχμαλωϲίαιϲ καὶ ἐξορίαιϲ ... ὄντων πατέ-

---

[387] Die Worte, die mit dem in Qaṣr Ibrim fr. III d hergestellten Text übereinstimmen, sind kursiv, die dort noch erhaltenen Buchstaben unterstrichen gedruckt.

ρων τε καὶ ἀδελφῶν ἡμῶν); Const. apost. 8, 10, 15 (SC 336, 170: ὑπὲρ τῶν ἐν μετάλλοις καὶ ἐξορίαις καὶ φυλακαῖς καὶ δεσμοῖς ὄντων ... δεηθῶμεν. ὑπὲρ τῶν ἐν πικρᾷ δουλείᾳ καταπονουμένων δεηθῶμεν); ebd. 8, 12, 45 (ὑπὲρ τῶν ἐν ἀρρωστίαις, ὑπὲρ τῶν ἐν πικρᾷ δουλείᾳ, ὑπὲρ τῶν ἐν ἐξορίαις).

5 Vgl. Anaph. Basil. Byz. (Brightman 334a 26: τῶν ἐν βήμασι καὶ ἐν μετάλλοις καὶ ἐξορίαις ... ὄντων μνημόνευσον).

8 Abweichung von dem sonst üblichen Begriff κατερραγμένους.[388]

9 ἡ ἐλπὶς τῶν ἀπηλπισμένων auch in Anaph. Basil. Byz. (Brightman 335a 18f). Zur unaugmentierten Partizipform des Perfekts s.o. S. 122 zu Qaṣr Ibrim fr. III c *verso* 2.

10 Der in der Markos/Kyrillosliturgie geläufige Zusatz χριστιανῇ fehlt auch in Qaṣr Ibrim fr. III c *verso* 6 (o. S. 111) und Prag kopt. Ms. II p. 9, 10 (128 Hažmuková).[389]

---

[388] Zu korrigieren ist die Lesung κ⟦ατε⟧[ρραγμενους bei Frend/Dragas 97.

[389] Unzutreffend ist die Lesung von Frend/Dragas 97: [- - - τ]ω̣ν α̣β̣ο̣η[θητων].

8. Qaṣr Ibrim 1964, 4/12 (vgl. van Haelst nr. 766): Interzessionen der Markos/Kyrillosanaphora

Zuerst edierten Frend, Dragas und Kontoyiannis[390] diese vier mit schwarzer und roter[391] Tinte beidseitig beschriebenen Papierfragmente[392] als «Prayer relating to the Censing». Offenbar handelt es sich um Reste eines Euchologions.

Inzwischen hat sich gezeigt, daß die auf dem Photo vorgenommene und in der Editio princeps akzeptierte Zusammensetzung von fr. 2 und 3 verkehrt ist. Hingegen läßt sich fr. 2 an fr. 1 anfügen.[393] Während die Ersteditoren noch mit einer von ihnen als nubisch bezeichneten Sonderform der Markosliturgie hatten rechnen müssen, stimmt die Abfolge des Textes in seiner neuen Anordnung mit den Interzessionen der mittelalterlichen Markos/Kyrillosanaphora überein.[394]

Weitere Fortschritte ergaben sich bei der Vorbereitung dieser Edition. So ließen sich Paralleltexte für die bis dahin unidentifizierte Rückseite von Qaṣr Ibrim 1964, 4/12 fr. 3 (s.u.) finden und ermöglichten deren weitere Entzifferung. In Qaṣr Ibrim 1964, 4/12 fr. 1/2 (Vorderseite) **6** legte der Vergleich mit den Priesterworten einer voranaphorischen Bitte in Qaṣr Ibrim fr. III a/b *recto* 16-22 eine neue Ergänzung nahe, deren Anfangsbuchstaben sich in der Tat auf dem letzten, bis dahin auf beiden Seiten noch unidentifizierten Papierfetzchen befinden.[395] Somit stammen alle diese Papierfragmente von ein und demselben Blatt. Auf der Rückseite (fr. 1/2+4; s.u.) konnte die nunmehr mögliche Einfügung dieses Stückchens meine frühere Lesung korrigieren.

Auf den ersten Blick mag der Eindruck entstehen, daß diese Papierfragmente keine Interzessionen der Markos/Kyrillosanaphora, sondern Reste vor-

---

[390] W.H.C. Frend / G. Dragas / S. Kontoyiannis, Some further Greek liturgical fragments from Q'asr Ibrim: JbAC 35 (1992) 119-134, dort 127-129; Photos auf Tafel 3a-f.

[391] Neben den Rubriken ist auch das überdimensional geschriebene φ innen rot ausgemalt.

[392] Papierfragmente sind auch Qaṣr Ibrim fr. 4/15b (Frend/Dragas/Kontoyiannis 126f; Abb. Taf. 2 cd), fr. XIV b (ebd. 130f mit Abb. Taf. 4a: «brownish paper»).

[393] J. Hammerstaedt, Papierfragmente der Markusliturgie aus byzantinischer Zeit in Qaṣr Ibrim: ZPE 104 (1994) 287-291.

[394] Gegen eine Zuweisung zu voranaphorischen Bittgebeten s. im folgenden.

[395] Qaṣr Ibrim 1964, 4/12 fr. 4 *recto*; mit Änderungen gegenüber Frend/Dragas/Kontoyiannis war das Stückchen bei Hammerstaedt, Papierfragmente 291 neuediert worden.

anaphorischer Gebete, möglicherweise aus derselben Liturgie, enthalten. Die Struktur des Gebets für die Reisenden von Qaṣr Ibrim 1964, 4/12 fr. 1/2+4 (Vorderseite) **3-10** stimmt nämlich allem Anschein nach eng mit der voranaphorischen Bitte um den Frieden in Qaṣr Ibrim fr. III a/b *recto* 16-22 (o. S. 107) überein, während andererseits in den Fassungen der Markos/Kyrillosanaphora bisher keine Beispiele für solche, die Gebetsankündigung enthaltenden Priesterworte und für eine so ausführliche Gottesanrede zum Vorschein gekommen sind.[396] Zudem wird in Melk. Mark. die in Qaṣr Ibrim 1964, 4/12 fr. 1/2+4 Vorderseite **3-10** erkennbare Bitte für die Reisenden sowie das nunmehr in fr. 3 (Rückseite) identifizierte Gebet für das kirchliche Oberhaupt nicht nur in den anaphorischen Interzessionen,[397] sondern, in gleichem Wortlaut, bereits vor der eigentlichen Anaphora ausgesprochen.[398]

Trotzdem scheinen die Reste dieses Papierblattes aus Qaṣr Ibrim wesentlich besser mit den anaphorischen Interzessionen der Markos/Kyrillosliturgie vereinbar. Alle erhaltenen Bitten kehren nämlich in den anderen Textzeugen der Markos/Kyrillosanaphora in derselben Anordnung und vergleichbarem Abstand[399] wieder. Zudem finden die Bitten von fr. 1/2+4 (Rückseite) in den voranaphorischen Gebeten dieser Liturgie überhaupt keine Entsprechung. Auch die Bitte um das Gedeihen der Früchte erfolgt in den voranaphorischen Gebeten von Melk. Mark. zwar ebenfalls im Anschluß an das Gebet für die Reisenden (Brightman 119, 24-31; Cuming 13, 8f), schließt aber in keinem einzigen der Textzeugen das in fr. 3 (Vorderseite) erhaltene Ersuchen um die Segnung des Jahreskranzes ein.

Vermutlich bot das Euchologion nur die Worte des Priesters.[400]

---

396 Vgl. die Überlegungen von Engberding, Papyrus 69f zu der Totenfürbitte in PRyl. gr. 465 *verso* 11-21 (o. S. 91).

397 Für die Stellen s.u. im Kommentar.

398 Brightman 119, 20-22 bzw. Cuming 13, 6f (für die Reisenden); Brightman 121, 14f bzw. Cuming 15, 9f (für das Oberhaupt der Kirche).

399 Während die Paralleltexte für Ober- und Unterteil des Papierblattes jeweils recht eng aufeinander folgen, besteht zwischen den Paralleltexten für das untere Fragment der Vorderseite und das obere Fragment der Rückseite ein größerer Abstand: Brightman 127, 10f (fr. 1/2+4 Vorderseite) und 31f (fr. 3 Vorderseite); 129, 17-22 (fr. 1/2+4 Rückseite) und 129, 33-130, 3 (fr. 3 Rückseite).

400 Zu Qaṣr Ibrim 1964, 4/12 fr. 1/2+4 (Vorderseite) **3-10** s. den Kommentar.

Qaṣr Ibrim 1964, 4/12 fr. 1/2+4 (Vorderseite)[401]

(15)] . . . [
(14)]*εκφ(ωνωc)·* δι' ο̣υ̣
υπερ των αποδη]μον : και πα-
λιν παρ]α̣κα̣[λεc]ωμεν των
παντο]κρατορα θ(εο)ν τον π(ατε)ρα
το̣[υ κ(υριο)υ και] θ(εο)υ και c(ωτη)ρ(ο)c ημων
Ι(ηcο)υ [Χ(ριcτο)υ υπερ] τον αποδημηcαν-
των αδελ]φων ημων · η
μελλοντων] αποδιμεν · ι-
[να *(+12)*] . των ·

2 δι' ο̣υ̣ legit Hammerstaedt **3** supplevit Hammerstaedt: fortasse [περι των αποδη]μον **3-4** και πα|[λιν παρ]α̣κα̣[λεc]ωμεν Hammerstaedt **5-6** θ(εο)ν τον π(ατε)ρα | το̣[υ κ(υριο)υ και] Hammerstaedt **7** supplevit Hammerstaedt: fortasse [Χ(ριcτο)υ περι] **7-8** αποδημηcαν[των] Hammerstaedt: αποδημηcαν[ταc] Frend/Dragas/Kontoyiannis **9** [μελλοντων] Hammerstaedt: [μελλονταc] Frend/Dragas/Kontoyiannis

Orthographica etc.: **3** [αποδη]μον: ἀποδήμων **4** των: τόν **7** τον: τῶν **9** αποδιμεν: ἀποδημεῖν

[...] (VERNEHMLICH:) durch den (dir die Herrlichkeit zukommt mit dem Heiligen Geist bis in die Ewigkeiten der Ewigkeiten: Amen). [FÜR DIE] REISENDEN: Und laßt uns nun wiederum den **(5)** *Allherrscher, Gott, den Vater unseres [Herrn und Gottes] und Erlösers Jesus [Christus] anrufen [für] unsere verreisten Brüder oder diejenigen, die verreisen [werden], damit* **(10)** *[...]*

Qaṣr Ibrim 1964, 4/12 fr. 3 (Vorderseite)[402]

(8/9)] . [*(10)*

[401] Bei Frend/Dragas/Kontoyiannis fr. 1 *verso*, fr. 2 (zusammen mit 3) *verso*, fr. 4 *recto*. Zur Darstellung des griechischen Textes dieser Papierfragmente s.o. S. 17. Zudem sind die rot geschriebenen Buchstaben durch Kursivdruck gekennzeichnet. Für die vom Schreiber gesetzten Akzente und Tremata sei auf die Editio princeps mit den Abbildungen verwiesen.

[402] Bei Frend/Dragas/Kontoyiannis fr. 3 (zusammen mit 2) *verso*.

των] ϲ̣τεφανω̣[ν του ενιαυ-
του τ]η̣ϲ χριϲτοτη̣[τοϲ ϲου

2-3 Hammerstaedt

Orthographica etc.: **2** [των] ϲ̣τεφανω̣[ν]: τὸν ϲτέφανον **3** χριϲτοτη̣[τοϲ]: χρηϲτότητοϲ

[Segne auch (?) nun (?), Herr (?), den] Kranz [des Jahres deiner] Rechtschaffenheit.

Qaṣr Ibrim 1964, 4/12 fr. 1/2+4 (Rückseite)[403]

κ]α̣ι ευα̣[ρεϲτα δωρηϲαι και δ-
οϲ ημιν μ̣[εριδα και κληρον
εχει⟨ν⟩ μετ̣α̣ τ̣ων αγ[ιων ϲου
των προϲφερο̣[ντων τ]α̣-
ϲ θ̇υϲιαϲ προϲδε{ι}ξ̣[αι ειϲ] τ̣ον
ου(ρα)νον και ελ̣α̣ ̣ [̣ ̣ ̣] ̣ ϲου
θυϲιαϲτηριον [ειϲ οϲμην
ευωδειαϲ · τ̣[*(8)*
̣ ̣ ̣ [*(14)*

1-6 Hammerstaedt **6** fort. ελ̣λ̣ο̣[γιμο]ν̣ ϲου

Orthographica etc.: **5-6** τ̣ον | ου(ρα)νον: τὸ οὐράνιον **8** ευωδειαϲ: εὐωδίαϲ

[Und gewähre ihnen ein christliches] und wohlgefälliges [Lebensende und] gib uns, daß wir einen Anteil [und das (gemeinsame) Los] haben zusammen mit [deinen] Heiligen. Der Darbringenden Opferungen nimm an in deine himmlische und ... (?) Opferstätte [für den Duft] des Wohlgeruchs; ... [...]

---

403 Bei Frend/Dragas/Kontoyiannis fr. 1 *recto*, fr. 2 (zusammen mit 3) *recto*, fr. 4 *verso*.

Qaṣr Ibrim 1964, 4/12 fr. 3 (Rückseite)[404]

[του αγι-]
1 ωτατου κ]α̣ι̣ μα̣κ̣α̣ρ̣[ιωτα-
του ̣ ̣ ̣ ̣] ̣ ω̣υ· ϲυντ̣[ηρων
ϲυντηρ]η̣ϲον ημιν [αυτον
|| [ετεϲιν πολλοιϲ - - -]

0-4 Hammerstaedt **2** ̣ ω̣υ: ω̄ῡ Frend/Dragas

[des heiligsten] und seligsten ... (?); bewahre [ihn] uns wachsam || [für viele Jahre ...]

Kommentar:

Qaṣr Ibrim 1964, 4/12 fr. 1/2+4 (Vorderseite)

1 Spuren von drei, falls der erste ein ω̣ sein sollte, von zwei Buchstaben.

2 Der laut gesprochene Gebetabschluß, der mit dem Wortlaut δι' οὗ ϲοι δόξα εἰϲ τοὺϲ αἰῶναϲ τῶν αἰώνων am Ende eines Interzessionsgebets in PStrasb. gr. inv. 254 *verso* 25f (o. S. 26) auftritt, steht auch hier nicht am Ende der gesamten Anaphora, sondern mitten in einer liturgischen Sequenz (vgl. o. S. 23). Nur die allerersten Anfangsworte solch einer Doxologie bietet (voranaphorisch) auch Qaṣr Ibrim fr. III a/b *verso* 8 (δι' οὗ καὶ μεθ' οὗ; o. S. 108; vgl. dort fr. III a/b *recto* 11).

3 Vgl. die Diakonenworte Kacm. fol. 115v (81 Macomber): προϲεύξαϲθε ὑπὲρ τῶν ἀποδήμων πατέρων τε καὶ ἀδελφῶν ἡμῶν κτλ. Noch näher die voranaphorischen Diakonenworte im Vat. gr. 1970 von Mark. (Brightman 119a 21): προϲεύξαϲθε ὑπὲρ τῶν ἀποδήμων.

3-10 Für die Textkonstitution dieser Worte mit καὶ πάλιν παρακαλέϲωμεν τὸν θεόν... ὑπέρ (oder περί)[405] ... ἵνα[406] vgl. die voranaphorische Für-

[404] Bei Frend/Dragas/Kontoyiannis fr. 3 (zusammen mit 2) *recto*.

[405] Der Gebrauch von ὑπέρ und περί in solchen Bitten ist schwankend. Während OTait-Petrie 415 *recto* 11 παρακαλέϲωμεν ... περί ... τοῦ πάπα (vgl. ebd. 9: περὶ τοῦ πάπα; weiterhin ebd. 1: περὶ τῆϲ εἰρήνηϲ; ebenso die Gebetsüberschriften in Basil. Alex.: Renaudot[2] 1, 58 εὐχὴ περὶ τῆϲ εἰρήνηϲ; ebd. 59 εὐχὴ περὶ τοῦ πάπα; ebd. 60 εὐχὴ περὶ τῆϲ ἐπιϲυναγωγῆϲ) schreibt, bietet Const. apost. 8, 6, 5 (SC 336, 152) ὑπὲρ τῶν κατηχουμένων ... παρακαλέϲωμεν. Die «Athanasiosanaphora» konstruiert δεόμεθα καὶ παρακαλοῦμεν mit περὶ τῆϲ εἰρήνηϲ (u. S. 135).

bitte in Qaṣr Ibrim fr. III a/b *recto* 16-22 (καὶ πάλιν παρακαλέcωμεν τὸν παντοκράτορα ... περί ... ὅπωc; o. S. 197) und OTait-Petrie 415 *recto* 9-12 (o. Anm. 405).

Die Worte sind aller Wahrscheinlichkeit nach dem Priester zuzuweisen. Zwar enthalten Kacm. und Bohair. Kyrill. innerhalb der anaphorischen Interzessionen Aufforderungen des Diakons an die Gemeinde (vgl. o. Anm. 367), doch erfolgen diese sämtlich im Imperativ der 2. Person Plural. Andererseits läßt Bohair. Kyrill. abweichend von den sonstigen Bitten, die der Priester nach der vom Diakon ausgesprochenen Gebetsaufforderung direkt an Gott richtet,[407] gerade in der Bitte für die Reisenden die vom Diakon an die Gemeinde gesprochene Aufforderung durch den Priester fortführen: (Diakon: *orate pro patribus, fratribusque nostris peregre profectis* (Priester): *et pro illis qui designaverunt ad quemcumque locum proficisci etc.* (Renaudot² 1, 40, l. 33-36).[408]

Durch ihre besondere Form unterscheidet sich diese Fürbitte vom gängigen Wortlaut der Markos/Kyrillosliturgie, die die Bitte ohne Umschweife ausspricht. Inhaltlich haben die Zeilen **7-9** folgende Entsprechungen:

B. mittelalterlich, melkitisch (Melk. Mark.): Brightman 127, 10f bzw. Cuming 24, 16.

C. 1. Kyrillosanaphora griechisch (Gr. Kyrill.): Kacm. fol.115v (81 Macomber).

C. 2. Kyrillosliturgie sahidisch (Sahid. Kyrill.): Prag kopt. Ms. II p. 10, 3f (131 Hažmuková); Coptica Lovaniensia nr. 29

C. 3. Kyrillosanaphora bohairisch (Bohair. Kyrill.): Renaudot² 1, 40, l. 32-36.

Das Verbum προcεύχεcθαι tendiert in solchen Gebeten allerdings zu ὑπέρ (Ausnahme in der vom Korrektor hergestellten Fassung von Qaṣr Ibrim fr. III a/b *recto* 22 (s.o. Anm. 371). So ruft der Diakon (vgl. o. S. 115) in Basil. Alex. (Renaudot² 1, 59) προcεύξαcθε ὑπέρ τῆc εἰρήνηc. Zahlreiche weitere Beispiele für προcεύχεcθαι mit ὑπέρ in Kacm. und Melk. Mark. (Beispiele im Kommentar zu **3**; weiterhin o. Anm. 365).

406 Die Konjunktion ἵνα erscheint regelmäßig in den Diakonenworten προcεύξαcθε κτλ. der Interzessionen von Kacm. (z.B. fol. 115v [81 Macomber]).

407 So spricht z.B. der Diakon *orate pro patribus etc.*, während der Priester mit *memento, Domine, patrum etc.* fortfährt (Renaudot² 1, 41, l. 27sq.).

408 Zur außeranaphorischen Sprecherzuweisung von Gebetseinleitungen des Typs καὶ πάλιν παρακαλοῦμεν ... τὸν θεὸν περί etc. s.o. S. 115.

9-10 Vom ersten erhaltenen Buchstaben in **10** ist die rechte Vertikale und die linke obere Ecke eines ν̣ sichtbar; möglich wäre aber auch ein υ̣; dann liegt vielleicht eine ähnliche Formulierung wie Kacm. fol. 115v vor: ἵνα Χριϲτὸϲ ὁ θεὸϲ ἡμῶν ἐπιϲτρέψῃ αὐτοὺϲ εἰϲ τὰ οἰκεῖα αὐτῶν.

Qaṣr Ibrim 1964, 4/12 fr. 3 (Vorderseite)

Paralleltexte:

B. mittelalterlich, melkitisch (Melk. Mark.): Brightman 127, 31f bzw. Cuming 25, 10f; 26, 25; 26, 38 (εὐλόγηϲον καὶ νῦν, κύριε, τὸν ϲτέφανον τοῦ ἐνιαυτοῦ τῆϲ χρηϲτότητόϲ ϲου)

C. 1. Kyrillosanaphora griechisch (Gr. Kyrill.): Kacm. fol. 46r (82 Macomber): εὐλόγηϲον τὸν ϲτέφανον τοῦ ἐνιαυτοῦ τῆϲ χρηϲτότητόϲ ϲου.

C. 2. Kyrillosliturgie sahidisch (Sahid. Kyrill.): Prag kopt. Ms. II p. 11, 16f (133 Hažmuková); Coptica Lovaniensia nr. 29.

Da der rechte und linke Rand fehlen, ist die hier vorgenommene Zeilenabgrenzung hypothetisch.

1 Die Zeilenunterkante unterschreitendes gekrümmtes Ende von ξ̣ oder ζ̣.

Qaṣr Ibrim 1964, 4/12 fr. 1/2+4 (Rückseite)

Paralleltexte:

A. 1. spätantik/frühbyzantinisch; griechisch: PStraßb. gr. inv. 254 *verso* 17f (o. S. 26).

B. Anaph. Melk. Mark.: Brightman 129, 17-22 bzw. Cuming 30, 32-31, 3 (ἡμῶν δὲ τὰ τέλη τῆϲ ζωῆϲ χριϲτιανὰ καὶ εὐάρεϲτα καὶ ἀναμάρτητα δώρηϲαι· καὶ δὸϲ ἡμῖν μερίδα καὶ κλῆρον ἔχειν μετὰ πάντων τῶν ἁγίων ϲου. τῶν προϲφερόντων τὰϲ θυϲίαϲ, τὰϲ προϲφορὰϲ, τὰ εὐχαριϲτήρια πρόϲδεξαι, ὁ θεόϲ, εἰϲ τὸ ὑπερουράνιον καὶ νοερόν ϲου θυϲιαϲτήριον, εἰϲ τὰ μεγέθη τῶν οὐρανῶν κτλ.

C. 1. Anaph. Gr. Kyrill.: Kacm. fol. 105v+122v+106r (87 Macomber; nur die Priesterworte) ἡμῶν δὲ πάντων τὰ τέλη χριϲτιανὰ καὶ εὐάρεϲτα ἐνώπιόν ϲου, κύριε, ⟨δώρηϲαι⟩· καὶ δὸϲ ἡμῖν μερίδα καὶ κλῆρον ἔχειν μετὰ πάντων τῶν ἁγίων ϲου. τῶν προϲφερόντων ... τὰϲ θυϲίαϲ, τὰϲ προϲφοράϲ, τὰ εὐχαριϲτήρια πρόϲδεξαι, ὁ θεόϲ, ἐπὶ τὸ ἅγιον καὶ ὑπερουράνιον καὶ νοερόν cου θυcιαcτήριον, εἰc ὀcμὴν εὐωδίαc, εἰc τὰ μεγέθη cου, εἰc τὸν οὐρανόν, κτλ.

C. 2.Anaph. Sahid. Kyrill.: Weißes Kloster Z 100 p. 40, 32-41, 6.

C. 3. Anaph. Bohair. Kyrill.: Renaudot^{2} 1, 42, l.1-8 (entpricht **4-8**).

5-6 Der allein noch sichtbare Fuß des τ̣ in **5** steht nahe am nachfolgenden Omikron, wie auch in fr. 3 (Vorderseite) **3**. Bei den übrigen Textzeugen der Markos/Kyrillosanaphora steht εἰc τὸν οὐρανὸν nur (leicht verschoben, dort aber dadurch syntaktisch sinnvoll) in Kacm. (s.o.).

6 Die Buchstaben λ̣α̣ sehen merkwürdig aus und scheinen auch keinen Sinn zu geben. Danach könnte ο̣ oder c̣, vielleicht auch ε̣ folgen; vgl. Cosm. Indic. 7, 97 (SC 197, 165): οἱ ἱερεῖc ... εὔχονται περὶ μὲν τῶν προcφερόντων λέγοντεc· τὸ εὐχαριcτήριον τῶν δούλων cου πρόcδεξαι εἰc τὸ οὐράνιον καὶ ἐλλόγιμόν cου θυcιαcτήριον; zu ἐλλόγιμοc in solchem Zusammenhang Peterson a.O. (o. Anm. 308) 72.

7-8 εἰc ὀcμὴν εὐωδίαc steht an entsprechender Stelle in Kacm. (s.o.), Sahid. Kyrill. und Bohair. Kyrill., während die Wendung im Vat. gr. 1970 der Melk. Mark. ebenfalls im Anschluß an die Worte εἰc τὸ ὑπερουράνιόν cου θυcιαcτήριον im voranaphorischen Weihrauchgebet erscheint (Brightman 123, 34-124, 1).

Qaṣr Ibrim 1964, 4/12 fr. 3 (Rückseite)

Paralleltexte:

B. Anaph. Melk. Mark.: Brightman 129, 33-130, 3; Cuming 32, 8-11.[409]

C. 1. Anaph. Gr. Kyrill.: Kacm. fol. 123v-124r (88 Macomber).

C. 2. Anaph. Sahid. Kyrill.: Weißes Kloster Z 100 p. 41, 24-29.

C. 3. Anaph. Bohair. Kyrill.: Renaudot^{2} 1, 42, l. 22sq.

2 Beschreibung der (mir weiterhin zweifelhaften) rubrizierten Buchstaben in Hammerstaedt, Papierfragmente 291.

3 ἡμῖν steht in Melk. Mark. nur in der voranaphorischen Bitte (o. Anm. 297), ist jedoch auch in den anaphorischen Interzessionen von Kacm. fol. 124r überliefert.

---

[409] Die voranaphorischen Parallelen s.o. Anm. 297.

9. «Athanasiosanaphora» aus Qaṣr Ibrim (vgl. van Haelst nr. 766): Bitte um Frieden und für die Kirche

Editio princeps mit Übersetzung und Beschreibung von Frend und Muirhead, die dieses einseitig beschriebene Oberteil eines Pergamentblattes (10 x 8 cm) als Seite aus einem Gebetbuch betrachteten.[410] Die reiche Verzierung des oberen Randes und die wie bei Qaṣr Ibrim fr. III d (o. S. 123) leergelassene Rückseite könnten freilich darauf hinweisen, daß es sich um ein Einzelblatt handelt.[411]

«Athanasiosanaphora»[412]

ανα]φ̣ορα του αγιου
A]θ̣α̣ν̣αcιου αρχηε̣-
πι]cκ(οπου) κ(υρι)ε ο θ(εο)c ο παν-
τ]ο̣κρατωρ : ⟨ο π(ατη)ρ⟩ του κ(υριο)υ
η]μ̣ων : I(ηcο)υ X(ριcτο)υ : δεομε-
θ]α κ(αι) παρακαλουμε[ν
cε] περη της αν̣ω̣-
θεν] ηρηνης π(ατε)ρα
(5/6)] της αγιας μο-
νη⟨c⟩ κα]θ̣ολη κη⟨c⟩ κ(αι) α-
ποcτολικ]η̣⟨c⟩ c̣ο̣υ̣ ε̣κ⟨κ⟩λ̣η-
[cιαc]

2-3 αρχηε̣|[πι]cκ(οπου) Hammerstaedt: αρχηε|[π(ι)]c(κοπου) : Frend/Muirhead **4** ⟨ο π(ατη)ρ⟩ Hammerstaedt **6-7** παρακαλουμε[ν | cε] Hammerstaedt: παρακαλουμε|[ν] Frend /

[410] W.H.C. Frend / I.A. Muirhead, The Greek manuscripts from the cathedral of Q'asr Ibrim: Muséon 89 (1976) 43-49; das vorliegende Stück edierten sie ebd. 47-49, ohne eine Sigle hierfür mitzuteilen. Auf der an anderer Stelle, bei Frend/Dragas Tafel 3 d publizierten Photographie betragen die Maße des Fragments 6 cm bzw. 4,8 cm. Das Bild ist also auf 60 Prozent verkleinert.

[411] Schwierigkeiten würde die Annahme einer liturgischen Rolle (in Längsrichtung) bereiten, da knapp 2 cm über der ersten Zeile ein glatter oberer Rand erkennbar ist.

[412] Zur Textdarstellung s.o. S. 17.

Muirhead **9** fortasse [κ(αι) περη] (=καὶ περί) **10** [κα]θοληκ̣η⟨c⟩ κ(αι) α|[ποcτολικ]η̣⟨c⟩ c̣ο̣υ̣ εκ⟨κ⟩λ̣η|[cιαc] Hammerstaedt: [απ]οcτοληκη(c) κ(αι) κα|[θολικη(c)] εκ(κ)λη|[cια(c)] Frend / Muirhead

Orthographica etc.: **2-3** αρχηε|[πι]cκ(οπου): ἀρχιεπιcκόπου **7** περη: περί **8** ηρηνηc: εἰρή-νηc **10** [κα]θ̣οληκη⟨c⟩ : καθολικῆc

Anaphora des heiligen Erzbischofs Athanasios: Herr, Gott, Allherrscher, <Vater> unseres Herrn (**5**) *Jesus Christus, wir bitten und rufen [dich] an für den himmlischen Frieden, (dich, den) Vater, [und für] deine heilige, einzig* (**10**) *allgemeine und apostolische Kirche*

Kommentar:

Obgleich die Schrift ebenso wie in Qaṣr Ibrim fr. III a/b, c[413] (und d)[414] vom Nubischen beeinflußt ist, kann sie nicht einem dieser beiden Schreiber zugewiesen werden. Die griechische Sprache beherrschte er freilich nicht besser als jene, wie neben den orthographischen Eigenheiten besonders der Wegfall der Genitivendungen in **10-11** und der in **4** vor τοῦ κ(υρίο)υ zu erwartenden Worte ὁ π(ατή)ρ zeigt. Der das [cέ] (**7**) weiterführende Akkusativ π(ατέ)ρα (**8**) steht von τοῦ κ(υρίο)υ [ἡ]μ̣ῶν Ἰ(ηco)ῦ Χ(ριcτο)ῦ (**4-5**) zu weit entfernt, so daß diese Genitive nicht von ihm abhängig sein können. Auszuschließen ist freilich auch die von Frend und Muirhead in der Übersetzung nur unter Vorbehalt hergestellte Verbindung des an dieser Stelle nicht leicht verständlichen π(ατέ)ρα mit den folgenden Worten,[415] zumal sich in der an π(ατε)ρα anschließenden Lücke zu Beginn von **9** weiterer Text befunden haben muß. Der Imperativ μνήcθητι[416] wäre für diese wohl zu lang. Nicht auszuschließen ist, daß nach einem das [cε] in **7** fortführenden Einwurf π(ατε)ρα in der Lücke κ(αι) περη (=καὶ περί) stand.

In den Interzessionen von Melk. Mark. wird ohne vorherige ausführliche Titulatur Gottes erst um die Kirche, danach um den Frieden gebetet (vgl. Brightman 126, 12-17; Cuming 22, 1-4). Die hier erscheinende Form einer

---

[413] S.o. S. 104.

[414] S.o. S. 123.

[415] Frend/Muirhead 49: «O Father (?) of the holy ... Church ... ».

[416] Vgl. den Beginn der Interzessionen in Melk. Mark. (Brightman 126, 13; Cuming 22, 1).

Bitte um den Frieden der Kirche weist größere Nähe zu Kacm. fol. 114v[417] und den (allerdings voranaphorischen) Worten in Qaṣr Ibrim fr. III a/b *recto* 17-19 auf.[418] Doch erschwert hier der Einschub von π(ατέ)ρα in **8**, den Genitiv ἐκκληϲίαϲ von εἰρήνηϲ direkt abhängen zu lassen.

1 φ̣ rechtes unteres Viertel mit Fuß und Teil der Rundung.

2 θ̣ rechter Rand mit Spur von Querstrich; ε̣ an dem vertikalem Strich, den oben links ein Strichlein mit dem vorhergehendem η̣ verbindet (vgl. ε am Ende von **5**), sind der rechts angesetzte mittlere und untere Querstrich schwach zu erkennen.

4 Von ο̣ fehlt ein Drittel links oben; eine Schreibung mit ω (wie Qaṣr Ibrim fr. III a/b *recto* 16 (im Akkusativ; o. S. 107) und *recto* 23 sowie *verso* 16 [im Vokativ; vgl. Anm. 230]) ist jedoch aus Platzgründen nicht anzunehmen.

6 Mit dem am Zeilenende ergänzten [ν] wird die in **9** sichtbare Zeilenlänge nicht überschritten.

7 ν̣ stark rechtsgeneigt, ohne rechte Vertikale; ω̣ rechte Hälfte. Mit der von Frend/Muirhead vorgenommenen Ergänzung vgl. die voranaphorischen Bitten der Jakobosliturgie (Mercier 52, 17; 72, 9): ὑπὲρ τῆϲ ἄνωθεν εἰρήνηϲ.

10 Von θ ist das rechte, in ο übergehende Ende des Querstrichs erhalten (ähnliche Junktur von θ mit ϲ in **3**). Im übrigen verbindet sich μόνοϲ in dieser Formel natürlich immer mit καθολικόϲ (vgl. z.B. PStraßb. gr. inv. 254 *recto* 20 [o. S. 24]; Qaṣr Ibrim fr. III c *recto* 1f [o. S. 110]; fr. III a/b *recto* 18 [o. S. 107]).

11 ϲ̣ linkes, vertikales Segment; ο̣ runde Kuppe; υ̣ beide Schrägstriche.

---

417 79 Macomber: δεόμεθα καὶ παρακαλοῦμέν ϲε, φιλάνθρωπε κύριε ὁ θεὸϲ ἡμῶν, μνήϲθητι, κύριε, τῆϲ εἰρήνηϲ τῆϲ ἁγίαϲ μόνηϲ καθολικῆϲ καὶ ἀποϲτολικῆϲ ϲου ἐκκληϲίαϲ.

418 S.o. S. 107: περὶ τῆϲ εἰρήνηϲ τῆϲ ἁγίαϲ μόνηϲ καθολικῆϲ αὐτοῦ ἐκκληϲίαϲ.

10. PVindob. G 19337 (van Haelst, Catalogue nr. 637): Exzerpt des Anaphorenbeginns in den *Constitutiones apostolicae* (8, 12, 6-7)

Abb. Taf. VII;[419] Editio princeps von Wessely.[420] Erst Mercati wies darauf hin, daß der Text Const. apost. 8, 12, 6f (SC 336, 180) wiedergibt.[421] Wessely datierte das nur auf der Vorderseite (Fasern horizontal) beschriebene, 18, 5 cm hohe und in seinem jetzigen Erhaltungszustand noch 20, 5 cm breite Blatt[422] ins 6., Sanz noch ins 5. Jahrhundert.[423]

PVindob. G. 19937[424]

\+ ἀρχ̣[ὴ τῆc ἀναφορᾶc το]ῦ̣ ἁγίου ̣ ̣ ̣ (̣ ?) [̣ ̣ ̣ διὰ τοῦ
Ῥωμ̣[αίου πάππα ἐν] τ̣αῖc ἀποcτολικαῖc δ[ιαταγαῖc·

[419] Die Revision am Original erfolgte in Wien. Wenn bei dieser Neuedition Fortschritte gegenüber der auf der Grundlage von Wesselys Lesarten erfolgten Edition von Mercati, Frammento erzielt werden konnte, ist dies hauptsächlich der sorgfältigen Arbeit eines Konservators der Österreichischen Nationalbibliothek zu verdanken, der ein den bisherigen Editoren unbekanntes Fragment mit den Zeilenanfängen von **7-11** an die linke untere Ecke und ein weiteres am rechten Ende von **9-10** eingepaßt hat. Herrn Hofrat Univ.-Doz. Dr. H. Harrauer, dem Direktor der Papyrussammlung der Österreichischen Nationalbibliothek, danke ich für die Erlaubnis zur Publikation der Photographie.

[420] C. Wessely, Les plus anciens Monuments du Christianisme écrits sur papyrus 2, 210 = PO 18, 3 (1924) 434f.

[421] G. Mercati, Un frammento della liturgia Clementina su papiro: Aegyptus 8 (1927) 40-42; ebd. 41 mit Anm. 1. Wie neben der Herkunftsangabe im Titel auch das Ende des Textes in **11** zeigt, enthält die Seite ein Exzerpt (Mercati ebd. 42).

[422] Der obere Rand beträgt 1, 5 cm, der untere Rand 3, 5 cm, der linke Rand 2 cm. Rechts bricht das Blatt ca. 1 cm vor Ende der längsten erhaltenen Zeile (**7**) ab. Wenn der Rand rechts ebenfalls 2 cm breit war, betrug die Gesamtbreite mindestens 23, 5 cm.

[423] P. Sanz, Christliche Papyri aus der Papyrussammlung der Nationalbibliothek zu Wien, handschr. Diss. Wien (1936) 117-122, ebd. 117f.

[424] Zur Textdarstellung s.o. S. 17. Akzente in Form eines Akut: ἄξιον, δίκαιον, πάντων (**3**), ὄντα (**5**), αγένητον, ἀν[αρχον], αβαcίλευτον (**6**), αδέcποτον (**7**), πάcηc, γενέ[cεωc], πάντοτε (**8**), ἐχ̣[οντα] (**9**), τίνοc, [α]φετηρίαc, παρῆλθεν, cύ (**10**), ἀναρ[χοc], [γ]νώcιc, αΐδιοc, ὅραcιc (**11**); Zirkumflex: αληθῶc (**3**), αγαθοῦ (**7**); die beiden Artikel in **11** haben Spiritus (in Form eines modernen Lenis). In ου (**5**) befindet sich über ο ein Akzent aus einem kurzen Querstrich, der rechts auf eine kurze Vertikale trifft (von Sanz 118 mit rechter Hälfte eines H verglichen). Zwischen παρῆλθεν und cύ (**10**) ist mit einer μέcη interpungiert.

ἄξιον καὶ δίκαιον ἀληθῶς πρὸ πάντων ἀν̣[υμνεῖν cε τὸν
ὄντως ὄντα θ(εὸ)ν τὸν πρ̣ὸ πάντων τ̣⸢ῶ̣⸣[ν γενητῶν
5 ὄντα, ἐξ οὗ πᾶcα πατριὰ̣ ἐν οὐ(ρα)νοῖc
κ̣[(αὶ) ἐπὶ γῆc ὀνομάζεται,
6 τὸν μόνον ἀγένητον κ(αὶ) ἄν[αρχον]
κ̣(αὶ) ἀβαcίλευτον κ[(αὶ)
7 ἀδέ̣//c̣ποτον κ(αὶ) ἀνενδεῆ̣, [τὸν παντὸc] ἀγαθοῦ χορηγό̣[ν,
τὸν πά̣//cηc [αἰτ]ίαc κ(αὶ) γενέ[cεωc κρείττο]να, τὸν πάντοτε
9 κατὰ τὰ αὐτ̣//[ὰ] κ(αὶ) ὡcαύτωc
ἔχ̣[οντα· ἐ]ξ̣ [οὗ τὰ π]ά̣ντα, καθά-
10 περ ἔκ τινοc̣ // [ἀ]φετηρίαc, εἰc̣ τὸ εἶν̣αι παρῆλθεν · cὺ γὰ[ρ
εἶ ἡ ἄναρ//[χοc γ]νῶcιc, ἡ ἀΐδιοc ὅραcιc.

1 ἀρχ̣[ὴ τῆc ἀναφορᾶc το]ῦ̣ ἁγίου Sanz; cetera Hammerstaedt, fortasse Ἰ̣α̣κ̣ώ̣[βου διὰ τοῦ]: Κ[λήμεντοc τοῦ] Sanz **2** Ῥωμ̣[αίου πάππα ἐν] vel Ῥώμ̣[ηc ἐπιcκόπου ἐν] Hammerstaedt; δ[ιαταγαῖc] vel δ[ιατάξεcιν] Mercati **3** ἀν̣[υμνεῖν cε τόν] Mercati: αἰ[νεῖν cε τόν] Wessely **4-6** supplevit Mercati **7-9** initia praebet fragmentum a bibliothecario quodam Vindobonensi adiunctum **7** [τὸν παντός] Mercati: [- - - παντός] Wessely **8-9** supplevit Mercati **10-11** initia ex novo frustulo sumpta; reliqua frustulis recte compositis legit Mercati

Lectiones cum Constitutionum apostolicorum manuscriptis collatae:[425] **3** ἄξιον καὶ δίκαιον ἀληθῶc: ἄξιον καὶ δίκαιον ὡc ἀληθῶc *a*, ἄξιον ὡc ἀληθῶc καὶ δίκαιον *HM* **4** τὸν πρὸ πάντων τῶν γενητῶν: τὸν πρὸ τῶν γενητῶν Const. apost. (*c*: πρὼ τῶν, *h*: πρώτων; *ch d m*: γεννητῶν) **5** οὐρανοῖc item *NM*: οὐρανῷ *H* **6** αγένητον item *v*: ἀγέννητον *HN m* **7** καί item *ch*: τόν *ay NM* **9** κατά item *H s M*: καί *d*; ὡcαύτωc item *H s M*: ὡc αὐτόc *d* **10** ἀφετηρίαc item *H s M*: [ἀ]φετερίαc *d*

Beginn [der Anaphora] des heiligen Jakobos (?) [durch Vermittlung des] römischen [Papstes] (oder: [des Bischofs] von Rom) [in] den Apostolischen Konstitutionen:

Wahrlich ist es würdig und recht, vor allem [dich] zu besingen, [den] wirklich existierenden Gott, der vor allem [Erschaffenen] (**5**) *ist, nach dem jedes Geschlecht im Himmel*

---

[425] Handschriftensiglen und -familien der *Apostolischen Konstitutionen* nach der Ausgabe von M. Metzger (SC 320. 329. 336). An der vorliegenden Stelle handelt es sich um folgende: *achy* (=*H*) *ds* (=*N*) *mv* (=*M*). Textzeugen, die in der obigen Gegenüberstellung fehlen, bieten weitere, im vorliegenden Zusammenhang nicht erwähnenswerte Varianten.

und [auf der Erde benannt ist], den einzig Unerschaffenen, Anfanglosen, Unabhängigen, Gebieter- und Bedürfnislosen, [den] Stifter [alles] Guten, den, der stärker ist als alle Ursache und Entstehung, den stets unverändert und gleich Bleibenden, aus [dem] Alles, wie von einem Ausgangspunkt, zum Sein gekommen ist: Denn du bist die anfangslose Erkenntnis, die ewige Vision.

Kommentar:

Sanz 120f meinte, daß der Papyrus auf eine mit *d* verwandte Handschrift oder den Archetypus dieser Klasse zurückginge. Im Vergleich mit der übrigen Überlieferung zeigt *d* jedoch keineswegs eine nähere Verwandtschaft mit dem vorliegenden Text.

Aus der Überschrift, die die Herkunft dieses Liturgiebeginns aus den *Apostolischen Konstitutionen* ausdrücklich vermerkt, schloß Sanz 122, daß diese Liturgie erst durch jenes im ausgehenden 4. Jh. abgefaßte,[426] dem Klemens zugeschriebene Werk Verbreitung in Ägypten gefunden hat.

1-2 Mit den in **1** von Sanz 119 hergestellten Worten ἀρχ[ὴ τῆϲ ἀναφορᾶϲ το]ῦ ἁγίου κτλ. ist einerseits in der «Athanasiosanaphora» aus Qaṣr Ibrim (o. S. 135) die Überschrift [ανα]φορα του αγιου | [Α]θ̣αν̣αϲιου αρχηε̣|[πι]ϲκ(οπου), andererseits die Randnotiz ἀρχὴ ϲὺν Θεῷ τῶν ἀποϲτολικῶν διατάξεων zu Beginn von Const. apost. 1 in der Handschrift *p* (SC 320, 100) zu vergleichen.[427]

Nach ἁγίου in **1** schließt sich eine weit unter die Zeile reichende Vertikale eng an, die ebenso wie die geringen anschließenden Spuren unvereinbar mit einer Lesung Κ̣λ̣ή[μεντοϲ] entsprechend der Ergänzung von Sanz wäre. Mit dem Namen des Apostels Jakobos (Ἰ̣α̣κ̣ώ̣[βου]), Sohn des Zebedaios und Bruder des Johannes, sind die Spuren, die auf das ähnlich wie in **11** (ἀΐδιοϲ) weit unter die Zeile reichende ι̣ folgen würden, allerdings auch nicht leicht zu vereinbaren. Seine Nennung in der Überschrift hatte bereits Mercati, Frammento 42 in Erwägung gezogen, da ebendieser Jakobos in Const. apost. 8, 12, 1 (SC 336, 176) das Wort ergreift und somit auch als Gewährsmann für die hier ausgeschriebenen Zeilen des Anaphorenbeginns auftritt.

---

[426] M. Metzger, Les constitutions Apostoliques 1 = SC 320 (Paris 1985) 57-60 setzte die Abfassung der *Apostolischen Konstitutionen* um 380 an.

[427] Mercati, Frammento 42 erwog auch einen Beginn mit ἀρχ[ιερε...], da gleich vorher in Const. apost. 8, 12, 5 (SC 336, 180) die Einleitung καὶ ὁ ἀρχιερεὺϲ εἰπάτω steht.

Zu Beginn von **2** stellt ρωμ̣ offensichtlich den Rest der Bezeichnung der Wirkungsstätte des Klemens vom Rom dar, des ersten Papstes und angeblichen Verfassers der *Constitutiones apostolicae*.[428] Allerdings setzt der in **1** vor ρωμ̣ und in **2** danach verfügbare Raum den Möglichkeiten zur Wiederherstellung enge Grenzen. Platz für den Namen des Klemens wäre nur in der ersten Zeile gewesen, wo ihn jedoch die erhaltenen Schriftreste ausschließen (s.o.). In **2** ist sogar der von Sanz eingesetzte Text Ῥωμ̣[αίων ἐπιcκόπου ἐν] zu lang, von einem Eigennamen ganz zu schweigen. Für die hier gewählte Ergänzung vgl. v^2 zu Beginn von Const. apost. 1 (SC 320, 100): διαταγαὶ τῶν ἀποcτόλων cυγγραφεῖcαι περὶ (sic) Κλήμεντοc <u>πάππα ῥώμηc</u> καὶ μαθητοῦ Πέτρου τοῦ ἀποcτόλου. Auch Ῥώμ̣[ηc ἐπιcκόπου ἐν] τ̣α̣ῖc wäre bei normaler Schreibung ca. einen Buchstaben zu lang, doch käme man mit der Annahme einer etwas engeren Schrift noch so eben hin. Anschließend an die Nennung des (heiligen) Apostels könnte, ähnlich wie im Buchtitel der *Apostolischen Konstitutionen*,[429] mit διά die Vermittlung der apostolischen Richtlinien durch den römischen Papst hervorgehoben worden sein.

3 ν̣ Spitze linker Vertikale mit kleinem Ansatz des Schrägstrichs; Wesselys αἰ[νεῖν cε τόν] hätte die Zeilenlänge mit der nachfolgenden Zeile in Übereinstimmung gebracht. Da die Zeilen ab **5** jedoch erheblich länger sind, ist die geringe Länge von **4** ein Sonderfall.

4 τ̣ leicht gewölbter Querstrich mit etwas nach rechts versetztem Ansatz der Vertikale; links ist keine Vertikale angesetzt, also nicht γε̣[ν(ν)ητῶν,[430] zumal sonst (in **1**, **6**, **7**, **8** und **10**) der Querstrich von γ nicht gewölbt ist, wenn er rechts in einen nachfolgenden Buchstaben einmündet; eine Ausnahme stellt das erste γ in **7** dar, welches aber mit dem anschließenden α keine Verbindung aufweist. Die Spuren von ω̣ hat Sanz vermutlich am Rand eines nach rechts abgebogenen Papyrusstückchens wahrgenommen. Da die Photographie keine sichere Entscheidung zuläßt und ich in Wien dies nicht überprüft habe, bin ich Sanz in der Schreibung von ω̣ gefolgt. In den *Constitutiones* hat in allen drei Familien eine Handschrift γεννητῶν. Damit wäre zwar die geringe Zeilenlänge etwas erträglicher, doch bevorzugt der Schreiber in **6** ἀγένητον statt eines dort tatsächlich angemessenen ἀγέννητον.

---

[428] Vgl. Mercati, Frammento 42.

[429] Διαταγαί τῶν ἁγίων ἀποcτόλων διὰ Κλήμεντοc.

[430] Erwogen von Mercati, Frammento 41; Wessely druckte: γε̣[

11. PWürzb. 3 (van Haelst, Catalogue nr. 1036): Zwei Fürbittgebete

Abb. Taf. VIII+IX; die Editio princeps besorgte Wilcken,[431] der das beidseitig beschriebene Papyrusblatt aus Hermupolis, bei dem nicht mit Sicherheit zu entscheiden sei, ob es einem Codex zugehört habe,[432] als Privatabschrift[433] vom Ende des 3. Jh. betrachtete.

Sijpesteijn und Treu[434] stellten erneut gegen eine anderslautende, in fehlerhaftem Textverständnis wurzelnde Ansicht Gambers[435] heraus, daß der Papyrus die Reste zweier Fürbittgebete enthält. Obgleich deren erstes durch eine Doxologie abgeschlossen wird, können sie durchaus derselben liturgischen Sequenz angehören.[436]

Daß sich die verwendeten Formulierungen z.T. erheblich von dem in späteren Interzessionen verwendeten Wortlaut unterscheiden, stellte neben dem Erhaltungszustand und der eigenwilligen Beschriftung eine weitere Erschwernis bei der Textkonstitution dar,[437] so daß die Textherstellung und -ergänzung gegenüber Wilckens Erstedition nur wenige Änderungen erfahren hat.

---

[431] U. Wilcken, Mitteilungen aus der Würzburger Papyrussammlung = Abhandlungen der preussischen Akademie der Wissenschaften phil.-hist. Kl. 1933, 6 (Berlin 1934) 31-36 (mit wichtigen Bemerkungen ebd. 32f von H. Lietzmann).

[432] Ein Einzelblatt ist m.E. aufgrund der nachlässigen Beschriftung wahrscheinlicher. Da der untere Blattrand erhalten ist und das zweite Gebet auf der Rückseite mit dem Blatt abschließt, ist die Annahme von weiteren anschließenden Gebeten oder Meßteilen überflüssig.

[433] Bezweifelt bei H. Baulig, Das frühe Christentum in Hermopolis Magna. Beiträge zur Geschichte des christlichen Ägypten, Diss. Trier (1984) 43. Doch gehen die von Wilcken hierfür geltend gemachten Mängel der Abschrift über rein formale Aspekte hinaus bis hin zur inhaltlichen Korruptel. Vgl. o. S. 15.

[434] P.J. Sijpesteijn / K. Treu, Zum liturgischen Fragment P. Würzb. 3: ZPE 72 (1988) 67f.

[435] K. Gamber, Liturgiegeschichtliche Bemerkungen zum Würzburger Papyrus Nr. 20: Miscel · lània R. Roca-Puig en el seu vuitantè aniversari (Barcelona 1987) 129-132.

[436] Auch die Doxologie in PStrasb. inv. 254 *verso* 25f (o. S. 26) bildet nicht notwendigerweise das Ende der Interzessionen; vgl. Qaṣr Ibrim 1964, 4/12 fr. 1/2+4 Vorderseite 2 (o. S. 129); weiterhin o. Anm. 85.

[437] Der Leiterin der Handschriftenabteilung der Universitätsbibliothek Würzburg, Frau Dr. Karin Morvay, danke ich für den Zugang zu dem Papyrus und die Erlaubnis zur Publikation der Photos (Taf. VIII + IX), für die Beschaffung hilfreicher Arbeitsmittel Herrn Dr. Wolfgang Brunsch.

PWürzb. 3 *recto*[438]

(ca. 22)] πληρώcου[cιν...
(ca. 22)]ι̣ φώτιcον̣ [. .] . [. .
(1/2)] . ιν κρα̣[*(ca. 15)*]ν̣ τὰc ψυχὰc ἀπὸ τῶν
. . .]η̣τ̣ων̣[*(ca. 15/16)*] . [. .] . ιων ἔπειτα οὐρά-
5 νι?]ε̣ ημιc κα . . [. .]ημ̣[*(ca. 10)*] . . . τ̣α̣γ̣ . . ἐπ̣' α̣ὐτοὺc
. .] . κατ̣[ὰ] π̣λ̣ῆ̣θοc το[*(ca. 9)*]ν τῶν ο̣ἰκ̣τιρμῶν
. . . . .]ο . . . [ἁ]μαρτίαc α[. .] . . [. . . .] . . . . . . ν ἀδικία̣c
8 . . . .] . . . . [.] . . . αρα . . . . [. . . .] . . .
και [.] . οιc τῆ⟨c⟩ εἰ-
9 ρή]ν̣ηc cου τα[.] . . . . τ . δ[ικ]αιώματα τῆ(ι) μ̣αρτυρία(ι) . . . . .
10 . .] . αμενοc χριc . . . [*(ca. 6)*] . [.]θαι τ . αφορτα . . τ̣ιν̣οc
εἰc] α̣ἰῶνα εν . ιε . [*(3/4)*]ιων κ[ε]φάλιον ἐγχά[ρ]α̣ξ̣ο̣ν ἐπ̣ε̣ὶ
12 τὰ] π̣λάτη τῆc καρδία̣[c αὐ]τ̣[ῶ]ν.
βοηθὸ{θο}c αὐτοῖc {ε}γενο̣ῦ̣,
13 λυ]τρωτὴc ἀπὸ τῶν ἐπαγομένων α̣ὐ̣τοῖc ἀπ̣ὸ̣ τ̣[οῦ C]α̣-
τα]ν̣ᾶ. κατάρτιcον δὲ cεαυτῶ(ι) καὶ τὰc ψυχὰc τ̣ῶ̣ν̣ ⟨ἐν⟩ ἁ̣-
15 γν]ί̣⟨α(ι)⟩ καὶ παρθενία(ι) τοῦ
λαοῦ cου, θ(ε)έ, ἰδία(ι) μενούc[α]c̣
16 . . .]ν̣υc πιcτὰ̣c ἐγκρατ̣εῖc ἀμετακεινήτο̣[υ]c̣
17 βεβ]αί⟨α⟩c ἐν ταύτη(ι)⟦ν⟧ τῆ(ι) π̣ί̣cτει,
ἐν ταύτ̣η(ι) τῆ(ι) ἀ̣γ[άπη(ι).
18 κ̣α̣τ̣άργηcον δὲ †ἁπάντων τῶν† τὸν τὸ κρ[ά-
τοc ἔχωτα τοῦ θανάτου, τὸν διάβα̣λον, τὰ μ[. . . .
20 α̣ὐ̣τοῦ καὶ τὰc πλάναc καὶ τὰc [ἀ]π̣άταc. *(vacat)*

4-5 etiam de ⟨ἐπ⟩ουρά|[νι]ε cogitavit Wilcken **6** κατ̣[ὰ] π̣λ̣ῆ̣θοc Hammerstaedt: κα . [.]ολη Wilcken **8** [καὶ ἀ]ν̣ομ̣ίαc [.] . . . αρα Wilcken **10** χριc . . . : χριcαι . Wilcken **14-15** ⟨ἐν⟩ ἁ̣|[γν]ι̣⟨α(ι)⟩: ἐ̣[ν] ἁ|[γν]ί⟨α̣⟩ Wilcken **18-19** Hammerstaedt: κρ[άτοc] | {τοc} Wilcken **19** τὰ μ[αγικά] Gamber

Orthographica etc.: **5** ημιc: ἡμεῖc? **11** ἐπεί: ἐπί **14-15** ἁ̣|[γν]ί⟨α(ι)⟩: ἁ̣|[γν]εί⟨α(ι)⟩; **19** ἔχωτα: ἔχοντα; διάβαλον: διάβολον

[438] Zur Textdarstellung s.o. 17.

[...] (sie) werden anfüllen/erfüllen [...] erleuchte [...] die Seelen von den ... [...]. Dann ..., Himmlischer, (**5**) *wir (?) [...] ... (?) auf sie (oder: zu ihnen) [...] entsprechend dem großen Ausmaß [... deines] Mitleids [...] (der) Sünde (oder: [die] Sünden) [...] (des) Unrechts [...] und [...] deines Friedens [...] Rechtssatzungen für/durch die Bezeugung* (**10**) *... (?) [...] ... irgendeines ... [bis in] Ewigkeit [...] Kapitel ritze auf die (ganze) Breite ihres Herzens. Werde ihnen ein Beistand, ein Erlöser von dem, was ihnen vom Satan zugefügt wird. Richte für dich her auch die Seelen derjenigen aus deinem Volk, die <in>* (**15**) *Reinheit und Jungfräulichkeit sind, Gott, welche (scil. die Seelen) für sich bleiben, indem du sie erweisest (?) als gläubig, beherrscht, unveränderlich und fest in diesem Glauben, in dieser Liebe. Vernichte †(aller derjenigen, die)† den, der die Macht des Todes hat, den Teufel, seine magischen Kräfte (?),* (**20**) *Verirrungen und Ränke.*

PWürzb. 3 *verso*

. . . . .]τ̣α̣ι κα̣ι̣ . . [*(ca. 15)*] . [. .
. . α[ὐ]τῶν ἐν τα̣[*(ca. 13)*] . . [. .
τη τοῦ̣ ς̣ου παι̣δ̣[*(+13/14)*] α̣ὐτα[. .
π̣άντα{ς} τὰ {τα} π̣ε̣[πυρωμέν]α̣ β̣έ̣λ̣η̣ τ̣οῦ πον[η-
ροῦ ςβ̣έςαι, τοὺ[ς ἁγνὰς ςυ]νζυγί̣α⟨ς⟩ φυλάς̣[ςον-
τας δ[ι]ὰ̣ τὴν ἐχ[. . . .] κυ̣μη[ς]ον. χρηςτ[ι]α̣ν̣[ὰ
αὐ̣τῶν τὰ τέλη δ̣ώ̣ρ̣[η]ς̣α̣ι, ἵν̣α̣ κ̣αταξιω⟨θῶς⟩ι⟨ν⟩
τῆ̣ς ἐπουρανίου ςο̣υ ζ[ωῆς κα]ὶ̣ τῶν ἀγαθῶ⟨ν⟩ κα̣ὶ̣
ἀ̣μεταμελήτων ςου χ̣[α]ρ̣ι[ςμά]τω̣ν̣ δ̣ιὰ τοῦ
μονογενοῦς `ςου´ π̣αιδὰς Ἰ(ηςο)ῦ Χ(ριςτο)ῦ̣,
ᾧ̣(ι) ἡ̣ δόξα καὶ τ[ὸ κ-
ράτος εἰ⟨ς⟩ τοὺς ἀγή̣ρους αἰῶνας τῶν αἰώνω̣[ν.
ἀμήν.

τοὺ̣ς δὲ ἀρρως`τ´οῦ⟨ντας⟩ τοῦ λαοῦ ςου θεράπευςον,
τ̣[οὺς] ἀ̣ςθενοῦντας ἴαςε, τοὺς ὀλιγοψυχο`ῦ´ν-
τας] π̣αρακάλεςο̣ν, τοῖς δεομένοις †ἐπειτήμη-
ςον]†, τοὺς καταπ̣ον̣ουμένου⟨ς⟩ ὑπὸ πλάνης
. . .]ους ερα̣τη[?] . . μ̣ε̣ν . . τουc . . . . ε̣ι̣κ̣ε̣ν . . . ,
] ἰατρὰ ψ̣υχῶν κ̣α̣ὶ ςωμάτων.

3 τη τοῦ̣ ς̣ου παι̣δ̣[Hammerstaedt: τητο[.]ςου παρ̣α̣ Wilcken **5** Hammerstaedt: τοὺ[ς ἁγνὴν ςυ]νζυγία⟨ν⟩ Wilcken **6** inter δ[ι]ὰ̣ et τὴν lacunam indicaverunt Sijpesteijn/Treu; ἐχ[. .

...] κυμη[c]ον: ἔχ[θραν] κοίμηcον Wilcken **7** δώρ[η]cαι Hammerstaedt **11** ἀγηρ⟨άτ⟩ουc Wilcken **16** fort. τοῖc δεομένοιc ⟨ἐπιφάνηθι, τοῖc νοcήμαcιν⟩ ἐπειτήμη[cov] **17** Hammerstaedt: [...]ου ρ.. η[.] ..... τουc ἐπεί⟨c⟩κεψον Wilcken **18** ἰατρὰ Hammerstaedt: ἰατρὰc Wilcken

Orthographica etc.: **6** κυμη[c]ον: κοίμηcον; χρηcτ[ι]αν[ά]: χριcτιανά **10** παιδάc: παιδόc **14** ἴαcε: ἴαcαι **15-16** ἐπειτήμη|[cov]: ἐπιτίμη|[cov] **18** ἰατρά: ἰατρέ

[...] und (?) [...] ihrer in den (?) [...] ... (?) deines Sohnes (?) [...] sie [...] alle die entflammten Geschosse des Bösen (**5**) *lösche aus, diejenigen, die [unbefleckte] Verbindungen pflegen durch < ... TEXTAUSFALL ... > bette zur Ruhe. Gewähre ihnen ein christliches Lebensende, damit sie deines himmlischen Lebens für wert befunden werden, sowie deiner guten und nicht zu bereuenden Gnadengaben, durch* (**10**) *deinen eingeborenen Sohn Jesus Christus, dem die Herrlichkeit und die Macht zukommt bis in die unvergänglichen Ewigkeiten der Ewigkeiten: Amen.*

Die Kranken deines Volkes mache gesund, die Gebrechlichen heile, ermuntere die Kleinmütigen, (**15**) *die Bittenden †tadele†,*[439] *die von Verirrung Geplagten [...] die (?) [...] die (?)[...], Arzt der Seelen und Körper.*

Kommentar:

PWürzb. 3 *recto*

1 Fernzuliegen scheint Const. apost. 8, 12, 41 (SC 336, 200) ἵνα πάνταc coφίcῃc καὶ πνεύματοc ἁγίου πληρώcῃc.

2 Vgl. das Katechumenengebet Const. apost. 8, 6, 5 (152) ἵνα ... φωτίcῃ αὐτούc; Lit. Melk. Mark. (Cuming 11, 8) φώτιcον τοὺc ὀφθαλμοὺc τῆc διανοίαc ἡμῶν; das Katechumenengebet der byzantinischen Präsanktifikatenliturgie (Brightman 346, 27) φώτιcον αὐτῶν τὰc ψυχάc; Iustin. Martyr. apol. 1, 61 a.E. (Taufe: φωτιcμόc, ὡc φωτιζομένων τὴν διάνοιαν τῶν ταῦτα μανθανόντων); Beispiele für φωτίζεcθαι = Katechumene sein bei Lampe 1509 s.v. II.B.4.c.iii.

2-3 Vielleicht vgl. Eph. 1, 18 πεφωτιcμένουc τοὺc ὀφθαλμοὺc τῆc καρδίαc; Cyrill. Hieros. procatech. 2 ἐβαπτίcθη, ἀλλ' οὐκ ἐφωτίcθη· καὶ τὸ μὲν cῶμα ἔβαψεν ὕδατι, τὴν δὲ καρδίαν οὐκ ἐφώτιcε πνεύματι.

439 Gemeint ist offenbar: «*Den Bittenden <erscheine; die Krankheiten> tadele*».

3 Statt]ν̣ mag]α̣ι̣ gestanden haben.

5 Gegen Ende der Zeile ist, wie auch in den nachfolgenden Zeilen, die Tinte streckenweise zerflossen.

6 Vgl. Brightman 409, 13f (moderne Basileiusanaphora) μνήcθητι κύριε κατὰ τὸ πλῆθοc τῶν οἰκτιρμῶν cου καὶ τῆc ἐμῆc ἀναξιότητοc.

6-8 Vgl. vielleicht Ps. 50, 3-5 (=1 Clem. 18, 2f) ἐλέηcόν με, ὁ θεόc, κατὰ τὸ μέγα ἔλεόc cου καὶ κατὰ τὸ πλῆθοc τῶν οἰκτιρμῶν cου ἐξάλειψον τὸ ἀνόμημά μου· ἐπὶ πλεῖον πλῦνόν με ἀπὸ τῆc ἀνομίαc μου καὶ ἀπὸ τῆc ἁμαρτίαc μου καθάριcόν με. ὅτι τὴν ἀνομίαν μου ἐγὼ γινώcκω, καὶ ἡ ἁμαρτία μου ἐνώπιόν μού ἐcτιν διὰ παντόc.

7 Wohl allzu fern liegt Lit. Melk. Mark. (Cuming 9, 8): ἄν τινων ἀφίετε[440] τὰc ἁμαρτίαc, ἀφέονται.

9 Vgl. 1 Clem. 2, 8 τὰ προcτάγματα καὶ τὰ δικαιώματα τοῦ κυρίου ἐπὶ τὰ πλάτη ὑμῶν ἐγέγραπτο; das Katechumenengebet in Const. apost. 8, 6, 5 (SC 336, 152) ἵνα ... διδάξῃ αὐτοὺc τὰ προcτάγματα αὐτοῦ καὶ τὰ δικαιώματα ἐγκαταφυτεύcῃ ἐν αὐτοῖc.

12 Vgl. 1 Clem. 59, 4 ἀξιοῦμέν cε, δέcποτα, βοηθὸν γενέcθαι καὶ ἀντιλήπτορα ἡμῶν.

12-13 Vgl. Ps. 18, 15 LXX κύριε βοηθέ μου καὶ λυτρωτά μου.

13 Der Zeilenbeginn scheint mit [λυ]τρωτήc recht knapp ergänzt. Hingegen müßte [καὶ λυ]τρωτήc sehr eng geschrieben sein. Am Zeilenende kann ich nur einen tiefliegenden langen Querstrich erkennen. Der Text wurde entsprechend der Lesung von Wilcken ergänzt, deren Wahrscheinlichkeit sich hier mehr durch den Zusammenhang als durch die Spuren ergibt.

13-14 Vgl. Const. apost. 8, 9, 2 (162) εὔξαcθε ... ὅπωc ... ὁ ... θεὸc ... cυντρίψῃ τὸν Cατανᾶν ὑπὸ τοὺc πόδαc αὐτῶν ἐν τάχει (Rom. 16, 20) καὶ λυτρώcηται αὐτοὺc ἀπὸ τῆc παγίδοc τοῦ διαβόλου; Thdrt. in Ps. 21, 20-22 (PG 80, 1018C) τὸν διάβολον, ὃc ... ἐπῆλθε τὸν θάνατον ἐπαγόμενοc.

14 Der diagonale Abstrich des α am Zeilenende ist, ähnlich wie das c am Ende von **16** (und **15**?), so außerordentlich lang, daß die linke untere Rundung des Buchstabens bei entsprechenden Ausdehnung an der Stelle zu suchen ist, an der Wilcken das ε des nun zu konjizierenden ⟨ἐν⟩ wahrnehmen wollte.

---

440 Vielleicht ἀφιῆτε? Anders aufzufassen sind die in Blass/Debrunner/Rehkopf § 373, 3 angeführten Beispiele für ἐάν mit Indikativ.

14-15 Mit τὰϲ ψυχὰϲ ... ἰδίᾳ μενούϲαϲ dürften wohl ehelose Einsiedler gemeint sein, die den *verso* **5** genannten Eheleuten gegenüberstehen.[441] Vgl. Const. apost. 8, 10, 11 (168) ὑπὲρ τῶν ἐν ἐγκρατείᾳ καὶ εὐλαβείᾳ δεηθῶμεν.

15 Die Spuren am Zeilenbeginn scheinen in Wirklichkeit weder so recht zu einem ι (Wilcken) noch zu einem α, wie bei Annahme einer Lesung ἁ|[γνί]-α̣(ι), zu passen. Wenn die Spuren am Zeilenende ϲ sind, dann war auch dieses übermäßig ausgedehnt (vgl. **14** und **16**).

15-16 Vgl. vielleicht die anaphorischen Interzessionen Const. apost. 8, 12, 44 (202) ἔτι προϲφέρομέν ϲοι ὑπὲρ τοῦ λαοῦ τούτου, ἵνα ἀναδείξῃϲ αὐτὸν εἰϲ ἔπαινον τοῦ Χριϲτοῦ ϲου βαϲίλειον ἱεράτευμα, ἔθνοϲ ἅγιον· ὑπὲρ τῶν ἐν παρθενίᾳ καὶ ἁγνείᾳ, ὑπὲρ τῶν χηρῶν τῆϲ ἐκκληϲίαϲ, ὑπὲρ τῶν ἐν ϲεμνοῖϲ γάμοιϲ καὶ τεκνογονίαιϲ, ὑπὲρ τῶν νηπίων τοῦ λαοῦ ϲου, ὅπωϲ μηδένα ἡμῶν ἀπόβλητον ποιήϲῃϲ; 8, 15, 5 τοὺϲ ἐν παρθενίᾳ διατήρηϲον, τοὺϲ ἐν γάμῳ διαφύλαξον ἐν πίϲτει, τοὺϲ ἐν ἁγνείᾳ ἐνδυνάμωϲον. Stand zu Beginn von **16** vielleicht [δ⟨ε⟩ικ]ν̣ύϲ?

17 Vgl. Const. apost. 8, 13, 8 (206) ὑπὲρ τῶν νεοφωτίϲτων δεηθῶμεν, ὅπωϲ βεβαιωθῶϲιν ἐν τῇ πίϲτει; ebd. 8, 12, 39 (200) ἵνα οἱ μεταλαμβάνοντεϲ αὐτοῦ βεβαιωθῶϲιν πρὸϲ εὐϲέβειαν; 8, 6, 6 (152): (ἵνα) βεβαιώϲῃ ... αὐτοὺϲ (scil. τοὺϲ κατηχουμένουϲ) ἐν τῇ εὐϲεβείᾳ..

18-19 Vgl. Hebr. 2, 14 ἵνα διὰ τοῦ θανάτου καταργήϲῃ τὸν τὸ κράτοϲ ἔχοντα τοῦ θανάτου, τοῦτ᾽ ἔϲτιν τὸν διάβολον; Serap. 1 (13), 16 ἐλεηθήτω ὁ λαὸϲ ... εἰϲ κατάργηϲιν τοῦ πονηροῦ. Da das am Zeilenende ergänzte α zur Füllung des Zeilenrestes ähnlich unmäßig vergrößert gewesen sein mag wie die Schlußbuchstaben in **14** und **16**, wurde hier von Wilckens Annahme eines Schreibfehlers abgegangen.

20 Vgl. Const. apost. 8, 12, 33 (196): (Jesus nahm den Tod auf sich) ἵνα ... ῥήξῃ τὰ δεϲμὰ τοῦ διαβόλου καὶ ῥύϲηται τοὺϲ ἀνθρώπουϲ ἐκ τῆϲ ἀπάτηϲ αὐτοῦ; 8, 12, 39 (200) ἵνα οἱ μεταλαμβάνοντεϲ αὐτοῦ (scil. τοῦ αἵματοϲ) ... τοῦ διαβόλου καὶ τῆϲ πλάνηϲ αὐτοῦ ῥυϲθῶϲιν.

PWürzb. 3 *verso*

Über der ersten hier gezählten Zeile sind blasse Spuren erkennbar, die mög-

441 Sijpesteijn/Treu 68.

lichweise Reste von Tinte sind. In diesem Fall würden sie zu einer weiteren, vorangehenden Zeile gehören.

3 Von dem stark hypothetischen υ̣ wäre in τητου̣ nur das rechte obere Ende zu einem kleinen Stück erhalten. Für ein ι scheint der Platz zu weit.

4-5 Vgl. Eph. 6, 16 ἀναλαβόντες τὸν θυρεὸν τῆς πίστεως, ἐν ᾧ δυνήσεσθε πάντα τὰ βέλη τοῦ πονηροῦ τὰ πεπυρωμένα σβέσαι; Const. apost. 8, 11, 6 (SC 336, 174) ῥῦσαι αὐτοὺς ... ἀπὸ βέλους πετομένου ἡμέρας.

5 Vgl. Basil. Byz. (Brightman 334, 9f) τὰς συζυγίας αὐτῶν ἐν εἰρήνῃ καὶ ὁμονοίᾳ διατήρησον; Const. apost. 8, 10, 10 (168) ὑπὲρ τῶν ἐν συζυγίαις καὶ τεκνογονίαις δεηθῶμεν, ὅπως ὁ κύριος τοὺς πάντας αὐτοὺς ἐλεήσῃ; besonders aber 8, 12, 44 (Text s.o. zu *recto* **15-16**); 8, 15, 5 (Text ebd.).

6 ἔχ[θραν] (Wilcken) scheint um einen Buchstaben zu kurz. Über χ ist ein mir nicht erklärlicher Querstrich erkennbar; Sijpesteijn/Treu 68 Anm. 5 wiesen auf die Unvereinbarkeit des Gedankens τὴν ἔχθραν κοίμησον («schläfere die Feindschaft ein») mit dem unmittelbar Vorhergehenden hin und vermuteten daher wohl zu Recht einen Textausfall hinter διά in **6**.

6-7 Vgl. das Katechumenengebet Const. apost. 8, 6, 8 (154): χριστιανὰ τὰ τέλη ὑμῶν; Jakobosanaphora (Brightman 57, 21-23; Mercier 106, 13f) ἡμῶν δὲ τὰ τέλη τῆς ζωῆς χριστιανὰ καὶ εὐάρεστα καὶ ἀναμάρτητα ἐν εἰρήνῃ κατεύθυνον; Anaph. Melk. Mark. (Brightman 129, 17f; Cuming 30, 32f ἡμῶν δὲ τὰ τέλη τῆς ζωῆς χριστιανὰ καὶ εὐάρεστα καὶ ἀναμάρτητα δώρησαι).

7 Die Lesung δ̣ω̣ρ̣[η]σ̣α̣ι̣ ist äußerst spekulativ. Doch erscheint an der Stelle, an welcher das ρ zu erwarten wäre, tatsächlich eine winzige Spur unter der Linie, während der erste Buchstabe wohl kein χ (wie von χάρισαι) sein kann. Danach könnte ein Rest der linken unteren Rundung von ω stehen. Für υ̣ scheint in κυ̣μη[σ]ον nicht nur der (für οι wohl zu knappe) Abstand der Lücke, sondern auch eine links über μ oberhalb der normalen Zeilenhöhe sichtbare Spur zu sprechen.

7-8 Vgl. das Katechumenengebet in Const. apost. 8, 6, 7 (154) ἱκετεύσωμεν, ἵνα ... ἀξιωθῶσιν τῶν ἁγίων μυστηρίων καὶ τῆς μετὰ τῶν ἁγίων διαμονῆς; vgl. ebd. 13 (156); weiterhin ebd. 8, 11, 6 (174) καταξίωσον αὐτοὺς τῆς αἰωνίου ζωῆς τῆς ἐν Χριστῷ σου κτλ.

8-9 Vgl. 1 Clem. 2, 7 ἀμεταμέλητοι ἦτε ἐπὶ πάσῃ ἀγαθοποιίᾳ, ἕτοιμοι εἰς πᾶν ἔργον ἀγαθόν.

9 Rom. 11, 29 ἀμεταμέλητα γὰρ τὰ χαρίσματα καὶ ἡ κλῆσις θεοῦ.

10 Beispiele für die Benennung Christi mit παῖϲ in doxologischen Formeln bei Roca-Puig 83 (zu PBarc. inv. 155a 25). Zu der bereits in früher Zeit erfolgten Erweiterung der Doxologie mit καὶ τὸ κράτοϲ G. Ghedini: Aegyptus 13 (1933) 672.

11 Die Konjektur ἀγηρ⟨άτ⟩ουϲ (vgl. PBerol 9794, 40; 3. Jh.?; BKT VI. Altchristliche Texte 112) ist wohl nicht nötig; für ἄγηροϲ vgl. Hes. fr. 25, 28 M.-W. (ergänzt auch fr. 229, 8 M.-W.). Das ϲ von αἰῶναϲ ist möglicherweise nachträglich eingefügt.

13-14 Vgl. Anaph. Melk. Mark. (Brightman 126, 26; Cuming 23, 1-4): τοὺϲ νοϲοῦνταϲ, κύριε, τοῦ λαοῦ ϲου ἐπιϲκεψάμενοϲ ... ἴαϲαι[442] (später, in Vat. Gr. 1970 [Brightman 127, 6-8]:[443] ἀλλὰ καὶ ἡμῶν, κύριε, τὰϲ κατὰ ψυχὴν νόϲουϲ ἴαϲαι, τὰϲ ϲωματικὰϲ ἀϲθενείαϲ θεράπευϲον); dann wieder am Ende der Interzessionen (Brightman 131, 14; Cuming 36, 7): νενοϲηκόταϲ ἴαϲαι.

14 Vgl. 1 Clem. 59, 4 τοὺϲ ἀϲθενεῖϲ ἴαϲαι.

14-15 ὀλιγοψυχοῦνταϲ παρακάλεϲον in PVindob. G 17047/38329 / 38379 *recto* 2f; Anaph. Melk. Mark. (Brightman 131, 11; Cuming 36, 5); schon am Anfang der Fürbitten in Kacm. fol. 102r ἡ παράκληϲιϲ τῶν ὀλιγοψυχούντων; 1 Clem. 59, 4 παρακάλεϲον τοὺϲ ὀλιγοψυχοῦνταϲ.

15-16 Serap. 22 (7), 2 ἐπιτίμηϲον τοῖϲ νοϲήμαϲιν; weiterhin Const. apost. 8, 7, 8 (SC 336, 158) ἐπιτίμηϲον τοῖϲ πονηροῖϲ πνεύμαϲιν; ebd. 8, 7, 2 (156). Daß hier Gott ausgerechnet die Bittenden tadeln soll, dürfte ein weiterer gedanklicher Lapsus des Schreibers sein oder auf die Auslassung von Text zurückgehen. Vgl. hingegen 1 Clem. 59, 4 τοῖϲ δεομένοιϲ ἐπιφάνηθι.

16 Lietzmann rechnete hier mit einer irrtümlichen Verbindung der beiden ganz verschiedenen Begriffe καταπονούμενοι und πλάνη (πλανώμενοι). Wilcken erwog ⟨ἐπίϲτρεψον⟩ nach ὑπὸ πλάνηϲ; vgl. 1 Clem. 59, 4 τοὺϲ πλανωμένουϲ τοῦ λαοῦ ϲου ἐπίϲτρεψον;[444] weiterhin Anaph. Melk. Mark. (Brightman 127, 4f) ὁ ἔκδικοϲ τῶν καταπονουμένων; auch Kacm. fol. 101v

---

[442] Ganz ähnlich Kacm. fol. 115r (80 Macomber).

[443] Nicht bei Cuming. Vgl. aber Kacm. fol. 102v - 103r (80f Macomber).

[444] Auch Const. apost. 8, 10, 17 (SC 336, 170) ὑπὲρ τῶν ἔξω ὄντων καὶ πεπλανημένων δεηθῶμεν, ὅπωϲ ὁ κύριοϲ αὐτοὺϲ ἐπιϲτρέψῃ; ganz ähnlich erneut ebd. 8, 12, 46 (202) in den anaphorischen Interzessionen; 8, 15, 4 (212) τὰ πεπλανημένα ἐπίϲτρεψον; weiterhin in den Interzessionen von Anaph. Melk. Mark.: PVindob. G 17047/38329/38379 *recto* 4-5 (o. S. 58).

(80 Macomber): παρακάλεϲον τοὺϲ καταπονουμένουϲ ἢ ἐνοχλουμένουϲ ὑπὸ πνευμάτων ἀκαθάρτων.

17 Statt μ̣ε̣ ist vielleicht ω̣ϲ̣ zu lesen; statt ε̣ι vielleicht η̣.

18 Vgl. Anaph. Melk. Mark. in Vat. Gr. 1970 (Brightman 127, 8) ἰατρὲ ψυχῶν καὶ ϲωμάτων; an ähnlicher Stelle Kacm. fol. 103r.

12. PBerol. 17032 (van Haelst, Catalogue nr. 889): Sanctus und Einsetzungsbericht einer unbekannten Liturgie

Kommentierte Editio princeps mit reichem Verzeichnis an Parallelstellen von Treu,[445] der als Datierung für die beiden seitlich aneinander anschließenden, mit stark variierender Buchstabengröße und unregelmäßigem Zeilenabstand beschriebenen Pergamentfetzen unbekannter Herkunft ca. 5./6. Jh. angab. Die wenig sorgfältige Schrift läßt eher an ein Einzel- als an ein Codexblatt denken. Bemerkenswert ist die Sprecherzuweisung *recto* **6**. Im Anschluß an sie nahm Treu wohl zu Recht eine Art Koronis wahr, so daß der Rest der Zeile vermutlich unbeschrieben war. Die Textherstellung auf dem stark zerfetzten, durchscheinenden dünnen Pergamentblatt wird durch die eigenwillige Orthographie erheblich erschwert.[446]

PBerol. 17032 *recto*[447]

.] . [
. [ ] . [
κα`ẹ´ονμ̣ακυ . [
. .] . . [
. αρ[.]φ̣ . ọν[
κεκ]ρ̣αγωτ̣[α] και λε̣γ̣οντα ο λαωc Ζ̣ ¯ [(?)
αγιοc ει ω θ(εο)c ημων και παναγιοc και ⟨ο⟩ μ[ονογενηc
cου ηιοc και τω πν(ευμ)α [cου] τω αγιων ωε̣ξα[
. .] . τηποcιν ει . [ ]αντοc ειc τω̣ν [
. .]πα̣μ̣α̣κα̣κονε̣[ ]ο̣μ̣α̣ρτ̣[
. . .] . κ̣οι . . [ ] . . κακον τ̣[
]και το εμα τ . [

---

[445] K. Treu, Neue Berliner liturgische Papyri: ArchPap 21 (1971) 72-74; Abb. Taf. 6 b.

[446] Da meine neuen Lesungen vielerorts nicht zur Herstellung eines zusammenhängenden Textes verhelfen konnten, ist dort auch Treus abweichender Text im Apparat verzeichnet. Herrn Dr. habil. Günther Poethke danke ich dafür, daß ich das Fragment in Augenschein nehmen durfte.

[447] Zur Textdarstellung s.o. S. 17.

3 Hammerstaedt: καων μ̣ακα̣ . . Treu **4** . .]α̣ν̣ . . [Treu **5** γαρ φ . . α̣ν̣ Treu **8** ωεξα[Hammerstaedt: ως̣ . . α[Treu **9** των[Hammerstaedt: τον̣[Treu **10**]ο̣μ̣α̣ρτ̣[Hammerstaedt:]ἁ̣μ̣α̣ρτ̣[ιῶν]? **11**] . κοι . . [Hammerstaedt:]ο̣λ̣ο̣ι̣ . . [Treu **12** τ . [Hammerstaedt: το̣ [Treu

Orthographica etc.: **6** κεκ]ραγωτ̣[α]: κεκραγότα; λαωϲ: λαόϲ **7** ω: ὁ **8** ηιοϲ και τω πν(ευμ)α [ϲου] τω αγιων: υἱὸϲ καὶ τὸ πν(εῦμ)ά [ϲου] τὸ ἅγιον **12** εμα: αἷμα

[...] (**5**) *denn (?) [...] indem sie folgende Worte rufen: (DIE GEMEINDE: ... ?) Heilig bist du, unser Gott, und allheilig, sowie dein eingeborener Sohn und [dein] Heiliger Geist ... [...] in den (?)* (**10**) *... [...] Sünden (?) [...] schlecht [...] und das Blut [*

PBerol. 17032 *verso*

]τω . [
] . . ν̣[
αγ]ιαϲαϲ̣ ϲφρ̣α̣-
γιϲαϲ εδωκεν τοιϲ αυτ]ο̣υ μαθυτ[.]ϲ̣ [και
απο]ϲτο̣[λοιϲ] . και λ̣[ ] αυτο̣υ̣ π̣ . . τε
] . . . .
ευχα]ρ̣ι̣ϲτηϲαϲ ευλογηϲαϲ ϲαραγιϲαϲ δετω-
κεν και ει]πεν λαβετε̣ π̣ι̣ε̣τε εξ αυτου παντε̣ϲ̣
τουτο ε]ϲ̣τιν τω εμα τηϲ̣ [καινηϲ] τιαθυκ[ηϲ το
υπερ υμων εκ]χ̣υ̣νομ̣ε̣[νον *(+ ca. 5)*] α̣μ̣αρτι[ων
]δετω̣ρ̣ι[ ] . τ . . [
] τ̣ον εμο̣ν[ ] . . [
] . . . [

1 Hammerstaedt:]τω̣ν̣[Treu **2** Hammerstaedt:] . . ον[Treu **3-4** Hammerstaedt: [. . ευχαριϲτηϲαϲ ευλογηϲαϲ αγ]ιαϲαϲ ε̣δ[ωκεν | τοιϲ αγιοιϲ - - - αυτο]υ μαθυτ[αιϲ και] Treu **5**] . και λ̣[ ] αυτο̣υ π . . τε Hammerstaedt:] και λ̣[εγει] αυτο̣ιϲ [λαβε]τε Treu **6** [φαγετε τουτο εϲτι το ϲωμα μου] κα̣ι λ[αβω]ν το̣ π̣[οτηριον] vel λ[αβω]ν π̣ο̣τ̣[ηριον] Treu **10** [εκχ]υνομε̣[νον ειϲ αφε]ϲ̣ι̣ν̣ αμαρτι[ων] Treu **12** τ̣ον εμο̣ν [θανατον - - -] supplevit Treu

Orthographica etc.: **4** μαθυτ[.]ϲ: μαθηταῖϲ **7-8** ϲαραγιϲαϲ δετω|[κεν]: ϲφραγίϲαϲ δέδωκεν (=ἔδωκεν) **9** τω εμα: τὸ αἷμα; τιαθυκ[ηϲ: διαθήκηϲ

[... nachdem er Brot genommen, gedankt, es gesegnet,] geweiht (und) mit dem Kreuzzei-

chen gesiegelt [hatte, gab er es] seinen Jüngern und (**5**) *Aposteln [...] und sprach (?) zu ihnen (?): tut (?) [dies (?) zu (?) meinem (?) Gedächtnis (?). Nachdem (?) er (?) ebenso (?) einen Kelch genommen], gedankt, ihn gesegnet und mit dem Kreuzzeichen gesiegelt hatte, reichte er ihn [und] sprach: Nehmt und trinkt alle davon: [Dies] ist das Blut des [Neuen] Testaments, [das* (**10**) *für euch] vergossen wird [...] Sünden [...] meinen [*

Kommentar:

PBerol. 17032 *recto*

3 `ε̣´ ragt zwischen dem α und dem klar erkennbaren ο empor, wobei nur das Unterteil fehlt. Nicht ganz auszuschließen wäre ein θ, das der Schreiber auch *recto* **7** und *verso* **9** ähnlich einem ε̣ rechts nicht schließt (regelmäßiges θ hingegen *verso* **4**).

5 Am Zeilenanfang γ oder τ̣.

6 κεκραγότα καὶ λέγοντα (von Cherubim, Seraphim etc.), mit anschließender Sprecherbezeichnung ὁ λαόϲ, dem dann der Sanctus-Ruf zufällt, auch in Basil. Byz. und Chrys. Byz. (Brightman 323, 27f).

7-8 Vgl. die in Chrys. Byz. vom Priester nach dem Sanctus-Ruf der Gemeinde in der Stille gebeteten Worte (Brightman 324b 7-10 bzw. Parenti / Velkovska nr. 33, 2): ἅγιοϲ εἶ καὶ πανάγιοϲ καὶ ὁ μονογενήϲ ϲου υἱὸϲ καὶ τὸ πνεῦμά ϲου τὸ ἅγιον. Einzeln hervorgehoben werden die drei Trinitätspersonen in den Priesterworten nach dem Sanctus in der Jakobosanaphora und in Sunnarti fr. 1+2+5+6+7, 3-7 (u. S. 207).

Da der Sanctus-Ruf der Gemeinde regelmäßig die ziemlich feste Form eines dreifachen ἅγιοϲ mit anschließender knapper Benennung Gottes und einem mit geringen Abweichungen wiederkehrenden Nachsatz hat,[448] ist es zweifelhaft, ob die vorliegenden Worte tatsächlich, wie die Sprecherbezeichnung ὁ λαόϲ in **6** andeuten könnte, von der Gemeinde ausgerufen werden sollen, oder aber nach einem hier durch ὁ λαόϲ nur angedeuteten, nicht aber aufgeschriebenen konventionellen Heilig-Ruf der Gemeinde als dessen Fortführung, ähnlich wie in den bereits erwähnten Sunnartifragmenten und den dort z.St. angeführten Parallelstellen, dem Priester zuzuweisen sind.

---

[448] Vgl. PDêr-Balizeh fol. II *recto* 23f (u. S. 174; für die Parallelüberlieferung den Kommentar zu fol. II *recto* 19-24 [u. S. 180]); Inscr. Kopt. Mus. Kairo 2 (u. S. 188); OHall 5880 8f (u. S. 201).

8 Der Buchstabenrest nach τηποcιν ει könnte die obere Hälfte eines ϲ̣ darstellen.

10 μ̣[1] blaß, könnte auch ein κ̣ sein.

11 Vor κακον könnte ein α̣ (Treu) oder ein ο̣ sein.

12 Treu 72 nahm hier bereits den Übergang zur Einsetzung des Abendmahls wahr. Doch die auf dem *verso* erkennbaren Einsetzungsworte lassen eine Erwähnung des Bluts, die *verso* **9** in der Tat an ihrem gewöhnlichen Platz erfolgt, an dieser Stelle noch nicht erwarten. Vielleicht hat auch hier, wie in mehreren weiteren spätantiken Liturgien,[449] noch vor dem Einsetzungsbericht zuerst die Wandlungsbitte gestanden, in der eine Erwähnung des Bluts natürlich zu erwarten wäre (vgl. PDêr-Balizeh fol. II *recto* 30 [u. S. 175]).

PBerol. 17032 *verso*

3-5 Obgleich der Text sich nicht befriedigend herstellen läßt, ist klar, daß hier die Brechung und Austeilung des Brots berichtet wurde; vgl. z.B. PRyl. gr. 465 *recto* 9f (o. S. 78); PDêr-Balizeh fol. II *verso* 15f (u. S. 176).

3 ρ̣ unter die Zeile reichender Unterteil einer rechtsgeneigten Vertikale; α̣ rechter absteigender, leicht gebogener Schrägstrich.

4 μαθυτ[̣]c: Lücke ungefähr einen Buchstaben lang. Es muß wohl mit einer Verschreibung (z.B. μαθυτ[η]c statt μαθηταῖc) gerechnet werden.

5 υ̣ und π̣ sind fast sicher, von υ̣ fehlt nur ein Teil des Schrägstrichs links oben, von π̣ der Unterteil der rechten Vertikale; von ο̣[2] ist ein Fragment der Rundung rechts unten erhalten.

7-10 Ähnlich Vindob. G 16545 *verso* 6-12 (o. S. 98); PRyl. gr. 465 *recto* 13-16 (o. S. 78); PDêr-Balizeh fol. II *verso* 21-25 (u. S. 176); Const. apost. 8, 12, 37 (SC 336, 198).[450] Abweichend von jenen Fassungen steht allerdings cφραγίcαc in **7** (statt ἁγιάcαc), wie wohl auch in **3** (dort neben ἁγιάcαc).[451] Versiegelung mit dem Kreuz auch in Sunnarti fr. 8, 3 (u. S. 209).

8 λάβετε πίετε wie PDêr-Balizeh fol. II *verso* 23 (hergestellt in PVindob. G 16545 *verso* 8; PRyl. gr. 465 *recto* 14). Die Wortstellung von πίετε ἐξ

---

[449] S.u. S. 181 im Kommentar zu PDêr-Balizeh fol. II *recto* 25 - *verso* 2.

[450] Entfernter PBarc. inv. 155a 12-14 (12 Roca-Puig); Serap. 1 (13), 14.

[451] Treu 74 fragte sich, ob cαραγιcαc als Mischform aus cφραγίcαc und ἁγιάcαc zu betrachten sei.

αὐτοῦ πάντες entspricht Melk. Mark. (Brightman 133, 8; Cuming 40, 30), Kacm. fol. 135r und Const. apost. 8, 12, 37 (SC 336, 198).

9 Nach τιαθυκ[(= διαθήκηϲ) Verunreinigungen. Ohne Wiederaufnahme des Artikels folgt τῆϲ διαθήκηϲ auf τὸ αἷμα auch in PVindob. G 16545 *verso* 10 und PRyl. gr. 465 *recto* 15 (so vermutlich zu ergänzen: vgl. ebd. 11).

12 ọ: ω̣?

13. PVindob. G 41043 *verso*: Post-Sanctus, Darbringung, Bitte um Herabsendung des Heiligen Geistes auf die Gaben

Auf dem *recto* dieses zuerst von Treu und Diethart[452] veröffentlichten und ins 6. Jh. datierten Papyrus befindet sich ein Brieffragment.[453] Der in Zweitverwendung geschriebene liturgische Text kann daher nicht den Umfang einer ganzen Liturgie gehabt haben (vgl. Treu/Diethart 69). Zum Ganzen auch Henner, Anaphorenfragmente[454] mit einem Ergänzungsvorschlag.[455]

PVindob. G 41043 *verso*[456]

] ̣ ς̣ κ(αὶ) ἡ γῆ̣ τῆς ἁγί[ας σου δόξης
διὰ τοῦ μονογε-
νοῦς σ]ου ⟨υἱοῦ⟩ τοῦ πρωτοτόκο̣[υ ὁ καθήμενος ἐν δεξιᾶ(ι) τῆς
μεγαλω]ς̣ύ̣ν̣ης σου ἐν τ̣[οῖς οὐ(ρα)νοῖς : ὃς ἔρχεται κρῖναι
ζῶντ]α̣ς κ(αὶ) νεκροὺς οὗ τ̣[ὸν θάνατον καταγγέλλομεν
δι' οὗ] προσφέρωμε[ν σοι τὸν ἄρτον κ(αὶ) τὸ ποτή-
ριον] δ̣εόμεθα κ(αὶ) π̣α̣ρ̣α̣[καλοῦμέν σε ὅπως ἐπ' αὐτὰ
καταπ]έμψη(ι)ς̣ ⟨τὸ⟩ ἅγιόν ς̣[ου πν(εῦμ)α

1-2 Hammerstaedt: fortasse τῆς ἁγί[ας σου δόξης διὰ τοῦ μονογενοῦς | σου υἱ]οῦ **2-3** supplevit Hammerstaedt (longius Treu/Diethart) **3-4** supplevit Hammerstaedt (Treu/Diethart) **4-5** Hammerstaedt: οὗ τ̣[ῆν θανάτου ἀνάμνησιν ποιοῦμεν| - - -] Treu/Diethart **5-6** supplevit Hammerstaedt (longius Treu/Diethart) **6-7** Hammerstaedt (Treu/Diethart)

---

452 K. Treu † / J. Diethart, Griechische literarische Papyri christlichen Inhaltes II = Mitteilungen aus der Papyrussammlung der Österreichischen Nationalbibliothek (Papyrus Erzherzog Rainer) N.S. 17 (Wien 1993) nr. 36 mit Abb. auf Taf. XXI.

453 Treu/Diethart nr. 36 a.

454 J. Henner, Mortem tuam annuntiamus ... Anaphorenfragmente der Wiener Papyrussammlung im Kontext der eucharistischen Liturgie der altägyptischen Kirche, Diplomarbeit Ev.-Theol. Fak. Univ. Wien (1993) 69-79.

455 Herrn Univ.-Doz. Dr. Hermann Harrauer danke ich für die Möglichkeit, den Papyrus in der Wiener Papyrussammlung einzusehen; bei meinem Versuch einer Neulesung der ersten Zeile war mir Herr Dr. Johannes Diethart behilflich.

456 Zur Textdarstellung s.o. S. 17.

Orthographica etc.: **5** προϲφέρωμε[ν]: προϲφέρομεν

[Voll sind] Himmel (?) und Erde [deiner] heiligen [Herrlichkeit durch] deinen [eingeborenen] <Sohn>, den erstgeborenen, [der da sitzt zur Rechten] deiner Maiestät im [Himmel; der kommt zu richten] die Lebenden und die Toten; dessen [Tod wir verkünden; (5) *durch den] wir [dir das Brot und den Kelch] darbringen. Wir bitten dich und rufen [dich] an, [daß du hierauf] hinabschickst deinen heiligen [Geist]*

Kommentar:

Paralleltexte:

1) PBarc. inv. 154b 21 - 155a 3 (11 Roca-Puig).
2) Coptica Lovaniensia nr. 27.[457]

Auch die hier vorgelegte Edition kann keine sicheren Aussagen über Zeilenenden und -anfänge treffen. Bei Zugrundelegung der von Treu/Diethart erwogenen Ergänzungen würde die rekonstruierte Zeilenlänge erheblich variieren: Soweit die unregelmäßige Breite der erhaltenen Schriftzüge überhaupt eine Berechnung zuläßt,[458] wären die (bei einer Kürzung von οὐρανοῖϲ als Nomen sacrum) ungefähr gleichlangen Ergänzungen von Treu/Diethart in **3** und **6** mit einer Zeilenlänge von knapp 20 cm am kürzesten, während die Ergänzung von **2** mit mindestens 26 cm am längsten wäre. Da die Zeilen nach der Breite des wiederwendeten Privatbriefes ausgerichtet werden mußten, könnten sie durchaus auch die größere dieser beiden von den jeweiligen Ergänzungen geforderten Ausdehnungen gehabt haben. Allerdings würden sich dann die eine kürzere Zeilenlänge voraussetzenden Ergänzungen in **3** und **6** nicht leicht mit weiteren Zusätzen auffüllen lassen.

1-2 Entweder wird der Text im Anschluß an den allein ausgeschriebenen priesterlichen Sanctus-Ruf [πλήρηϲ ὁ οὐραν]ὸ̣ϲ̣ κ(αὶ) ἡ γῆ τῆϲ ἁγί[αϲ ϲου δόξηϲ κτλ.][459] oder aber als begründende Aufnahme eines vorherigen Sanc-

---

[457] L.Th. Lefort: Muséon 53 (1940) 22-24 mit Rückübersetzung ins Griechische, ohne Zeilenzählung; vgl. auch S. Janeras, L'original grec del fragment copte de Lovaina num. 27 en l'anàfora de Barcelona: Miscel·lània litúrgica catalana 3 (1983) 13-25.

[458] Man beachte die Breite der Schrift in Zeile **5**.

[459] Vgl. PBarc. inv. 154b 20-22 (11 Roca-Puig): πληρηϲ {ϲου} | ο ουρανοϲ ⟨και η γη⟩ τηϲ δοξηϲ ϲου εν η εδοξαϲαϲ ημαϲ δι|α του μονογενου⟨ϲ⟩ ϲου και πρωτοτοκου παϲηϲ κτιϲεωϲ Ι(ηϲο)υ Χρ(ιϲτο)υ του κ(υριο)υ ημων; Dieselbe Wendung schließt sich an den Sanctus-Ruf in der Holzinschrift aus Kairo, Kopt. Mus. inv. 753, Zeile 3 (u. S. 188) und in PDêr-Bali-

tus-Rufs der Gemeinde etwa [πλήρης γάρ ἐστιν ὡς ἀληθῶς ὁ οὐραν]ὸς κ(αὶ) ἡ γῆ τῆς ἁγί[ας σου δόξης κτλ.] gelautet haben.[460]

Große Unsicherheit besteht allerdings am Beginn von **1**, da vor dem ϲ, mit dessen gerader Form das ϲ in **5** verglichen werden kann, über der Zeile anstelle des dann zu erwartenden ο das Ende eines aufsteigenden Schrägstrichs und unter der Zeile eine Krümmung sichtbar sind, die sich vielleicht mit einem wie in **4** abgekürzen κ(αί) vereinbaren ließen. Das erste η unterscheidet sich von einem π, wie es Treu/Diethart lasen, durch den unterhalb, und nicht auf gleicher Höhe des oberen Abschlusses der linken Vertikale erfolgenden Ansatz des Querstrichs (vgl. η in **3**); γ Fuß der Vertikale; von dem anschließenden η sind der Querstrich sowie Ober- und Unterteil der rechten Vertikale sichtbar.

Im Anschluß an αγι[(**1**) ergänzten Treu und Diethart auf Grundlage der beiden Paralleltexte[461] [- - - ἐν ᾗ ἐδόξαϲαϲ ἡμᾶϲ διὰ τοῦ μονογενοῦϲ | ϲ]ου. Eine noch längere Ergänzung nahm Henner, Anaphorenfragmente 74 mit [ἐν ᾗ ἐδόξαϲαϲ ἡμᾶϲ διὰ τοῦ μονογενοῦϲ υἱοῦ ϲου Ἰηϲοῦ Χριϲτ]οῦ vor, wobei eine ungekürzte Ausschreibung des Christusnamens vorausgesetzt werden müßte. Anstelle der von mir eingesetzten Ergänzung würde sich vielleicht auch der etwas längere Text τῆϲ ἁγί[αϲ ϲου δόξηϲ διὰ τοῦ μονογενοῦϲ | υἱοῦ ϲ]ου eignen; vgl. Coptica Lovaniensia nr. 27.[462]

2 του geändert aus ϲου.

---

zeh fol. II *recto* 23f (u. S. 174) an, wobei in diesen beiden Fällen danach jedoch ein weiterer, auf πλήρηϲ direkt bezugnehmender Begriff folgt (καὶ γὰρ πεπλήρωνται bzw. πλήρωϲον). In Melk. Mark. (Brightman 132, 2; Cuming 35, 12) hatte der Priester die knappe Formulierung ohne begründende Elemente bereits anschließend an seinen Sanctus-Ruf, nach Brightman 132, 8f danach auch die Gemeinde nach ihrem eigenen Sanctus. Übereinstimmende Formulierung des Nachsatzes zum Sanctus-Ruf in PNaqlun inv. 10/95 *verso* 7f (Derda/Urbaniak-Walczak 15).

[460]Vgl. Melk. Mark. (Brightman 132, 11f; Cuming 39, 2). Als ähnliche Wiederaufnahme, wenn auch ohne γάρ und ὡϲ ἀληθῶϲ, vielleicht auch Coptica Lovaniensia nr. 27 (Rückübersetzung): [- - -] γῆ τῆϲ δόξηϲ ϲου (diese vier Worte noch auf Griechisch, dann koptisch:)· πλήρηϲ ὁ οὐρανὸϲ καὶ ἡ γῆ ταύτηϲ τῆϲ δόξηϲ ἐν ᾗ ἐδόξαϲαϲ ἡμᾶϲ διὰ τοῦ μονογενοῦϲ υἱοῦ ϲου Ἰηϲοῦ Χριϲτοῦ τοῦ πρωτοτόκου πάϲηϲ κτίϲεωϲ κτλ.

[461] Texte s.o. Anm. 459f.

[462] Text o. Anm. 460.

2-3 Vgl. PBarc. inv. 154b 22-25[463] und Coptica Lovaniensia nr. 27.[464] Da die dementsprechend von Treu/Diethart vorgeschlagene Ergänzung ϲ]ου τοῦ πρωτοτόκο[υ πάϲηϲ κτίϲεωϲ ὁ καθήμενοϲ ἐν δεξιᾷ τῆϲ μεγαλ|λω]ϲύνηϲ um 10-12 Buchstaben länger als in **3** und **6** (und ca. 7 Buchstaben länger als in **4**) wäre, wurde hier auf πάϲηϲ κτίϲεωϲ verzichtet. Derselbe syntaktisch harte Übergang von der Nennung Christi im Genitiv auf den Nominativ ὁ καθήμενοϲ in PBarc. inv. 154b 23.

3-4 Ergänzung (vgl. PBarc. inv. 154b 25) von Treu/Diethart (mit Zeilentrennung in [ζῶν|τ]αϲ); vermutlich ist οὐ(ρα)νοῖϲ als Nomen sacrum zu schreiben.

4-5 Treu/Diethart setzten in **4** die Retroversion von Coptica Lovaniensia nr. 27 ein.[465] Ihre Ergänzung wäre zwar nur ca. 3-4 Buchstaben länger als die von **3** und **6**, doch scheint die syntaktische Einbindung des folgenden finiten Verbums προϲφέρομεν zusätzlich ein δι' οὗ zu erfordern (vgl. PBarc. inv. 155a 1; s.u. Anm. 466). Für die Verbindung von καταγγέλλειν mit τὸν θάνατον vgl. z.B. PDêr-Balizeh fol. II *verso* 30 (u. S. 176); PVindob. G 17047/38329/38379 *verso* 5 (die Parallelen aus der Markos/Kyrillosliturgie o. S. 73f im Kommentar z.St.); Basil. Alex. (Renaudot² 1, 67); Gr. Greg. (Renaudot² 1, 97; l. 179 Gerhards); Henner, Teile 278.

5 προϲφέρωμε[ν] auf dem Papyrus geändert aus προϲφέρομε[ν]; Treu / Diethart schrieben anschließend: [κτίϲματά ϲου ταῦτα ἄρτον τε κ(αὶ) ποτήριον :]; vgl. PBarc. inv. 155a 1f[466] und Coptica Lovaniensia nr. 27.[467] Der Text würde so ca. 6 Buchstaben länger als **3** und **6** ausfallen. Hingegen hätte der hier eingesetzte Text, falls die verlorenen Buchstaben in dieser Zeile mit der gleichen großen Weite wie zuvor προϲφέρωμε[ν] ausgeführt worden sind, dieselbe Länge wie **3** und **6**.

---

463 11 Roca-Puig: και πρωτοτοκου παϲηϲ κτι|ϲεωϲ Ι(ηϲο)υ Χρ(ιϲτο)υ του κ(υριο)υ ημων ο καθημενοϲ εν | δεξια τηϲ μεγαλοϲυνηϲ ϲου εν τοιϲ ουραν{ι}|οιϲ.

464 τοῦ πρωτοτόκου πάϲηϲ κτίϲεωϲ, καθίζοντοϲ ἐν δεξιᾷ τῆϲ μεγαλωϲύνηϲ ἐν τοῖϲ οὐρανοῖϲ.

465 In PBarc. inv. 154b 25 - 155a 1 fehlt dieser Relativsatz.

466 11 Roca-Puig: δι ου προϲφερομεν εκτιϲματα ϲου ταυτα αρ|τον τε και ποτηριον.

467 προϲφέροντέϲ ϲοι τὰ κτίϲματά ϲου ταῦτα, τοῦτον τὸν ἄρτον καὶ τοῦτο τὸ ποτήριον.

6-7 Ergänzung von Treu/Diethart (mit Zeilentrennung in [καταǀπ]έμψῃς); vgl. PBarc. inv. 155a 2-5[468] und Coptica Lovaniensia nr. 27.[469] Für die Stellung der Herabsendungsbitte direkt nach dem Sanctus, also noch vor dem Einsetzungsbericht, s.u. S. 181 im Kommentar zu PDêr-Balizeh fol. II *recto* 25 - *verso* 2.

---

468 11 Roca-Puig: αιτουμεθα και παρακαλουǀμεν cοι οπωϲ καταπεμψηϲ επ' αυτα το αγιον cου ǀ το αγιον cου (sic) και παρακλητον cου πνευμα αξιων (=ἐκ τῶν) ǀ ου(ρα)νων.

469 δεόμεθα καὶ παρακαλοῦμέν cε, ἵνα ἐκπέμψῃc ἐπὶ ταῦτα τὸ πνεῦμά cου τὸ ἅγιον καὶ τὸν παράκλητον ἐκ τῶν οὐρανῶν.

14. PCair. 10395 A: Gebet um Begnadung und für die Ruhe der Verstorbenen

Editio princeps mit Kommentar von Bastianini und Gallazzi,[470] die die Schrift in die 2. Hälfte des 6. Jh. datierten. Einseitig in Faserrichtung beschriebenes Papyrusblatt ohne erkennbare Klebungen (κολλήϲειϲ), aufbewahrt im Ägyptischen Museum in Kairo. Höhe 20,8 cm[471], Breite 7,5 cm. Da zu jener Zeit die Niederschrift von Prosatexten auf Buchrollen in nebeneinanderstehenden engen Kolumnen nicht mehr üblich war, vermuteten Bastianini und Gallazzi (ebd. 99), daß es sich um den Rest eines aus einer Papyrusrolle geschnittenen, mit einer einzigen schmalen Kolumne beschriebenen Einzelblattes handele, dessen ursprüngliche Höhe höchstens 35 bis 40 cm betragen habe.

Den Text bestimmten Bastianini und Gallazzi als Teil eines Interzessionsgebets um die Begnadung durch Maria und die Apostel und Evangelisten sowie um die ewige Ruhe der Verstorbenen. Anschließend wird die Lektüre der Diptycha eingeleitet.[472] Trotz einer Reihe von Anklängen ist er keiner der bekannten Liturgien zuzuordnen.

PCair. 10395 A[473]

[- - - - - - - υπερ]
τω]ν χαριϲ[ματων
τ]ηϲ αγιαϲ μ̣[ητρο-
παρθενου Μα[ριαϲ
και των αγιων [μα-
θητον δε και α[ποϲ-

---

[470] G. Bastianini / C. Gallazzi, P. Cair. 10935A: Frammento liturgico: ZPE 58 (1985) 99-102; Abbildung auf Taf. IVc.

[471] Bastianini/Gallazzi 99 unten; dementsprechend ist 99 oben wohl gemeint: cm 7,5 x 20,8.

[472] Daher muß man es wohl nicht als Diakonika, sondern als Rest eines eucharistischen Hochgebetes betrachten; dazu H. Brakmann, Der Gottesdienst der östlichen Kirchen: ALW 30 (1988) 356; vgl. auch R.F. Taft, A history of the liturgy of St. John Chrysostom vol. 4. The diptychs = OrChrAn 238 (Roma 1991) 81.

[473] Zur Textdarstellung s.o. S. 17.

τωλον και ευαν̣[γε-
λιcτον και υπ[ερ
κυμηcεωc [και
αναπαυcεωc πα-
τριαρχον προφ[η-
των μαρτυρω̣[ν
ορθοδοξον επ[ιc-
κοπον κλιρικον̣
δε και λαεικον̣
και παντον ⟨τον⟩ [δι-
και]ον κ[υ]μηθε[ντων
ουc] κατ ο[ν]ομ[α λε-
γομεν κα]ι̣ πα[ντων
ουc κατ ονομ]α̣ [ου
[λεγομεν - - - -]

15 ⟨τον⟩ Hammerstaedt

Orthographica etc.: **4-5** [μα]|θητον: μαθητῶν **5-6** α[ποc]|τωλον: ἀποcτόλων **6-7** ευαν̣[γε]|λιcτον: εὐαγγελιcτῶν **8** κυμηcεωc: κοιμήcεωc **9-10** πα|τριαρχον: πατριαρχῶν **12-13** ορθοδοξον επ[ιc]|κοπον κλιρικον̣: ὀρθοδόξων ἐπιcκόπων κληρικῶν **14** λαεικον: λαϊκῶν **15-16** παντον ⟨τον⟩ [δι|και]ον κ[υ]μηθε[ντων: πάντων ⟨τῶν⟩ δικαίων κοιμηθέντων

[Wir bitten und rufen dich an für] || *die Gnadengaben der heiligen jungfräulichen Mutter Maria und der heiligen Jünger* (**5**) *und Apostel und Evangelisten und für den Schlaf und die Ruhe der Patriarchen,* (**10**) *Propheten, Märtyrer, der rechtgläubigen Bischöfe, Kleriker und Laien* (**15**) *und aller entschlafenen Gerechten, [die] wir beim Namen [nennen] und aller [derer, die wir nicht beim] Namen* (**20**) *[nennen]*

Kommentar:

0-1 Vielleicht [δεόμεθα καὶ παρακαλοῦμέν cε, κύριε, ὑπὲρ] || τῶν χαριc[μάτων] κτλ. Ausgehend von Chrys. Byz. (Brightman 331, 12ff bzw. Parenti/Velkovska nr. 36, 1) vermuteten Bastianini und Gallazzi 102 eine Wendung wie [προcφέρομέν cοι τὴν λογικὴν ταύτην λατρείαν ὑπὲρ τῶν χαριcμάτων].

1-7 Ein an die Herabsendungs- und Wandlungsbitte angeschlossenes Gebet um Wirkung der Kommunion mündet in Basil. Byz. (Brightman 330, 21) in den Wunsch nach Begnadung: ἵνα εὕρωμεν ἔλεον καὶ χάριν μετὰ πάντων τῶν ἁγίων τῶν ἀπ' αἰῶνοϲ ϲοι εὐαρεϲτηϲάντων προπατόρων πατέρων πατριαρχῶν προφητῶν ἀποϲτόλων κηρύκων εὐαγγελιϲτῶν μαρτύρων ὁμολογητῶν διδαϲκάλων καὶ παντὸϲ πνεύματοϲ δικαίου ἐν πίϲτει τετελειωμένου, ἐξαιρέτωϲ τῆϲ παναγίαϲ ... θεοτόκου καὶ ἀειπαρθένου Μαρίαϲ. Ähnliche, Maria zum Schluß erwähnende Aufzählungen erscheinen in anderen Liturgien als Totenfürbitten (Melk. Mark. [Brightman 128, 22-129, 2; Cuming 29, 2-30, 18]; Kacm. fol. 119r/v [84 Macomber]; Basil. Alex. [Renaudot[2] 1, 70]; Gr. Greg. [Renaudot[2] 1, 103; l. 355-364 Gerhards]; Chrys. Byz. [Brightman 331, 12-25]).

2-3 Für das Marienepitheton μητροπαρθένοϲ sind bisher keine Belege aus liturgischen Texten bekannt (vgl. Bastianini/Gallazzi 102 z.St.).

7-16 Vgl. die Aufforderung des Diakons in den Interzessionen von Kacm. fol. 121r/v (85 Macomber): προϲεύξαϲθε ὑπὲρ τῆϲ μνήμηϲ, κοιμήϲεωϲ, ... καὶ μακαρίαϲ ἀναπαύϲεωϲ πάντων τῶν ἐν πίϲτει καὶ ϲφραγῖδι Χριϲτοῦ προκοιμηθέντων, καὶ προαπελθόντων ἐξ ἡμῶν χριϲτιανῶν ὀρθοδόξων, ... ἁγίων πατέρων πατριαρχῶν ἐπιϲκόπων πρεϲβυτέρων διακόνων ἀϲκητῶν λαϊκῶν κτλ. Eine ähnliche Aufzählung in den Interzessionsgebeten von Chrys. Byz. (Brightman 331, 15-17 und 19 bzw. Parenti/Velkovska nr. 36, 1) bittet auch ὑπὲρ τῶν ... προφητῶν (vgl. **10-11**) μαρτύρων (vgl. **11**) ... καὶ παντὸϲ δικαίου ἐν πίϲτει τετελειωμένου (vgl. **15-16**).

7-9 ὑπὲρ κοιμήϲεωϲ καὶ ἀναπαύϲεωϲ auch im Totengebet Serap. 18 (30), 2; vgl. μνήϲθητι τῆϲ κοιμήϲεωϲ καὶ ἀναπαύϲεωϲ in einer ägyptischen Grabinschrift von 408 n.Chr. (SB 1, 1540, 5).

15 Bastianini und Gallazzi 102 hielten eine Ergänzung παντον [των δι|κα]ιον aus Platzgründen für unmöglich und verwarfen wegen der dann resultierenden Abweichung vom Formular die mögliche Füllung der Lücke mit παντον [των | αγ]ιον.

17-19 In anderer Formulierung erfolgt die Erwähnung der in den Diptycha namentlich genannten sowie der ungenannten Verstorbenen schon PStraßb. gr. inv. 254 *verso* 14f (o. S. 26). Außerhalb der Markos/Kyrillosliturgie vgl. z.B. Gr. Greg. (Renaudot[2] 1, 104; l. 388f Gerhards).

15. PVindob. G 41044:
a) Bitte um Herabsendung des Heiligen Geistes;
b) Inklinationsgebet

Editio princeps von Treu und Diethart,[474] die das Papyrusstück ins 6./7. Jh. datierten. Ergänzungsvorschläge auch bei Henner, Anaphorenfragmente.[475]

Die Herabsendungsbitte der Vorder- und das Inklinationsgebet der Rückseite stammen allem Anschein nach von demselben Schreiber. Treu und Diethart 98f rechneten daher wohl zu Recht mit einer liturgischen Sequenz, die also nicht nur einen Text aus der Anaphora, sondern auch ein Gebet aus dem nachfolgenden Teil der Eucharistiefeier umschlösse.

Die ursprüngliche Zeilenlänge von Vorder- und Rückseite läßt sich nicht sicher bestimmen, so daß alle Ergänzungsversuche stark hypothetisch bleiben müssen. Im Vergleich zu den Ergänzungen in dem Inklinationsgebet (*verso*) scheinen die von Treu/Diethart für die Herabsendungsbitte (*recto*) eingesetzten Ergänzungen jedoch zu kurz, zumal hier mit einem gleichmäßigen Zeilenbeginn zu rechnen ist.[476]

a) Bitte um Herabsendung des Heiligen Geistes

PVindob. G 41044 *recto*[477]

(+ ca. 15) ἐξαπόcτειλο]ν̣ ἐξ̣ ὕ̣ψ̣[ου]c̣ c̣ο̣[υ · ἐκ τοῦ
κατοικητηρίου cου · ἐκ τῶν ἀπερι]γράπτων κόλπων cου
3 τὸν παράκλητον τὸ πν(εῦμ)α τὸ ἅγιον] τὸ
cυμβαcιλεῦον τῶ(ι) π(ατ)ρὶ
4 καὶ τῶ(ι) υἱῶ(ι) · *(+ca. 17)*] ἐφ' ἡμᾶc · κ̣αὶ ἐπὶ τὰ

---

474 K. Treu † / J. Diethart, Griechische literarische Papyri christlichen Inhaltes II = Mitteilungen aus der Papyrussammlung der Österreichischen Nationalbibliothek (Papyrus Erzherzog Rainer) N.S. 17 (Wien 1993) nr. 47 mit Abb. auf Taf. XXX.

475 J. Henner, Mortem tuam annuntiamus ... Anaphorenfragmente der Wiener Papyrussammlung im Kontext der eucharistischen Liturgie der altägyptischen Kirche, Diplomarbeit Ev.-Theol. Fak. Univ. Wien (1993) 80-89.

476 Herrn Univ.-Doz. Dr. Hermann Harrauer danke ich dafür, daß ich den Papyrus in der Wiener Papyrussammlung einsehen durfte.

477 Zur Darstellung des griechischen Textes s.o. S. 17.

προκείμενά ϲου δῶρα · τὰ κτί]ϲ̣ματά ϲου ταῦτα̣ [·] καὶ
(25-28)]ε̣ρχομενο[.] ____

1 Hammerstaedt **2** supplevit Hammerstaedt: [- - - ἐκ τῶν ἀπερι]γράπτων Treu/Diethart **3** supplevit Hammerstaedt (brevius Treu/Diethart) **4** Hammerstaedt: [καὶ τῶ(ι) υἱῶ(ι) : κατάπεμψον] Treu/Diethart **5** [προκείμενά ϲου δῶρα κτλ.] Hammerstaedt: [προκείμενα δῶρα] Treu/Diethart **6** Hammerstaedt:]ευχόμενο[ι] Treu/Diethart

[... sende herab] von deiner Höhe, [aus deiner Wohnstätte, von] deinem unermeßlichen Ehrenplatz[478] *[den Tröster, den Heiligen Geist], der zusammen mit dem Vater [und dem Sohn] regiert [...] auf uns und auf [deine vorliegenden Gaben,] diese deine Geschöpfe und [...] kommend (?).* ____

Kommentar:

a) Bitte um Herabsendung des Heiligen Geistes

PVindob. G 41044 *recto*

In den *Apostolischen Konstitutionen* (8, 12, 39), PDêr-Balizeh fol. II *recto* 26-28 (u. S. 175),[479] PVindob. G 41043 *verso* 6f (o. S. 156), Sunnarti fr. 1+2+5+6+7, 16f (u. S. 208), Gr. Greg. (Renaudot[2] 1, 98; l. 202 Gerhards) und den spätantiken Fassungen der Markos/Kyrillosliturgie (PRyl. gr. 465 *recto* 25f [o. S. 79]; PVindob. G 26134 *recto* 1f [o. S. 97]; OBritMus. nr. 54036 *recto* 16f) erfolgt die Bitte um Herabsendung des Heiligen Geistes auf die Gaben in knappster Form (etwas breiter in PBarc. inv. 155a 3-5; das *Serapioneuchologion* 1 [13], 15 hat stattdessen eine Logos-Epiklese). Um eine Herabsendung zugleich auf «uns» und auf die Gaben bitten die Jakobosanaphora (Mercier 90, 22f bzw.92, 6f) und Basil. Alex.[480] Die größten Übereinstimmungen mit dem vorliegenden Text bieten die (noch weit ausführliche-

---

[478] Eigtl.: «*Busen*».

[479] Vgl. Coptica Lovaniensia nr. 27.

[480] Renaudot[2] 1, 67: καὶ δεόμεθα καὶ παρακαλοῦμέν ϲε, φιλάνθρωπε, ἀγαθέ, κύριε, ἡμεῖϲ οἱ ἁμαρτωλοὶ καὶ ἀνάξιοι δοῦλοί ϲου, καὶ προϲκυνοῦμέν ϲε εὐδοκίᾳ τῆϲ ϲῆϲ ἀγαθότητοϲ, ἐλθεῖν τὸ πνεῦμά ϲου τὸ ἅγιον ἐφ' ἡμᾶϲ τοὺϲ δούλουϲ ϲου καὶ ἐπὶ τὰ προκείμενά ϲου δῶρα ταῦτα κτλ.

ren) mittelalterlichen Fassungen der Markos/Kyrillosliturgie (Melk. Mark. [Brightman 133, 32-134, 10; Cuming 46, 3-16]; Kacm. fol. 137v-138r[481]).

Jedoch läßt die Lücke am Zeilenbeginn von **4** keine Entscheidung darüber zu, ob der vorliegende Text ebenso wie Gr. Kyrill. in Kacm. fol. 138r (96 Macomber), Melk. Mark. in Mess. gr. SS. Salv. 177 (Cuming 46, 14-26), und auch Basil. Alex. (s.o.) um Herabsendung des Geistes auf uns und die Gaben gebeten hat, oder ob sich an die Bitte um Herabsendung des Heiligen Geistes eine direkt an den Gottvater gerichtete Aufforderung ἔφιδε (bzw. ἔπιδε) ἐφ' ἡμᾶϲ κτλ. angeschlossen hat, wie sie die übrigen Mss. von Melk. Mark. bieten.

1 Vgl. Melk. Mark. (Brightman 133, 32; Cuming 46, 3) und Kacm. fol. 137v (o. Anm. 481); ebenfalls denkbar wäre κατάπεμψον (so Treu/Diethart in **4**).[482] Erhalten ist nur der untere Zeilenrand; ν̣ (mit dessen Ausführung vgl. das zweite ν in **2**): Abschluß linker Vertikale, in geringer Höhe rechts davon nach unten abgehende und wieder aufsteigende Wölbung, danach Abschluß der rechten Vertikale; nach einem gewissen Abstand (ähnlich wie nach γραπτων in **2**) schließt sich die untere Hälfte eines ε̣ (mit dessen rechts hochgezogener Rundung vgl. besonders das zweite ε in **6**) mit noch erkennbarem Querstrich an; für ξ bietet der Papyrus keine Vergleichsmöglichkeit (nicht auszuschließen wäre von der Form her ein ζ); seine von rechts nach links absteigende Diagonale, die am unteren Zeilenrand nach rechts unten abknickt und in einer später wiederaufsteigenden Rundung ausläuft, würde für die Diagonalen eines κ̣ (Treu/Diethart) zu weit unter die Zeile reichen, abgesehen davon, daß anstelle der bei einem κ vorher zu erwartenden Vertikale die untere Hälfte des bereits geschilderten ε̣ steht; υ̣: vom unteren Zeilenrand aufsteigender Beginn eines Schrägstrichs; ψ̣: weit unter Zeile reichender Unterteil einer Vertikale; ϲ̣ ϲ̣ο̣: Ausschnitte der unteren Ränder dreier Rundungen.

2 Vgl. Melk. Mark. (Brightman 133, 32f; Cuming 46, 3f: ἐξ ἑτοίμου κατοικητηρίου ϲου, ἐκ τῶν ἀπεριγράπτων κόλπων ϲου); ähnlich Kacm. fol. 137v (o. Anm. 481).

---

481 96 Macomber: καὶ ἐξαπόϲτειλον ἡμῖν ἐξ ὕψουϲ ἁγίου ϲου, ἐξ ἑτοίμου κατοικητηρίου ϲου, ἐξ ἀπεριγράπτων κόλπων ϲου, ... αὐτὸν τὸν παράκλητον, τὸ πνεῦμα τῆϲ ἀληθείαϲ, ... τὸ ἅγιον, ... τὸ ϲύνθρονον τῇ βαϲιλείᾳ ϲου καὶ τῷ μονογενεῖ ϲου υἱῷ, τῷ κυρίῳ ἡμῶν καὶ θεῷ καὶ ϲωτῆρι καὶ παμβαϲιλεῖ, Ἰηϲοῦ Χριϲτῷ, ἐφ' ἡμᾶϲ τοὺϲ δούλουϲ ϲου καὶ ἐπὶ τὰ προκείμενά ϲου τίμια δῶρα ταῦτα, ἃ προεθήκαμεν ἐνώπιόν ϲου, ἐπὶ τὸν ἄρτον τοῦτον καὶ ἐπὶ τὸ ποτήριον τοῦτο, ἵνα κτλ.

482 Für die Setzung des Imperativs an den Beginn des Fragments entschied sich bereits Henner, Anaphorenfragmente 86f.

3 Treu/Diethart ergänzten am Zeilenbeginn: τὸ πν(εῦμ)ά ϲου τὸ ἅγιον, was auch im Vergleich mit den von ihnen für die folgenden beiden Zeilen vorgeschlagenen Ergänzungen entschieden zu kurz wäre. Der am Zeilenende erhaltene Wortlaut findet in Kacm. fol. 138r (o. Anm. 481) und Melk. Mark. (Brightman 134, 7; Cuming 46, 10: τὸ ϲύνθρονον τῆϲ βαϲιλείαϲ ϲου καὶ τοῦ ... υἱοῦ) nur dem Sinn nach eine Entsprechung. Weitergehende Übereinstimmungen in der Jakobosanaphora (Mercier 90, 25f): τὸ ϲύνθρονόν ϲοι τῷ θεῷ καὶ πατρὶ καὶ τῷ μονογενεῖ ϲου υἱῷ, τὸ ϲυμβαϲιλεῦον.

4 Das von Treu/Diethart ergänzte Verbum κατάπεμψον erscheint als Imperativ auch in der Jakobosanaphora bei Wiederholung der Herabsendungsbitte (Mercier 92, 6).[483] Henner, Anaphorenfragmente 85f schlug vor, dieses Verbum an den Beginn der (nach dem Text von Diethart/Treu in **2** einsetzenden) Herabsendungsbitte zu stellen, und erwog, in der vorliegenden Zeile ἔπιδε einzusetzen[484] oder den Imperativ der Herabsendungsbitte (von **1**) wiederholen zu lassen.

5 Mit der Ergänzung προκείμενά ϲου δῶρα vgl. Kacm. fol. 138r (o. Anm. 481). Für das erhaltene Zeilenende vgl. PDêrBalizeh II *recto* 27f ἐπὶ τὰ κτίϲματα ταῦτα; weiterhin die dieser Bitte vorangehende Darbringung in PBarc. inv. 155a 1f: δι' ου προϲφερομεν εκτιϲματα ϲου ταυτα αρ|τον τε και ποτηριον.

6 Sicher steht hier kein υ, sondern ein ρ. Der Zusammenhang bleibt trotzdem unklar.[485] Danach schließt die Zeile mit einer Art Koronis ab.

b) Inklinationsgebet

PVindob. G 41044 *verso*

]̣ [
ἅγιε ἐν ἁγίοιϲ ἀν̣[απαυόμενοϲ ὕψιϲτε ἐν ὑψη-

---

[483] Das Verbum gebraucht weiterhin Const. apost. 8, 12, 39 (SC 336, 198); PBarc. inv. 155a 3; PDêr-Balizeh fol. II *recto* 26 (u. S. 175); PVindob. G 41043 *verso* 7 (o. S. 156);

[484] Dazu o. S. 166.

[485] προϲέρχεϲθαι steht auch in Gebeten aus dem Zusammenhang der Eucharistie bei Treu/Diethart nr. 35 fr. 2, 2; 3, 4. Nicht im direkten Anschluß, sondern erst um einiges nach der Bitte um Herabsendung des Heiligen Geistes, und somit außerhalb des vorliegenden Zusammenhanges, steht *ausi sumus accedere ad sacerdotale hoc ministerium* in Anaph. Ioh Basr. (Hänggi/Pahl^3 297, nr. 437 l. 187sq.).

λοῖc κατοικῶ[ν καὶ τὰ ταπεινὰ ἐφορῶν cοὶ ἔκ-
λιναν̣ οἱ δοῦλοί c̣[ου τὰc κεφαλὰc αὐτῶν καὶ
τὸν α]ὐχένα τ̣ῆ̣c̣ κ̣[αρδίαc αὐτῶν (?) ἔκτεινον
τ̣ὴ̣ν̣ χεῖραν̣ cου τ̣ὴ̣[ν (+ *ca.* 17)
] ̣ ε̣μ̣ν̣ ̣ ̣ ̣ c̣α̣ι̣ ε̣χ̣ε̣[

3-4 [cοὶ ἔκ]|λιναν Hammerstaedt: [cοὶ | ἐκ]λιναν Treu/Diethart **4** supplevit Hammerstaedt (brevius Treu/Diethart) **5** supplevit Hammerstaedt: vel ἔκτεινον αὐτοῖc? (brevius Treu / Diethart) **7** Treu/Diethart: τ̣η̣ν π̣λ̣η̣ρ̣η̣ ε̣λ̣ε[ουc - - -] vel τ̣η̣ν π̣λ̣η̣ρ̣η̣c̣ ε̣λ̣ε[ουc - - -]?

Heiliger, der du unter Heiligen ruhst, [Höchster, der du unter den] Hohen wohnst [und das Niedrige beaufsichtigst; dir] beugten deine Diener [ihre Häupter und den] Nacken [ihres (?)] Herzens; [strecke] deine Hand [nach ihnen (?)] aus, die [...] (?)

Kommentar:

b) Inklinationsgebet

Paralleltexte:[486]

1) PBerol. 13918 (5. Jh.; van Haelst, Catalogue nr. 881), 7-10;[487]

2) VBP IV nr. 58 (vielleicht 8. Jh.; van Haelst, Catalogue nr. 859), 1-6 (entspricht hier **3-6**);[488]

3) Gebet aus Qaṣr Ibrim (*recto* 29 - *verso* 6).[489]

---

[486] Es ist bemerkenswert, daß dieses Gebet trotz mehrerer fragmentarisch überlieferter Paralleltexte nicht in den mittelalterlichen liturgischen Handschriften tradiert zu sein scheint. Anders lauten z.B. die Inklinationsgebete in Const. apost. 8, 15, 7-9 (SC 336, 214), Melk. Mark. (Brightman 136, 29; Cuming 52, 2ff) und der modernen Basiliosanaphora (Brightman 411, 2ff).

[487] Kommentierte Edition bei H. Lietzmann, Kl. Schriften 3 = TU 74 (Berlin 1962) 56-70 mit Abb. Taf. V.

[488] Im Gegensatz zu dem die Meßfeier abschließenden Inklinationsgebet des Berliner Papyrus wurde das Heidelberger von Lietzmann 65 als ein erstes Inklinationsgebet bestimmt, dem an späterer Stelle ein (jetzt verlorenes) abschließendes Inklinationsgebet gefolgt sein müsse. Vielleicht erklärt sich damit sein anderslautender Beginn. Dagegen wollten Treu/Diethart 87f das hier auf *verso* erhaltene Inklinationsgebet, weil es in der Liturgie nicht allzu lange hinter der Herabsendungsbitte (*recto*) gestanden haben könne, mit der ersten Inklination in Verbindung bringen.

[489] W.H.C. Frend, Some Greek liturgical fragments from Q'asr Ibrim in Nubia: StudPatr 15 = TU 128 (Berlin 1984) 545-553.

2-3 Vor diesen beiden Zeilen ist am Rand ein Zeichen sichtbar, nach Treu / Diethart «eine geschwungene Zierlinie», die möglicherweise von einer anderen gekreuzt ist: Zeichen für den Anfang eines neuen Gebets?

Mit dem von Treu/Diethart ergänzten Text geriete Zeile **3** wohl 3-4 Buchstaben länger als die in ihrer Länge mit den Ergänzungen der Vorderseite übereinstimmende Zeile **2**. Doch könnte bereits eine Haplographie wie [⟨τὰ⟩ ταπεινά] diesen Unterschied leicht erklären. Die Textherstellung trifft jedenfalls mit großer Wahrscheinlichkeit zu. Sie entspricht PBerol. 13918, 7f bis auf eine einzige Verkürzung fast wörtlich: αγιε `ο´ εν αγιοιϲ αναπαυομενοϲ υψιϲτε `ο´ εν υψιλοιϲ `κατοιγων´ τον αιωνα ⟦κατοιγων | τον αιωνα⟧ και τα ταπινα εφορων κτλ. Diese auch in dem liturgischen Blatt aus Qaṣr Ibrim offenbar etwas erweitert, sonst aber wörtlich begegnende Einleitung eines Inklinationsgebets[490] ist auf der Grundlage von Jes. 57, 15 formuliert (ὁ ὕψιϲτοϲ ὁ ἐν ὑψηλοῖϲ κατοικῶν τὸν αἰῶνα ἅγιοϲ ἐν ἁγίοιϲ ὄνομα αὐτοῦ, κύριοϲ ὕψιϲτοϲ ἐν ἁγίοιϲ ἀναπαυόμενοϲ κτλ.), wobei die Wendung ἐν ὑψηλοῖϲ κατοικῶν mit Ps. 112, 5f LXX fortgeführt wird (ὁ ἐν ὑψηλοῖϲ κατοικῶν καὶ τὰ ταπεινὰ ἐφορῶν).

3-5 Vgl. PBerol. 13918, 8f: ϲοι εκλινεν ϲε επεταζεν ο λαοϲ ϲου | και η κληρονομια ϲο`υ´ τον αυχενα τηϲ καρδιαϲ και του ϲωματοϲ κλινον το ουϲ ϲου κτλ.; VBP IV nr. 58, 1-4 ϲοὶ ἔκλινα(ν) | οἱ δοῦλοί ϲου καὶ αἱ δοῦ|λαι τὰϲ κεφαλάϲ· κλῖνον αὐτοῖϲ τὸ οὖϲ ϲου κτλ.; das Gebet aus Qaṣr Ibrim *verso* 3f[491]: ϲου ταϲ εαυτον κεφ[αλαϲ *(+ ca. 10 Buchstaben)*] | τον αυχενα τηϲ καρδιαϲ κ(αι) [του ϲω]ματ[οϲ κτλ.

Die in **4** von Treu/Diethart eingesetzte Ergänzung ϲ̣[ου ταϲ κεφαλὰϲ καί] scheint zu kurz,[492] ebenso κ̣[αρδίαϲ : ἔκτεινον] in **5**. Während das jetzt in **4** hingefügte Possessivpronomen αὐτῶν durch den Paralleltext aus Qaṣr Ibrim eine gewisse Bestätigung findet, ist das zweite allein wegen seiner die Lücke in **5** füllenden Ausdehnung gewählt worden. Vielleicht ist hier jedoch entweder, ähnlich wie an der hier fehlenden (oder, wie in dem Gebet aus Qaṣr Ibrim *verso* 9, erst an späterer Stelle stehenden) Bitte κλίνον αὐτοῖϲ τὸ οὖϲ ϲου auch nach ἔκτεινον ein αὐτοῖϲ, oder davor, wie in Gr. Greg. (Renau-

---

490 *Recto* 29 - *verso* 2: αγιε εν αγι|[οιϲ α]ναπαυομενε · · υψιϲτε εν υψιλοιϲ · · || κατοικω[ν τον αιωμνα *(+ ca. 10 Buchstaben)* κ(αι) τα ταπεινα] | εφερων (Frend a.O. 551f; leicht verändert). Beispiele für die Wiederkehr dieses Gebetsanfangs bei Lietzmann 57f.

491 Frend a.O. 552 (leicht verändert).

492 Dasselbe trifft für ihre ebenfalls für **4** in Betracht gezogene Ergänzung ϲ̣[ου καὶ αἱ δοῦλαί ϲου] zu.

dot² 1, 109: φιλάνθρωπε, ἀγαθέ, ἔκτεινον κτλ.), eine Gottesanrede hinzuzufügen, oder aber, wie in Melk. Mark.[493] ein längeres Verbum einzusetzen.

5-6 Vgl. PBerol. 13918, 10f: εκτινον την χειρα cου | την αορατον ⟦την⟧ \`και´ ευλογημενην και ευλογηcον κτλ.; VBP IV nr. 58, 5-7: ἔ̣κ̣τειvόν cου τὴν | χεῖρα τὴν ἀόρατον καὶ εὐλόγηcον κτλ.; das Gebet aus Qaṣr Ibrim *verso* 5-8[494] εκτεινον τ̣[η]|ν χειρα την αορατον την πληρηc ελεουc κ(αι)[495] | οικτιρμων κ(αι) τα βραχιονα cου τον υψηλ̣[ο]|ν · κ(αι) ευλογηcον κτλ.

6 Für die Akkusativform χεῖραν vgl. Mayser 1, 1, p. 172, 9-16; 1, 2, p. 46, 14-16.

---

493 Brightman 142, 16: ἐξαπόcτειλον τὴν ἀόρατόν cου δεξιὰν τὴν πλήρη εὐλογιῶν καὶ πάνταc ἡμᾶc εὐλόγηcον.

494 Frend a.O. 552 (leicht verändert).

495 So schon Treu/Diethart 87; Frend ergänzte [των] (zu lang?), doch vgl. dieselbe Bitte in Gr. Greg. (Renaudot² 1, 109: ἔκτεινόν cου τὴν χεῖρα τὴν ἀόρατον, τὴν εὐλογημένην, τὴν μεcτὴν ἐλέουc καὶ οἰκτιρμῶν, καὶ εὐλογῶν κτλ.). Neben Melk. Mark. (o. Anm. 493) zog Lietzmann 59 zu VBP IV nr. 58, 5 auch die Jakobosliturgie heran (Mercier 124, 26: ἔκτεινον τὴν χεῖρά cου τὴν κραταιάν, τὴν πλήρη εὐλογιῶν καὶ εὐλόγηcον κτλ.).

16. PDêr-Balizeh (Oxford, Bodleian Library: MS. Gr. liturg. c. 3) fol. II (van Haelst, Catalogue nr. 737): Interzessionen, Ante-Sanctus, Sanctus, Herabsendungs- und Wandlungsbitte, Einsetzungsbericht und Anamnesis:

Editio princeps von de Puniet.[496] Die Reste dreier Blätter wurden 1907 bei Ausgrabungen in Deir el-Bala'izah südlich von Lykopolis (Assiut) zusammen mit einer Anzahl koptischer Handschriften[497] gefunden.[498] Der sehr sorgfältig beschriebene Papyrus gehörte nach aller Wahrscheinlichkeit zum Bestand des dortigen Apa-Apollon-Klosters.[499] Eine durch Lokalisierung zahlreicher kleinerer Bruchstücke erheblich erweiterte kommentierte Edition legte Roberts zusammen mit Capelle vor,[500] wobei auch er, wie schon de Puniet, die Schrift «koptischen Stils» auf das Ende des 6. oder das 7. Jahrhundert datierte. Zu den beiden hier neuedierten Seiten gibt es Ergänzungsvorschläge von Gamber.[501]

Der Text des zweiten Blatts[502] ist unbestritten Teil eines Hochgebets. Er setzt ein mit dem Abschluß der Interzessionen (fol. II *recto* **1-5**), leitet dann über zum Sanctus (*recto* **6-25**) und endet auf der Vorderseite mit der hier vor dem Einsetzungsbericht auffälligen, aber nicht unbelegten[503] Bitte um die Herabsendung des Heiligen Geistes auf die Gaben und um Wandlung (*recto*

---

[496] P. de Puniet, Fragments inédits d'une liturgie égyptienne écrits sur papyrus: Report of the 19th Eucharistic Congress (London 1909) 367-408; ders., Le nouveau papyrus liturgique d'Oxford: Rev. Bénéd. 26 (1909) 34-51 (im folgenden zitiert als «de Puniet»).

[497] P.E. Kahle, Coptic Texts from Deir El Bala'izah in Upper Egypt 1/2 (London 1964).

[498] W.M. Flinders Petrie, Gizeh and Rifeh = British School of Archaeology in Egypt and Egyptian Research Account 13 (London 1907) 2 und 30f.

[499] Zum Kloster und seiner Bibliothek J. Doresse, Les anciens monastères coptes de moyenne Égypte (du Gebel-et-Tur à Kôm Ishgaou) d'après l'archéologie et l'hagiographie 2, Diss. masch. Paris (1970) 360-364, 411-414 und 558 (für die Zusammenstellung der Angaben über die Herkunft des Papyrus danke ich H. Brakmann).

[500] C.H. Roberts / B. Capelle, An early euchologium. The Dêr-Balizeh papyrus enlarged and reedited = Bibliothèque du Muséon 23 (Louvain 1949) mit 6 Tafeln; Mit «Roberts» allein verweise ich auf den Apparat, mit «Capelle» allein auf den Kommentar S. 39-61.

[501] K. Gamber, Der liturgische Papyrus von Deir el Bala'izah in Oberägypten (6./7. Jh.): Muséon 82 (1969) 61-83.

[502] Die heute allgemein gültige und bereits von Roberts/Capelle übernommene Zählung der Blätter folgt der Numerierung durch Schermann.

[503] S.u. S. 181 im Kommentar zu *recto* **25** - *verso* **2**.

25 - *verso* **2**). Auf der Rückseite folgt nach einem bemerkenswerten Vergleich der Vereinigung der einzelnen Getreidekörner zu Brot sowie der Vermengung von Wasser und Wein mit der Sammlung der christlichen Kirchengemeinde (*verso* **3-11**) der Einsetzungsbericht (*verso* **12-25**) und die Anamnesis (*verso* **26-32**).

Die Vorderseite des nur im unteren Teil erhaltenen dritten Blattes enthält eine Bitte um die Früchte des Kommunionempfangs,[504] die in den bekannten Liturgien erst nach der eigentlichen Anaphora gegen Ende der Messe folgt.[505] Während diese Seite also durchaus im Anschluß an die eigentliche Anaphora von fol. II stehen könnte, befand sich das durch die Worte ὁμολογεῖ τὴν πίϲτιν (fol. III *verso* 2), die aber auch als Aufforderung (ὁμολόγει τὴν πίϲτιν)[506] aufgefaßt werden können, eingeleitete kurze Glaubensbekenntnis auf der Rückseite in einem anderen Zusammenhang, und zwar vermutlich in einem Taufritual.[507] Schermann 4 wollte allerdings die ganzen in PDêr-Balizeh erhaltenen Texte als Taufliturgie betrachten.

Nachdem Roberts/Capelle auf dem ersten Blatt drei in Stil und Länge differierende, durch jeweils verschiedene Doxologien abgeschlossene Gebete ausgemacht hatten, kehrte van Haelst die von ihnen im Anschluß an Schermann angenommene Reihenfolge von *recto* und *verso* um[508] und meinte auf der von ihm für *recto* gehaltenen Seite in dem mit ἄλλη eingeleitenen Gebet (fol. I *verso* 12-30) den ersten Teil der Gratiarum actio einer alexandrinischen Anaphora wahrzunehmen.[509] Das von ihm als *verso* betrachtete *recto* enthalte ein Interzessionsgebet.[510] Da sich das am Beginn von fol. II *recto* **1-5** erhaltene Ende der Interzessionen nicht hieran anschließt, nahm er zwischen fol. I und fol. II den Ausfall einer weiteren Seite mit Interzessionsgebeten an.[511]

---

[504] Vgl. PLitLond. 232 *verso* und die o. S. 52 dazu angeführten Paralleltexte.

[505] Zur abweichenden Auffassung von Capelle 55, die vor allem durch die Doxologie am Gebetsende veranlaßt war, s.o. Anm. 162.

[506] Während Schermann 37 mit Anm. 1 und van Haelst, Reconstitution 450 ὁμολογεῖ τὴν πίϲτιν druckten, muß die mutmaßliche Interpretation der Worte als Aufforderung bei Roberts/Capelle, die ja keine Akzente setzten, aus dem Kommentar erschlossen werden. Dort schrieb Capelle 59 beim Vergleich dieser Worte mit ägyptischen Taufrubriken: «on exigeait du candidat une profession de foi ...», was auf eine Akzentuierung als Imperativ hinweist.

[507] Vgl. Capelle 58f; van Haelst, Reconstitution 453 mit Anm. 10.

[508] Somit kehrte er zu der einst von de Puniet vermuteten Anordnung zurück.

[509] Van Haelst, Reconstitution 450f.

[510] Ebd. 451.

[511] Ebd. 454.

Das am Anfang der Vorderseite des ersten Blattes (*verso* 1-10) stehende Gebet sei ein der Anaphora vorausgehendes Gebet für den Friedenskuß.[512]

Abgesehen von der auch bei van Haelst zugegebenen Schwierigkeit, bei seiner Deutung die Gebetseinleitung mit ἄλλη als den Irrtum eines Schreibers auffassen zu müssen, der die vorliegende Anaphora aus einer Sammlung von mehreren Anaphoren eingefügt und dabei versehentlich das (die vorliegende Anaphora von den anderen unterscheidende) Wort ἄλλη mitübertragen hätte,[513] weicht der Inhalt des auf der vermeintlichen Vorderseite (*verso* 11-30) stehenden Gebets in einem wesentlichen Punkt von einer Gratiarum actio ab: Es fehlt die Danksagung. Das von van Haelst[514] angeführte, seinerseits singuläre Beispiel der mit ὁ ὢν δέϲποτα κύριε eingeleiteten Anaphora von Basil. Alex. (Renaudot^2 1, 64)[515] würde zudem nicht als Erklärung für die Einleitung des vorliegenden Gebets mit der Singularform [ϲὲ] ἐπικαλοῦμαι ausreichen. Sie läßt das Gebet für eine Einzelperson, nicht aber für den im Gottesdienst als Mittler der Gemeinde fungierenden Priester geeignet erscheinen. Daher würde auch Gambers höchst zweifelhafte Lesung [εὐ]χα[ριϲτοῦμέν ϲοι] (fol. I *verso* 24f) nicht dazu genügen, um das Gebet als Gratiarum actio betrachten zu können.[516]

Trotz der bereits bei Roberts/Capelle verzeichneten Parallelen mit Anaphorentexten lassen sich die auf fol. I erhaltenen Gebete nicht in einen direkten Zusammenhang mit der Anaphora auf fol. II stellen. Da sich das zweite Blatt nicht unmittelbar an das erste anschließen läßt, besteht sogar die Möglichkeit, daß das erste Blatt sich etliche Seiten vor, oder gar hinter dem zweiten und dritten Blatt befunden hat – ein Umstand, der die schwierige Bestimmung der drei auf ihm erhaltenen Gebete keineswegs erleichtert.[517]

Auf den Abdruck des ersten Blattes ist hier verzichtet worden, da die Verbindung mit dem Anaphorentext des zweiten Blattes höchst unsicher ist und die schwierige Einordnung und Textkonstitution dieser Gebete den Rahmen

---

512 Ebd. 451; dieselbe Deutung bei Gamber, Papyrus 73.

513 Van Haelst, Reconstitution 454.

514 Ebd. 453.

515 Die dort im vorangehenden Dialog mit der Gemeinde gesprochene Aufforderung des Priesters εὐχαριϲτήϲωμεν τῷ κυρίῳ wird erst im weiteren Verlauf des Hochgebets nach den Einsetzungsworten befolgt (Renaudot^2 1, 67: ὁ λαόϲ· ϲὲ αἰνοῦμεν, ϲὲ εὐλογοῦμεν).

516 Gamber, Papyrus 67; die daraus resultierende Einordnung in die Gratiarum actio ebd. 74 und 80.

517 Auch fol. III muß sich nicht unbedingt direkt an fol. II angeschlossen haben, auch wenn der Inhalt seiner Vorderseite nicht dagegen sprechen würde.

der vorliegenden Arbeit sprengen würde. Dasselbe gilt für das Glaubensbekenntnis auf fol. III *verso*, während fol. III *recto* zwar außerhalb der eigentlichen Anaphora stand, sich aber vielleicht tatsächlich an sie angeschlossen hat.[518]

PDêr-Balizeh fol. II *recto*[519]

[καὶ φυγέτωcαν εἰc τὰ ὀπίcω πάντεc] ||
οἱ μ̣[ιcοῦ]ν̣τ̣έ̣[c cε. ποίηcον δὲ τὸν cὸν
λαὸν [ἐ]π̣’ εὐλ̣[ογίαιc. *(vacat)*
πεπτ[ω]κότα̣[c ἀνάc]τηc̣[ον, πεπλα-
νημ[έ]νουc ἐ[πίcτρ]εψον, ὀ̣λ̣ι̣γοψυ̣-
χο̣[ῦν]τ̣αc πα[ρακάλ]ε̣[cον. *(vacat)*
c]ὺ̣ γὰρ̣ εἶ ὁ ὑπ[εράν]ω π̣ά̣c̣η̣c ἀρχῆc
κ]α̣ὶ ἐξουc̣ί[αc καὶ δυ]νάμεω̣c καὶ κυρ̣ι-
ότ]ητοc καὶ π̣α̣[ντὸ]c̣ ὀνόμ[α]τοc ὀ̣νομα̣-
ζ]ο̣μένου οὐ μό[νον] ἐν τούτ̣ω̣(ι) [τῶ(ι) α]ἰ̣-
ῶν]ι̣, ἀ̣λ̣λὰ καὶ̣ [ἐν τῶ(ι) μέλλοντι. *(vacat)*
cοὶ παρα]c̣τήκ[ουcι χίλιαι χιλιάδε]c̣ ἁγίω(ν)
ἀγγέλων καὶ ἀρχαγγέλων ἀνα]ρ̣ιθμη-
τοι cτρατιαί, cοὶ παραcτήκουcιν τ]ὰ̣
Χερουβίμ, cοὶ κύκλω(ι) παρίcταν]τ̣α̣ι
κ[αὶ τὰ Cεραφίμ, ἓξ πτέρυγ]εc τῶ(ι) ἑνὶ
κ̣[αὶ] ἓ̣ξ̣ [πτέρυγεc τῶ(ι) ἑνὶ, *(+2/3)*] καὶ ταῖc
μὲν δυc̣ὶ [κατεκά]λυπτον τ̣ὸ πρόcω-
πον καὶ τ̣[αῖc δυc]ὶ̣ τοὺ̣c πόδαc κα̣ὶ̣
ταῖc δυc̣[ὶν ἐπέτα]ν̣το. πάντα δὲ πά(ν)-
τοτέ cε ἁγ[ιάζει]. ἀ̣λ̣λ̣ὰ μετὰ πά̣ν̣των
τῶν cε ἁγιαζόν̣των δέξαι κ̣α̣ὶ τὸν
ἡμ̣έ̣τερον ἁγ̣ι̣α̣c̣μ̣ὸ̣ν̣ λε̣[γ]ό̣ντων cοι·
ἅγ̣ιοc ἅγιοc ἅγιοc κ(ύριο)c Cαβ̣αώθ. πλή-
ρηc ὁ οὐρανὸc̣ καὶ ἡ γῆ τῆc δόξ[η]c cου.

---

[518] Dazu o. Anm. 162. Zum Text von fol. III *recto* 6 s.o. Anm. 172.

[519] Zu der für diesen Papyrus gewählten Art der Darstellung des griechischen Textes s.o. S. 17. Abgesehen von einem einzigen Hochpunkt (*verso* **20**) gliederte der Schreiber den Text durch Ausrückungen am linken Rand und leere Zwischenräume, die auch im Druck wiedergegeben sind.

πλήρω̣ϲον κ̣α̣[ὶ] ἡ̣μᾶϲ τῆϲ παρ̣[ά ϲου
δόξηϲ καὶ καταξίωϲον κατ̣[απ]έ̣μ̣ψ̣αι
τὸ πν(εῦμ)α τ̣ὸ̣ [ἅ]γιόν ϲο̣υ̣ ἐπὶ τὰ κτίϲματα
ταῦτα κ̣[αὶ ποίηϲ]ο̣ν τὸν μὲν ἄρτο(ν)
ϲῶμα τ̣[οῦ κ(υρίο)υ καὶ] ϲ̣(ωτῆ)ρ(ο)ϲ ἡμῶν Ἰ(ηϲο)ῦ Χ(ριϲτο)ῦ,
τ̣ὸ̣ δ̣ὲ̣ π̣[οτήριον *(+ 2/3)* α]ἷ̣μα τῆϲ καινῆϲ

1-14 e frustulis primum ediderunt Roberts/Capelle **2** supplevit Hammerstaedt: ευλ[ογια(ι) ποιουντα τα θεληµα ϲου] Roberts/Capelle **11** [χιλιάδε]ϲ Hammerstaedt: [χίλιαι τῶ]ν Roberts/Capelle **13** παραϲτήκουϲιν Hammerstaedt: παραϲτήκουϲι Roberts/Capelle **14** [Χερουβίμ, ϲοὶ κύκλω(ι)] supplevit Hammerstaedt: de [πολυομματα Χερουβιμ παριϲταν]τ̣α̣ι cogitavit Roberts **15** κ[αί] Hammerstaedt: κ[υκλω] de Puniet; [ἓξ πτέρυγ]εϲ de Puniet: [ἑξαπτέρυγ]εϲ Wessely **16** ἓξ [πτέρυγεϲ] coniecit de Puniet: [ἑ]ξ[απτέρυγεϲ] Wessely **17** δυϲὶ̣ Hammerstaedt: δυϲι[ν] de Puniet **18** [δυϲ]ί̣ Hammerstaedt: [δυϲι]ν̣ de Puniet **25** de παρ̣[ά ϲου] cogitavit de Puniet, sed scripsit παρ̣[α ϲοι]

[Und all] diejenigen, die [dich] hassen, sollen zurückfliehen. Mache aber dein Volk (bereit) für Lobpreisungen [tausendfach (?) tausendmal (?)]. Richte die Gestrauchelten auf, bringe die Verirrten zurück, **(5)** *ermuntere die Kleinmütigen. Denn du bist derjenige, der über aller Regierung, Gewalt, Macht, Herrschaft und allem ist, was sonst einen Namen hat, nicht nur in dieser Welt,* **(10)** *sondern auch [in der zukünfigen. Bei dir] stehen [tausend Tausendschaften] heiliger [Engel und] unzählige [Heerscharen von Erzengeln, bei dir stehen] die [Cherubim, rings um dich] treten* **(15)** *auch [die Seraphim, mit sechs] Flügeln der eine und sechs [Flügeln der andere ...], und mit einem Paar verdeckten sie das Antlitz, mit einem die Füße und mit einem flogen sie. Alles* **(20)** *heiligt dich zu allen Zeiten. Doch nimm zusätzlich zu all denen, die dich heiligen, auch unsere Heiligpreisung an, die wir dir sagen: Heilig, heilig, heilig der Herr Sabaoth. Voll (ist) der Himmel und die Erde deiner Herrlichkeit.* **(25)** *Erfülle auch uns mit der von [dir] kommenden Herrlichkeit und geruhe, den Heiligen Geist auf diese deine Geschöpfe herabzusenden, und mache das Brot zum Leib unseres [Herrn und] Erlösers Jesus Christus,* **(30)** *den Kelch aber [...] zum Blut des neuen*

PDêr-Balizeh fol. II *verso*

διαθήκηϲ αὐτοῦ τοῦ κ(υρίο)]υ̣ ημ̣[ῶ]ν κ̣αὶ
[θ(εο)ῦ καὶ ϲ(ωτῆ)ρ(ο)ϲ Ἰ(ηϲο)ῦ Χ(ριϲτο)ῦ.] *(vacat)*

καθ᾽ ὃν τρό]πον ὁ̣ [ἄρτος οὗ]τ̣ος ἐς̣[κ]ο̣ρπιςμέ-
ν̣ος ἦ̣ν̣ [ἐ]π̣άνω [ὀρέων] καὶ βο̣[υ]νῶν
καὶ ἀρουρῶ̣ν̣ κα[ὶ ςυμ]μ̣ιγεὶς ἐ̣[γέν]ετο
ἓν ςῶμα, [ὁ]μ̣ο̣ί̣ω̣[ς κα]θ̣ὼς ὁ οἶν̣ος ο̣[ὗτος
ὁ̣ ἐξελθὼ̣ν ἐκ τῆ[ς ἁγίας ἀ]μπέλου Δ̣[αυὶδ
κ̣αὶ τὸ ὕδωρ ἐξ ἀμ̣[νοῦ ⟨ἀμώ⟩]μ̣ο̣υ καὶ ςυμ̣[μι-
γε̣ὶ̣ς̣ ἐγέν̣ετο ἓ̣ν̣ [μυ]ςτήριον, οὕτ[ως
ἐπ̣[ιςύνα]ξον τ[ὴν] κ̣αθ̣ολικήν ςο̣[υ ἐκ-
κλη[ςίαν. *(+ ca. 9)*] *(vacat)* [
αὐτὸς γ̣ὰ[ρ ὁ κ(ύριο)ς ἡμῶν Ἰ(ηςοῦ)ς] ⌜Χ̣⌝(ριςτὸ)[ς τῆ(ι) νυκτί, ᾗ(ι)
πα̣ρ̣ε̣δ̣[ίδου ἑαυτόν, ἄρτον λαβὼν ἐπὶ
τ[ῶν ἁγίων αὐτοῦ χειρῶν, εὐχαριςτή-
ςα̣[ς εὐλογήςας ἁγιάςας κλάςας ἔδωκε
τοῖς μα[θηταῖς αὐτοῦ καὶ ἀποςτό]λ̣ο̣ι̣ς̣
εἰπών· λ̣[άβετε φάγετε πάντες ἐ-
ξ αὐτοῦ· τ̣οῦτό μ[ού ἐςτιν] τὸ ςῶμα τὸ
ὑ̣πὲρ ὑ̣μ̣ῶν διδ[όμενο]ν̣ εἰς ἄφεςι(ν)
ἁ̣μαρτιῶν · ὁμο̣[ίως με]τ̣ὰ̣ τὸ δ⟨ε⟩ιπνῆ-
ςαι λαβ̣ὼν ποτήριο̣ν̣ κ[αὶ ε]ὐ̣λογήςας
καὶ πιὼν ἔδωκεν αὐτοῖς εἰπών·
λάβετε π̣ί̣ε̣τ̣ε̣ π̣ά̣ν̣τες ἐξ αὐτοῦ. τ̣οῦ-
τό μού ἐς̣τιν τὸ αἷμα τὸ ὑπὲρ ὑμῶν
ἐκχ̣υ̣ννόμενον εἰς ἄφεςιν ἁμαρτιῶ(ν).
ὁ̣[ςάκις] ἐ̣ὰν ἐςθίητε τ̣ὸ̣ν̣ ἄ̣ρ̣τ̣ο̣ν̣ τ̣οῦτον,
π̣ί̣ν̣[η]τε δὲ τὸ ποτήριον τοῦτο,
τ̣ὸν ἐμὸν θάνατ̣ο̣ν̣ καταγ̣[γ]έλ̣λετ⟨ε κ⟩αὶ
τὴν ἐμ̣ὴν ἀνά̣μ̣ν̣[ηςιν πο]ι̣ε̣ῖτε.
τὸν θάνατόν ςου κ̣[αταγγέλλ]ομεν,
τὴν ἀνάςταςιν [ὁμολογοῦμ]εν,
καὶ δεόμεθα̣ τ̣[*(+13/17)*

1-13 e frustulis primum ediderunt Roberts/Capelle **2** Gamber, Papyrus 68f: [ς(ωτῆ)ρ(ο)ς Ἰ(ηςο)ῦ Χ(ριςτο)ῦ :] **3** [καθ᾽ ὃν τρό]π̣ον ὁ̣ [ἄρτος οὗ]τ̣ος Hammerstaedt: [και ον τρο]π̣ον ο̣[υτος ο αρ]τος Roberts/Capelle **4** [ὀρέων] Hammerstaedt: [των ορεων] Roberts/Capelle **6** [ὁ]μ̣ο̣ί̣ω̣[ς] Hammerstaedt: . . . ο̣ς̣ω Roberts/Capelle **7** Δ̣[αυίδ] Hammerstaedt: Δ̣[αυειδ] Roberts/Capelle **8-9** ἀμ̣[νοῦ ⟨ἀμώ⟩]μ̣ο̣υ καὶ ςυμ̣[μι]|γ̣ε̣ί̣ς Hammerstaedt: αμ[νου αμω]μ̣ου και ςυμ[μικτα] | ̣ ε̣ι̣ο̣ Roberts/Capelle **10-11** κ̣αθ̣ολικήν ςο̣[υ ἐκ]|κλη[ςίαν] Hammerstaedt: καθολικην [εκ]|κλη[cιαν του Ι(ηcο)υ Χ(ριcτο)υ] Roberts/Capelle **12** [τῇ(ι) νυκτί] Hammerstaedt: [νυκτι] Roberts/Capelle **14** Roberts/Capelle **14-15** Roberts/Capelle: [ευχαριcτη]|cα[c] κ[αι ευλογηcαc εκλαcεν και εδωκεν] de Puniet, [εὐχαριcτή]|cα[c καὶ εὐλογήcαc καὶ κλάcαc ἔδωκεν] Gamber, Papyrus 69 **28** καταγ[γ]έλλετ⟨ε κ⟩αί Hammerstaedt praeeunte de Puniet, qui etiam de καταγγελλεται falso pro καταγγελλετε scripto cogitavit; inter **28** et **29** versum excidisse suspicatus est Capelle 51, quem verbis ⟨τὴν ἐμὴν ἀνάcταcιν ὁμολογεῖτε καὶ⟩ restituere velim **29** [πο]ιεῖτε Roberts/Capelle praeeunte Lietzmann **31** [ὁμολογοῦμ]εν vel [δοξολογοῦμ]εν Hammerstaedt: [cου ομολογουμ]εν de Puniet

[Testaments] unseres Herrn und [Gottes und Erlösers Jesus Christus] selbst. [Auf diejenige] Art, wie dieses [Brot] auf Bergen, Hügeln (**5**) *und Saatfeldern zerstreut war und zusammengemischt ein Leib wurde, ebenso, wie dieser Wein, der aus der [heiligen] Rebe Davids hervorging, mit dem Wasser von dem untadeligen Lamm vermengt ein Geheimnis wurde, so sammle deine allgemeine* (**10**) *Kirche. Denn er selbst, [unser Herr Jesus] Christus, [gab in der Nacht, in der] er [sich selbst] hingab, [nachdem er Brot in seine heiligen Hände genommen, gedankt,* (**15**) *es gesegnet, geheiligt und gebrochen hatte, seinen] Jüngern [und] Aposteln mit den Worten: Nehmt [und eßt alle] davon: Dies [ist] mein Leib, [der] für euch gegeben wird zur Vergebung* (**20**) *der Sünden. Nachdem er ebenso nach dem Mahl einen Kelch genommen, (ihn) gesegnet und (daraus) getrunken hatte, gab er ihn ihnen mit den Worten: Nehmt und trinkt alle daraus: Dies ist mein Blut, das für euch* (**25**) *vergossen wird zur Vergebung der Sünden. Sooft ihr dieses Brot eßt und aus diesem Kelch trinkt, verkündet ihr meinen Tod, <(?)bekennt meine Auferstehung und(?)> weckt die Erinnerung an mich.* (**30**) *Deinen Tod verkünden wir, die Auferstehung [bekennen] wir, und bitten ... (?) [*

Kommentar:

PDêr-Balizeh fol. II *recto*

1-2 Dieselbe Abfolge beider Bitten gegen Ende der Interzessionen von Melk. Mark. (Brightman 131, 3-5; Cuming 35, 16-19) und Kacm. fol. 131r (92f Macomber);[520] für die dort auf μιcοῦντεc folgenden Worte τὸ ὄνομά cου κτλ. ist hier in **1** kein Platz. Das stattdessen wohl einzusetzende cέ entspricht dem alttestamentlichen Vorbild von Num. 10, 34. In **2** verzichtete Ro-

[520] Das Fürbittenfragment PVindob. G 16545 *recto* (o. S. 58) bricht unmittelbar davor ab.

berts (p. 22 im Apparat) bei der Ergänzung auf die durch die Parallelen[521] nahegelegte Form εὐλογίαιϲ, da ihm bereits die mit ἐ[π'] εὐλ[ογίᾳ] ergänzte Zeile lang vorkam. In der Tat würde sie ca. 4 Buchstaben länger als die übrigen Zeilen sein, während andererseits der nachfolgend in **3** durch Ausstellung des Beginns angedeutete Sinnabschnitt einen frühen Abschluß der zweiten Zeile ohne weiteres erlaubt. Zudem scheinen die Parallelen der Markos/Kyrillosliturgie die durch Roberts in seiner Ergänzung gebildete Konstruktion von ποιέω mit doppeltem Akkusativ (τὸν ϲὸν λαόν + ποιοῦντα κτλ.) nicht zu stützen. Die im Griechisch von LXX und NT, meines Wissens auch in patristischen Texten beispiellose Wendung ποίηϲον ἐπ' εὐλογίαιϲ[522] bereitete bereits mittelalterlichen Kopisten des Textes der Markosliturgie Schwierigkeiten.[523] Vermutlich ist ἐπ'εὐλογίαϲ final aufzufassen. Vollkommen ausgefüllt würde die Zeile durch die Ergänzung [ἐ]π̣' εὐλ̣[ογίαιϲ χιλίαϲ χιλιάδαϲ.[524]

3-5 Diese Kurzbitten erscheinen (zusammen mit weiteren Bitten und in anderer Reihenfolge) auch am Abschluß der Interzessionen von PVindob. G 17047/38329/38379 *recto* 2-5 (o. S. 58), Melk. Mark. (Brightman 131, 11f; Cuming 36, 5-7) und Kacm. fol. 131v (93 Macomber), wobei an πεπτωκόταϲ dort immer der Imperativ ἔγειρον angeschlossen ist.[525]

6-10 Bis auf τούτ̣ῳ(ι) [τῷ(ι) α]ἰ̣ῶ̣[ν]ι stimmt der Beginn des Ante-Sanctus mit Serap. 1 (13), 8[526] sowie mit Melk. Mark. (Brightman 21-23; Cu-

---

521 Anaph. Melk. Mark. (Cuming 35, 18-20): τὸν δὲ λαόν ϲου τὸν πιϲτὸν καὶ ὀρθόδοξον ποίηϲον ἐπ' εὐλογίαιϲ χιλίαϲ χιλιάδαϲ καὶ μυρίαϲ μυριάδαϲ, ποιοῦνταϲ τὸ θέλημά ϲου τὸ ἅγιον; in Vat. Gr. 1970 fehlt ποίηϲον, während Mess. gr. SS. Salv. 177 statt der schwierigen Wendung ποίηϲον ἐπ' εὐλογίαιϲ die Worte εὐλογήϲαϲ ποίηϲον εἰϲ bietet. Anaph. Gr. Kyrill. hat hingegen nur eine geringfügige Abweichung (Kacm. fol. 131rv: ἀληθινόν statt ὀρθόδοξον).

522 Raes 111 übersetzte: *populo autem tuo fideli et orthodoxo <u>benedic</u> ... facientibus sanctam voluntatem tuam*; vgl. Cuming 73: «but <u>bless</u> your faithful and orthodox people who do your will». Der Zusammenhang scheint jedoch die Deutung von εὐλογίαι auf Lobpreisungen Gottes durch die Menschen zu begünstigen.

523 S.o. Anm. 521.

524 Gamber, Papyrus 67 ergänzte **1-2**: οι μ[ιϲου]ντε[ϲ το ονομα ϲου τον δε] | λαον [ϲο]υ ευλ[ογηϲον] (+ unbeschriebener Raum), doch sind die Buchstabenreste vor ευλ[ογηϲον] deutlich besser mit einem π zu vereinbaren.

525 Ein Echo des hier benutzten Verbs könnte die Bitte *lapsos erige* in Anaph. Bohair. Kyrill. (Renaudot[2] 1, 45. l. 5) enthalten.

526 Ohne εἶ; alle anschließenden Worte sind wörtlich (mit τῷ αἰῶνι τούτῳ) aus Eph. 1, 21 übernommen.

ming 37, 2-4)[527] und Kacm. fol. 132r (93 Macomber)[528] überein, die alle von ὑπεράνω an Eph. 1, 21 folgen.

11-15 Die Rekonstruktion dieser fast völlig verlorenen Zeilen ist sehr unsicher, zumal der anfänglich in **11-13** trotz einiger Kürzungen mit Melk. Mark. (Brightman 23-25; Cuming 37, 4f)[529] und Kacm. fol. 132rv im wesentlichen übereinstimmende Text später offenbar stark hiervon abweicht,[530] um sich dann in **15-19** fast wörtlich[531] an die im Imperfekt gehaltene Schilderung in Jes. 6, 2 anzuschließen[532]

11 Die Ergänzung von Roberts/Capelle verursacht syntaktische Schwierigkeiten (wobei die Länge der so ausgefüllten Lücke auf jeden Fall [παρα]ϲτή-κ[ουϲιν] erfordern würde). Aus der Lage der Buchstaben ϲτηκ im Verhältnis zu ι αλλα και in **10** läßt sich schließen, daß der Zeilenbeginn – wie auf diesem Papyrus beim Einsetzen eines neuen Sinnabschnittes und im Anschluß an eine nicht vollständig beschriebene vorhergehende Zeile auch sonst üblich – nach links ausgestellt war. Die von Roberts als rechter Fuß eines ν gedeutete Spur vor αγιων kann durchaus auch als unterer Abschluß eines engen ϲ interpretiert werden, wie es auf diesem Papyrus häufig vorkommt. Es soll nicht verschwiegen werden, daß die hier vorgeschlagene Ergänzung bei normaler Schreibweise ungefähr einen Buchstaben zu lang, eine Rekonstruktion mit [ϲοὶ παρα]ϲτήκ[ουϲιν μυριάδε]ϲ ἁγίω(ν) hingegen ca. einen Buchstaben zu kurz wäre.

12-13 In Const. apost. 8, 12, 27 (SC 336, 192) haben die ϲτρατιαί der Engel ein ähnliches Epitheton (ἀνάριθμοι).[533]

14 τ Fuß; α unterer Rand des vorderen Bauchs und des rechten, etwas gebogenen Schrägstrichs; ι rechter, gerader Rand, der eine Deutung der Spuren

---

[527] Wie Eph. 1, 21, mit τῷ αἰῶνι τούτῳ.

[528] Mit τῷ νῦν αἰῶνι τούτῳ.

[529] <u>Σοὶ παραϲτήκουϲιν χίλιαι χιλιάδεϲ</u> καὶ μύριαι μυριάδεϲ <u>ἁγίων ἀγγέλων καὶ ἀρχαγγέλων ϲτρατιαί</u>.

[530] Vgl. Brightman 131, 25-28; Cuming 37, 6-8: ϲοὶ παραϲτήκουϲι τὰ δύο τιμιώτατά ϲου ζῷα, τὰ πολυόμματα Χερουβὶμ καὶ τὰ ἑξαπτέρυγα Σεραφίμ, ἃ δυϲὶ μὲν πτέρυξι(ν) τὰ πρόϲωπα (κατα)καλύπτοντα καὶ δυϲὶ τοὺϲ πόδαϲ καὶ δυϲὶν ἱπτάμενα ... κέκραγεν κτλ. (kein älterer Textzeuge der Markosliturgie enthält diesen Abschnitt); Serap. 1 (13), 9 ϲοὶ παραϲτήκουϲιν τὰ δύο τιμιώτατα Σεραφὶμ ἑξαπτέρυγα, δυϲὶν μὲν πτέρυξιν καλύπτοντα τὸ πρόϲωπον, δυϲὶ δὲ τοὺϲ πόδαϲ, δυϲὶ δὲ πετόμενα κτλ.

[531] Jes. 6, 2 wiederholt κατεκάλυπτον vor τοὺϲ πόδαϲ.

[532] Etwas ferner liegt Anaph. Gr. Greg. (l. 54-50 Gerhards).

[533] SC 336, 192 (in *c M* ἀναρίθμητοι).

von τ̣α̣ι als [Χερουβ]ί̣μ̣ ausschließt.[534] Da die von Roberts/Capelle gedruckte Ergänzung [πολυομματα Χερουβιμ ϲοι παριϲταν]τ̣α̣ι ca. vier Buchstaben zu lang ist, erwog Roberts im Apparat die Auslassung von ϲοι.

15 Die Ergänzung von de Puniet scheint mindestens zwei Buchstaben zu lang zu sein.

16 Die hier übernommene, auf de Puniet zurückgehende Ergänzung scheint 2-3 Buchstaben zu kurz. Zwei Buchstaben vor dem zweiten καί ist in der Lücke noch der Fuß einer Vertikalen erkennbar, so daß allenfalls mit einem kurzen Agraphon, ähnlich wie an der Parallelstelle in **18**, nicht aber mit unbeschriebenem Raum in der gesamten Länge der fehlenden Buchstaben zu rechnen ist.

18 Nach πον ließ der Schreiber einen halben Buchstaben frei.

19-24 In Melk. Mark. und Kacm. fol. 133rv (93f Macomber) referiert erst der Priester den Ruf ἅγιοϲ κτλ. als Worte der Cherubim und Seraphim (in Vat. Gr. 1970 und 2281 sowie vor der Korrektur Sin. gr. 2148 mit fast demselben Wortlaut wie in **23-24**)[535] und fährt anschließend mit Worten fort, die hier **19-23** entsprechen[536] und zu einem erneuten ἅγιοϲ-Ruf, diesmal durch die Gemeinde, überleiten. An dieser zweiten Stelle stimmt jener Ruf in Messan. gr. SS. Salv. 177 mit den Zeilen **23-24** fast überein.[537] Größere Nähe zur Disposition der Gedanken, nicht aber immer auch zur Formulierung von **19-24** zeigt das *Serapioneuchologion*.[538]

---

[534] De Puniet hatte hier ϲ̣ι̣ν̣ gelesen.

[535] Brightman 132, 1f; Cuming 37, 11f. Der einzige Unterschied liegt in der Formulierung τῆϲ ἁγίαϲ ϲου δόξηϲ (so gleich dreimal auch in PVindob. G 19887 [5./6. Jh.; Wessely 437]). Er ergab sich aus verschiedenen Umformulierungen von τῆϲ δόξηϲ αὐτοῦ in dem alttestamentlichen Zitat aus Jes. 6, 3 (vgl. auch de Puniet 47 z.St. [dort zu 11-12]). Mit Erweiterungen im ersten Teil, aber derselben Zuweisung an Cherubim und Seraphim Mess. gr. SS. Salv. 177, Sin. gr. 2148 nach der Korrektur und Alex. 173 (ἅγιοϲ ὁ θεόϲ, ἅγιοϲ ἰϲχυρόϲ, ἅγιοϲ ἀθάνατοϲ, κύριοϲ Cαβαώθ κτλ.); hingegen bleibt Kacm. fol. 133r (93 Macomber) im zweiten Teil mit πλήρηϲ πᾶϲα ἡ γῆ τῆϲ δόξηϲ ϲου besonders nahe an Jes. 6, 3. Der PBarc. inv. 154b 20f (11 Roca-Puig) bietet πληρηϲ ϲου | ο ουρανοο τηϲ δοξηϲ ϲου (vgl. PVindob. G 41043 *verso* 1 [o. S. 156] und Serap. 1 [13], 10 [Text s.u. Anm. 538]).

[536] Brigthman 132, 4-6; Cuming 37, 15-17: πάντοτε μέν (τὰ) πάντα ϲὲ ἁγιάζει. ἀλλὰ καὶ μετὰ πάντων τῶν ϲὲ ἁγιαζόντων δέξαι δέϲποτα κύριε καὶ τὸν ἡμέτερον ἁγιαϲμὸν ϲὺν αὐτοῖϲ ὑμνούντων καὶ λεγόντων (ϲοι)· ἅγιοϲ κτλ. Vgl. Kacm. fol. 133r (94 Macomber).

[537] Auch hier mit τῆϲ ἁγίαϲ ϲου δόξηϲ (vgl. o. Anm. 535). In den anderen Mss. von Melk. Mark. und in Kacm. sind nur die Anfangsworte des zweiten, durch die Gemeinde erfolgenden ἅγιοϲ-Rufs verzeichnet.

[538] Serap. 1 (13), 9-11: ϲοὶ παραϲτήκουϲιν τὰ ... Cεραφὶμ .... ἁγιάζοντα. (10) μεθ' ὧν δέξαι καὶ τὸν ἡμέτερον ἁγιαϲμὸν λεγόντων· ἅγιοϲ, ἅγιοϲ, ἅγιοϲ, κύριοϲ Cαβαώθ, πλήρηϲ ὁ οὐρανὸϲ καὶ ἡ γῆ τῆϲ δόξηϲ ϲου. πλήρηϲ ἐϲτὶν ὁ οὐρανόϲ, πλήρηϲ ἐϲτὶν καὶ ἡ γῆ τῆϲ μεγαλο-

19 Das aus Jes. 6, 2 übernommene [ἐπέτα]ν̣το ist aus der hellenistischen Nebenform πέταμαι gebildet, vgl. R. Helbing, Grammatik der Septuaginta. Laut- und Wortlehre (Göttingen 1907) 82f.

23 Zwischen den ἅγιος-Rufen sind Lücken von jeweils ca. zwei Buchstaben gelassen. κ(ύριο)ϲ Cαβαώθ auch im Sanctus des PNaqlun inv. 10/95 *verso* 6 (Derda/Urbaniak-Walczak 15).

recto **25** - *verso* **2** Während auch sonst häufig mit πλήρωϲον eingeleitete Bitten an πλήρηϲ (in **23-24**) angeschlossen werden,[539] kannte man in den ersten Jahren nach der Publikation von PDêr-Balizeh keine weiteren Beispiele aus den östlichen Liturgien für eine Stellung der Herabsendungsbitte (**26-28**) und der Wandlungsbitte (*recto* **28** - *verso* **2**) vor den Einsetzungsworten (ab *verso* **12**) bzw. gleich nach dem Post-Sanctus.[540] Inzwischen lassen sich jedoch neben Cyrill. Hieros. catech. myst. 5, 6-7 (SC 126, 152-154)[541] die Coptica Lovaniensia nr. 27,[542] PVindob. G 41043 *verso* 7 (o. S. 156),[543] PBarc. inv. 155a 2-7 (11f Roca-Puig) und Sunnarti fr. 1+2+5+6+7, 15-20 (u. S. 208) zum Vergleich heranziehen.[544]

25 Die Ergänzung παρά ϲου ist vorzuziehen; vgl. τῆϲ παρά ϲου εὐλογίαϲ in Melk. Mark. (Brightman 132, 14; Cuming 39, 5); Kacm. fol. 133v (94 Macomber).

26-28 Mit etwas anderen Worten, und weniger knapp formulieren (nach den Einsetzungsworten) die spätantiken Textzeugen der Markos/Kyrillosliturgie in PRyl. gr. 465 *recto* 25-27 (o. S. 79), PVindob. G 26134 *recto* 1-3 (o.

πρεποῦϲ ϲου δόξηϲ, κύριε τῶν δυνάμεων. Weitere Beispiele für die Verbindung der beiden dreimaligen Sanctus-Rufe der himmlischen Wesen und der Gemeinde zu einem einzigen u. S. 210 (zu Sunnarti fr. 3+4, 6)

539 Vgl. Anaph. Melk. Mark. (Brightman 132, 13-15; Cuming 39, 4f): πλήρωϲον ... καὶ ταύτην τὴν θυϲίαν τῆϲ παρά ϲου εὐλογίαϲ διὰ τῆϲ ἐπιφοιτήϲεωϲ τοῦ (παν-)ἁγίου ϲου πνεύματοϲ; Serap. 1 (13), 11: πλήρωϲον καὶ τὴν θυϲίαν ταύτην τῆϲ ϲῆϲ δυνάμεωϲ καὶ τῆϲ ϲῆϲ μεταλήψεωϲ; Schermann 16.

540 Vgl. de Puniet 48.

541 Direkt nach dem Sanctus, wobei der Einsetzungsbericht auch im folgenden keine Erwähnung findet.

542 L.Th. Lefort: Muséon 53 (1940) 22-24 mit Rückübersetzung ins Griechische, ohne Zeilenzählung.

543 In diesem Fragment folgt die Herabsendungsbitte direkt auf Post-Sanctus und Darbringung, so daß der Einsetzungsbericht erst danach gestanden haben kann.

544 Vielleicht auch PBerol. 17032 *recto* 12 (o. S. 151).

S. 97)[545] und auch die oben zu *recto* **25** - *verso* **2** verzeichneten Liturgien, in denen diese Herabsendungsbitte dieselbe Position innehat.

28 Nach ταῦτα Zäsur von Länge eines halben Buchstabens.

recto **28** -*verso* **2** Anders als in späteren Liturgien, die die Wandlung durch Wirken des Heiligen Geistes erwünschen,[546] richtet sich diese Wandlungsbitte auch in den älteren Fassungen der Markos/Kyrillosliturgie (PRyl. gr. 465 *verso* 1 [o. S. 80]; PVindob. G 26134 *recto* 4 [o. S. 97]; OBritMus. nr. 54036 *recto* 17f), in denen sie insgesamt dem vorliegenden Wortlaut recht eng entspricht,[547] und in dem knapperen Text von Sunnarti fr. 1+2+5+6+7, 19f (u. S. 208) an Gottvater selbst.[548]

30 Die Lücke zwischen π[οτήριον] und [α]ἷμα wird durch die Ergänzung nicht vollkommen ausgefüllt, sondern bietet Platz für ca. 3 weitere Buchstaben; vgl. PVindob. G 26134 *recto* 8 (o. S. 97).

PDêr-Balizeh fol. II *verso*

3-11 Die Vermengung des Getreides im Brot zieht auch die Didache[549] und noch ähnlicher das *Serapioneuchologion*[550] zum Vergleich mit der erwünschten Vereinigung der Kirche heran,[551] wobei hier die Bezeichnung des

---

[545] Noch ferner liegen ihre mittelalterlichen Fassungen (Brightman 133, 31ff; Cuming 46, 3ff; Kacm. fol. 13v-138r [96 Macomber]).

[546] Vgl. Schermann 16-18, der ebd. 16 Anm. 3 diese Praxis bis auf Kyrill von Jerusalem (catech. 5, 7 [SC 126, 154]) zurückführte; z.B. Kacm. fol. 138v (97 Macomber); im Mess. gr. SS. Salv. 177 von Anaph. Melk. Mark. (Cuming 46, 14-26; komplizierter ist der Text in den anderen Mss. durch Einschub eines an den Gottvater gerichteten ἔπιδε bzw. ἔφιδε [Brightman 134, 9; Cuming 46, 14]).

[547] In PVindob. G 26134 *recto* 4-6 ist allerdings nur der erste, das Brot betreffende Teil erhalten. Statt des Imperativs konstruieren die beiden griechischen Textzeugen mit einem Finalsatz (dazu vgl. den Kommentar zu PRyl. gr. 465 *recto* 25 [o. S. 86]). Knapper formuliert PBarc. inv. 155a 3.

[548] Unklar ist die Zuweisung der Bitte in Coptica Lovaniensia nr. 27 (hier lückenhaft) und in PBarc. inv. 155a 5 (12 Roca-Puig), dessen korrupter Text allerdings auf eine vom Heiligen Geist bewirkte Wandlung hinauszulaufen scheint.

[549] 9, 4 (SC 248, 176): ὥϲπερ ἦν τοῦτο ⟨τὸ⟩ κλάϲμα διεϲκορπιϲμένον ἐπάνω τῶν ὀρέων καὶ ϲυναχθὲν ἐγένετο ἕν, οὕτω ϲυναχθήτω ϲου ἡ ἐκκληϲία ἀπὸ τῶν περάτων τῆϲ γῆϲ εἰϲ τὴν ϲὴν βαϲιλείαν.

[550] 1 (13), 13: καὶ ὥϲπερ ὁ ἄρτοϲ οὗτοϲ ἐϲκορπιϲμένοϲ ἦν ἐπάνω τῶν ὀρέων καὶ ϲυναχθεὶϲ ἐγένετο εἰϲ ἕν, οὕτω καὶ τὴν ἁγίαν ϲου ἐκκληϲίαν ϲύναξον ἐκ παντὸϲ ἔθνουϲ ... καὶ ποίηϲον μίαν ζῶϲαν καθολικὴν ἐκκληϲίαν.

[551] Angelegt ist der Vergleich bereits in Cor. 10, 17. Vgl. weiterhin Const. apost. 7, 25, 3 (SC 336, 54).

Brotes als ϲῶμα und des mit Wasser vermengten Weins als μυϲτήριον hinzutritt (dazu Capelle 47). Die zusätzliche Aufnahme der Vermischung von Wein und Wasser in diesen Vergleich findet eine Parallele in der als «Weihnachtsliturgie» bezeichneten Fassung der äthiopischen Gregoriosliturgie, die dem vorliegenden Text am nächsten steht.[552]

3 Roberts: [καὶ ὃν τρό]π̣ον, doch wäre dann ein wiederaufnehmendes καί vor [κα]θώϲ in **6** nicht zu vermeiden (wo es jedoch mit den Spuren unvereinbar ist). Von ο̣ nur sehr unsichere Spur des linken Unterteils. Roberts: ο̣[ὗτοϲ ὁ ἄρ]τοϲ, doch vgl. Serap. 1 (13), 13 und ὁ οἶνοϲ οὗτοϲ in **6**.

4 Roberts ergänzte [των ορεων], obgleich ihm dies zu lang schien, da er das Nomen allein für zu kurz hielt. Ich teile diese Bedenken nicht. Für die Junktur von ὄρη und βουνοί verwiesen Roberts/Capelle auf Ps. 148, 9 LXX (vgl. aber auch Äthiop. Greg.), für einen (allerdings etwas anderen) Anschluß von ἄρουραι an βουνοί auf 1 Reg. 22, 6.

6 Vor [ο]μ̣ wäre noch Platz für eineinhalb Buchstaben; μ̣ winzige Spuren, die auf die Rundungen des unteren Randes eines μ schließen lassen; ο̣^{1} (so schon Roberts) rundes Unterteil, rechts hochgezogen, also sicherlich kein ε̣; ι̣ Vertikale (trotz Lesung von ϲ durch Roberts); ω̣ linkes unteres Ende mit weiter Rundung (wie auch φ; vgl. Roberts im Apparat), jedenfalls kein ο. Für die Wendung ὁμοίωϲ καθώϲ vgl. Lc. 17, 28. ο̣^{2} linke Seite, vielleicht mit Ansatz eines mittleren Querstrichs, doch wäre ἐ̣[κεῖνοϲ hier nicht nur unangebracht, sondern auch zu lang.

7 Roberts ergänzte Δ̣[αυείδ], doch führt bereits die hier gewählte Schreibweise zu einer ungewöhnlichen großen, die schon sehr breite dritte Zeile **3** noch um eine halbe Buchstabenlänge übertreffenden Ausdehnung. Von δ̣ ist das linke Ende der Grundlinie und links oben eine Spur vom Beginn der rechten Diagonale zu sehen. Als ἁγία ἄμπελοϲ Δαυίδ wird der Abendmahlswein auch in Did. 9, 2 bezeichnet («Rebe Davids» auch Clem. Alex. quis

---

552 O. Löfgren (Ed.) / S. Euringen (Übers.): Orientalia christiana 30, 2 (1933) 124-127: «Wie du dieses Brot gesammelt hast, obwohl es auf Bergen und Hügeln zerstreut war, und wie es durch die Sammlung zu *einem* vollkommenen Brot wurde: ebenso sammle auch uns durch deine Gottheit von jedem bösen Gedanken zu deinem vollkommenen Glauben! Wie du das Wasser mit dem Weine vereinigt hast und der Wein mit dem Wasser vereinigt ist und nach der Vereinigung und Vermischung das eine von dem anderen nicht (mehr) getrennt werden kann: ebenso sammle auch uns durch deine Gottheit von jedem bösen Gedanken zum vollkommenen Glauben!» Dazu ausführlich mit Besprechung der weiteren Parallelen Capelle 48f.

div. salv. 29, 4 [GCS Clem. 3, 179, 11]; Orig. hom. 6, 2 in Iud. [GCS Orig. 7, 500, 6f]; vgl. Roberts/Capelle 27).

8 ἐξ ἀμ[νοῦ ἀμώ]μ̣ου wäre drei Buchstaben zu lang. Die erhaltenen Buchstaben lassen jedoch wenig Spielraum für andere sinnvolle Ergänzungen, so daß wohl mit einem Schreibfehler zu rechnen ist. Die Worte ἄμνοϲ ἄμωμοϲ erscheinen in Verbindung mit Christi Hingabe für die Menschen in Melk. Mark. in einem nur im Vat. gr. 1970 überlieferten Gebet (Brightman 124, 25), allerdings in Verbindung mit Christi Blut, mit dem sie schon in 1 Petr. 1, 17 stehen. Die Ergänzung ϲύμ[μικτα würde die Länge der vorhergehenden Zeilen noch um einen weiteren Buchstaben übertreffen.

9 Roberts las ̣ ε̣ι̣ο̣, wobei er als ersten Buchstaben α bzw. δ vermutete und statt des ο̣ auch ein ϲ̣ für möglich hielt (im Apparat, wo er eine Lesung δειό = διό als grammatisch unmöglich verwarf); Gamber, Papyrus 68f schrieb hingegen ϲυμ[μι]γεν]. Die Überreste des ersten Buchstabens scheinen mit dem verdickten und so nach links ausladenden Fuß eines γ vereinbar (vgl. Zeile **5**). Von ε̣ ist das Oberteil mit dem Querstrich, von ι̣ die Spitze, vom ϲ̣ die Kuppe sichtbar. Die ungewöhnliche Kongruenz des Genus mit dem weiter entfernten Maskulin οἶνοϲ sowie das an dieser Stelle unpassende καί wecken den Verdacht auf eine versehentliche, vielleicht rein mechanische Wiederaufnahme des in **5** bereits einmal durchaus sinnvoll gebrauchten Ausdrucks καὶ ϲυμμιγεῖϲ anstelle des einfachen Partizips im Neutrum des Singulars oder Plurals. Nach [μυϲ]τήριον Lücke in Länge eines halben Buchstabens.

10 ϲ blaß, aber deutlich; ο̣ blaß linke Seite und Kuppe.

12-25 Der Text[553] ist knapper, aber fast[554] mit denselben Worten wie in den frühen griechischen Zeugen der Markos/Kyrillosliturgie formuliert,[555] soweit sich dies bei ihrem Erhaltungszustand erkennen läßt (PVindob. G 16545 *verso* 1-12 [o. S. 59]; PRyl. gr. 465 *recto* 4-16 [o. S. 78]). Dort stehen die Einsetzungsworte allerdings direkt nach dem Sanctus, also vor der Herabsendungs- und Wandlungsbitte (s.o. 181 im Kommentar zu *recto* **25** -

553 Wessely 427 bot in **14-15** [ἔκλα]ϲε κ[αὶ εὐχαριϲτήϲαϲ ἔδωκεν] (zu kurz; ε nicht mit den erhaltenen Spuren vereinbar).

554 Die von der Markos/Kyrillosliturgie abweichende Begründung γάρ in **12** (vgl. Const. apost. 8, 12, 36 [SC 336, 196]) läßt sich hier mit der besonderen Stellung des Einsetzungsberichts nach der Bitte um Wandlung erklären.

555 Einerseits noch viel geraffter, an manchen Stellen jedoch ausführlicher ist die Schilderung in 1 Cor. 11, 23-25, die hier wohl nicht als direkte Vorlage gedient hat.

verso **2**). Größere Unterschiede legen die entsprechenden Worte in Serap. 1 (13), 12 und 14, Const. apost. 8, 12, 36f (SC 336, 196-198), PBarc. inv. 155a 7-14 und Coptica Lovaniensia nr. 27 an den Tag, während PBerol. 17032 *verso* (o. S. 152) für ein Urteil über das Ausmaß seiner Abweichungen zu kurz und zu lückenhaft ist.

12 Senkrecht unter ολ (in **10**) erkennt man über **12** den Querstrich über einem Nomen sacrum; darunter nahm Roberts Spuren von χ wahr, die jetzt nicht mehr erhalten sind. Die Ergänzung τῇ νυκτὶ ᾗ entspricht Melk. Mark. (Brightman 132, 16; Cuming 49, 2)[556] und Kacm. fol. 134r (94 Macomber).

17 Gamber, Papyrus 69 hielt aus Platzgründen ein και nach λαβετε für nötig, doch würde dieser erweiterte Text nicht mehr in die Lücke zwischen dem Zeilenanfang und dem (unbeschriebenen) Zeilenende passen.

20 Hochpunkt nach ἁμαρτιῶν.

22 Zu καὶ πιών s.o. S. 70 zu PVindob. G 16545 *verso* 6-8.

26-29 In der Länge und, bis auf Zeile **29**, im Wortlaut besteht wieder große Ähnlichkeit mit der spätantiken Markos/Kyrillosanaphora, soweit deren Reste ein Urteil zulassen (PRyl. gr. 465 *recto* 17-19 [o. S. 78]; PVindob. G. 16545 *verso* 14f [o. S. 59]) und mit Const. apost. 8, 12, 37 (SC 336, 198).

28 Wessely 427 und Capelle 49 betrachteten καταγγέλλεται als Verschreibung von καταγγέλλετε (was schon de Puniet 51 in Betracht gezogen hatte). Doch scheint hier eine Kopula nötig.

29 De Puniet ergänzte αναμ̣ν[ηcιν ομολογ]ειτε, wobei er ebd. 50f ἀνάμνηcιν als Lapsus für ἀνάcταcιν betrachtete.[557] Der so hergestellte Text würde zwar der Markosliturgie entsprechen (vgl. PRyl. gr. 465 *recto* 18f [o. S. 78]), ist aber, wie Lietzmann bemerkte, zu lang für die Lücke.[558] Seine unter Hinweis auf die Anaphora in Hippol. trad. 4 (SC 11bis, 52) vorgeschlagene Ergänzung τὴν ἐμὴν ἀνάμνηcιν ποιεῖτε hat sich mit der Lesung eines weiteren Buchstabens von [πο]ι̣ε̣ῖτε durch Roberts glänzend bestätigt. Aus dem Vergleich mit östlichen Anaphoren,[559] wo an entsprechender Stelle das

---

[556] Nur Mess. gr. SS. Salv. 177 setzt, wie schon PRyl. 465 *recto* 5 (o. S. 78), vor τῇ νυκτί ein ἐν.

[557] Diese Form druckte Quasten im Text.

[558] H. Lietzmann, Messe und Herrenmahl. Eine Studie zur Geschichte der Liturgie^{3} (Berlin 1955) 38 Anm. b.

[559] Anaph. Copt. Greg. Alex. (Renaudot^{2} 1, 30, l. 27-29 und Anaph. Bohair. Kyrill (Renaudot^{2} 1, 46, l. 23-25: *quotiescumque enim manducabitis ex hoc pane, et bibetis ex hoc calice, annunciate mortem meam, <u>et confitemini resurrectionem meam, et memoriam mei agite</u>, donec veniam*); verkürzt kehrt dies in Anaph. Gr. Kyrill. wieder (Kacm. fol.

Bekenntnis von Christi Auferstehung und das Gedenken an ihn hintereinander erwähnt werden, schloß Capelle 50f auf einen Textausfall vor **29** durch Homoioteleuton. Entsprechend der in dieser Ausgabe vorgezogenen Textkonstitution von **28** dürften die vergessenen Worte, deren Verlust auch einem *saut du même au même* angelastet werde könnte, ⟨τὴν ἐμὴν ἀνάςταςιν ὁμολογεῖτε καὶ⟩ gelautet haben.

30-31 Mit gleicher Konstruktion, nach ἀνάςταςιν mit dem auch in **31** in Betracht zu ziehenden Verbum δοξολογοῦμεν,[560] und fast ebenso knapp präsentiert sich PBerol. 7561.[561] Von den frühen Textzeugen der Markos / Kyrillosliturgie formuliert ausführlicher, doch mit derselben Satzstruktur PVindob. G 17047/38329/38379 *verso* 2-7 (o. S. 60). PRyl. gr. 465 *recto* 19-21 (o. S. 78f) verwendete hier wohl Partizipien, wie auch die späteren Fassungen der Markos/Kyrillosliturgie.

32 Nach δεόμεθα sind Querstrich und Fuß eines hier (statt καὶ παρακαλοῦμέν cε) unerwarteten τ sichtbar.[562] Mit dem Anschluß der Horizontale an das vorherige α̣ vgl. θανατο̣ν̣ in **28**. Der verhältnismäßig große Abstand des Fußes von τ̣ zu dem rechten Ende von α̣ paßt weit eher zu einem τ (vgl. auch *recto* **26** καταξιωcον κατ̣[; **27** π̄ν̄α τ̣ο̣; **29** cωμα τ̣[; **30** α]ι̣μα τηc; *verso* **18** cωμα το; **30** θανατον) als zu dem enger anschließenden und mit dem Ende von α verschmelzenden linken Fuß eines π (vgl. *recto* **20** μετα πα̣ν̣των; das einzige links weitausladende π steht *verso* **13** an einem Zeilenanfang).

135r [95 Macomber]: τὸν ἐμὸν θάνατον καταγγέλλετε, καὶ τὴν ἐμὴν ἀνάςταςιν καὶ ἀνάληψιν ὁμολογεῖτε).

560 Während das in den bisherigen Editionen vor ὁμολογοῦμεν ergänzte cου sicherlich zwei Buchstaben zu lang wäre, ist ὁμολογοῦμεν vielleicht sogar einen Buchstaben zu kurz für die Lücke, so daß eine Ergänzung mit δοξολογοῦμεν alles anderes als fern liegt.

561 Text o. Anm. 224.

562 Vgl. Capelle 51f; Gamber, Papyrus 69. In der Markos/Kyrillosliturgie erfolgt hier die Herabsendungs- und Wandlungsbitte (vgl. PRyl. gr. 465 *recto* 25 - *verso* 2 [o. S. 79f]), die jedoch im vorliegenden Text bereits *recto* **26** - *verso* **2** stand. Man vermutete, daß hier eine Bitte um gnädige Annahme des Opfers (Schermann 22) oder, wie in PBarc. inv. 155a 18 (12 Roca-Puig) um die Früchte der Kommunion anschloß (van Haelst, Reconstitution 452f, der nicht ausschloß, daß ihr Ende auf fol. III *recto* erhalten sei).

17. Kairo, Koptisches Museum, inv. 753 (Lefebvre nr. 69): Zitat von Ante-Sanctus, Sanctus und Post-Sanctus auf einer Stifterinschrift aus der Marienkirche in Alt-Kairo

Die in Holz geschnitzte 2, 74 m breite und 37 cm hohe Inschrift ist aus vier jeweils eine Zeile enthaltenden Planken zusammengesetzt und bildet das Oberteil einer Schnitzerei mit Darstellungen von Christi Einzug in Jerusalem und anderen Episoden aus seinem Leben. Zuerst wurde sie von K. Krumbacher auf Grundlage einer Transskription von Strzygowski publiziert,[563] dann von Lefebvre und Baumstark[564] mit Veränderungen abgedruckt. Erneut las und edierte sie P. Jouguet,[565] zu dessen Text Fraser in **1** einen Textvorschlag machte.[566] In jüngerer Zeit gab MacCoull die Inschrift nach einer Revision am Original unter Berücksichtigung einiger Textvorschläge von L. Koenen neu heraus und deutete die Datierung am Ende von **4** als den 7. Mai 735 n.Chr.[567] Die bisher letzte, ebenfalls auf einer Überprüfung an Ort und Stelle basierende Edition legte Fournet vor.[568]

Inscr. Kopt. Mus. Kairo inv. 753[569]

1 [*(+ ca.21)* Ἀβρ]ạάμ, ὃς ἀγλαῶς λαμπρείνεται ἀχλῦς παντελῶς
μὴ κεκτημένος, ἔνθα κατω(ι)κεῖ πᾶν τὸ πλήρωμα

---

[563] Bei J. Strzygowski, Die christlichen Denkmäler Ägyptens: RömQs 12 (1898) 15f mit 2 Photos auf Taf. II; deutsche Übersetzung des Post-Sanctus bei Gerhards S. 198.

[564] A. Baumstark, Zwei nicht erkannte Bruchstücke frühchristlich-griechischer Liturgie Ägyptens: JbLitWiss 1 (1921) 133.

[565] Bei M.H. Simaika, Guide sommaire du Musée copte et des principales églises du Caire (Cairo 1937) 26f (2 Photos ebd. Taf. LXVII). Abdruck dieser Edition bei Marina Sacopoulo, Le linteau copte dit d'Al-Moâllaka: CahArch 9 (1957) 99-115; mit Photos fig. 1-6.

[566] P.M. Fraser: JournEgyptArch 45 (1959) 92f.

[567] Leslie S.B. MacCoull, Redating the inscription of El-Moallaqa: ZPE 64 (1986) 230-234 (mit einigen Corrigenda: ZPE 71 [1988] 74). Dazu veröffentlichte sie eine den Erhaltungszustand zwischen 1900 und 1910 dokumentierende Photographie des rechten Teils (Taf. XIII; dazu vgl. MacCoull 232 Anm. 5). Photos der gesamten Inschrift auch bei J. Beckwith, Coptic sculpture 300-1300 (London 1963) Abb. 41-43.

[568] J.L. Fournet, L'inscription de l'église Al-Mu'allaqa. Quelques corrections: BullInstFrArchOr 93 (1993) 237-244; mit neu verfertigten Photos fig. 1-4.

[569] Zur gewählten Textdarstellung s.o. S. 17.

τῆc θεότητοc, ὧ(ι) λυτουργοῦcιν αἱ ἄνω cτρα-
2 [τιαί, ἅγιοι ἄγγελοι ἅγιοι ἀρχά]γγελοι, (καὶ) ἀπαύcτωc
αὐτὸν γερέρουcιν ἐν τριcαγία(ι) φωνῆ(ι) ἄ(ι)δοντεc
(καὶ) λέγοντεc· ἅγιοc ἅγιοc ἅγιοc εἶ κ(ύρι)ε·
πλήρηc ὁ οὐ(ρα)νὸc (καὶ) ἡ γῆ τῆ[c ἁγί-
3 α⟨c⟩ cου δ[ό]ξηc· (καὶ) γὰρ πεπλήρωνται τῆc μεγαλιότητόc
cου, πολυεύcπ⟨λ⟩α⟨γ⟩χνε κ(ύρι)ε, ὅτι ἐν οὐ-
(ρα)νοῖc ἀώρατοc ὢν ποικίλοιc δυνάμεcιν
†ἐν ἡμῖν† εὐδό⟨κ⟩ηcαc τοῖc βρωτοῖc cυν-
4 αναcτραφῆναι cαρκωθεὶc ἐκ τῆc ἀπιράνδρου θεομήτοροc
Μαρίαc. ἐπίκουροc γενοῦ Ἀββᾶ Θεοδώρου προέ-
δρο(υ) (καὶ) Γεωργίω(ι) διακ(όνου) (καὶ) οἰκονόμο(υ).
μ(ηνὸc) παχ(ὼν) ιβ̅ ἰνδ(ικτίωνοc) γ̅ Διοκ(λητιανοῦ) υ̅ν̅α̅

1 [- - - Ἀβρ]αάμ, ὅc Hammerstaedt ([- - -]αμ οc Lefebvre): [- - - ὁ ο]υ(ρα)νόc Koenen apud MacCoull; ὧ(ι) λυτουργοῦcιν αἱ ἄνω cπα Strzygowski (Krumbacher): ὡc ἐ[π]ουρ(αν)ίου Cιναὶ ἄνω[θεν(?)] Jouguet, [κ]αὶ τοῦ νοῦ Cιναὶ ἄνω[θεν] Fraser, ὡc ἐ[π]ουρανίου Cιναὶ ἄνω MacCoull, ᾧ λυτουργοῦcιν αἰανῶc πάǀ[ντ - - -] Fournet **1-2** cτραǀ[τιαί, ἅγιοι ἄγγελοι ἅγιοι ἀρχά]γγελοι vel fortasse cτραǀ[τιαί, οἱ ἅγιοι ἄγγελοι (καὶ) οἱ ἀρχά]γγελοι Hammerstaedt: cτραǀ[τιαί, οἱ ἀρχάγγελοι καὶ οἱ ἄ]γγελοι Baumstark, Bruchstücke, ([- - - οἱ ἄ]γγελοι iam Krumbacher) **2-3** τῆ[c ἁγί]ǀα⟨c⟩ cου δ[ό]ξηc Fournet (τῆ[c ἁγί]ǀαc cου [δό]ξηc Jouguet) **3** ὢν ποικίλοιc δυνάμεcιν †ἐν ἡμῖν† εὐδό⟨κ⟩ηcαc (fortasse ⟨ἐνεργῶν⟩ ἐν ἡμῖν vel ⟨ἐνεργῶν⟩ {ἐν ἡμῖν}): ⟨cυν⟩ὼν ποικίλοιc δυνάμεcιν ἐν ἡμῖν εὐδό⟨κ⟩ηcαc aut ὢν ποικίλοιc δυνάμεcιν ἔν⟨ει⟩ ἡμῖν εὐδο⟨κ⟩ήcαc Koenen apud MacCoull (εὐδό⟨κ⟩ηcαc Krumbacher: εὐδο⟨κ⟩ήcαc Jouguet) **3-4** cυν[et]αναcτραφηναι coniunxit MacCoull **4** Γεωργίου διακ(όνου) (καὶ) οἰκονόμο(υ) legendum esse censuit Fournet (Krumbacher): Γεωργίω(ι) διακ(όνωι) (καὶ) οἰκονό(μωι) Krumbacher; μ(ηνὸc) παχ(ὼν) ιβ̅ ἰνδ(ικτίωνοc) γ̅ Διοκ(λητιανοῦ) υ̅ν̅α̅ [†] Fournet: μ(ηνὸc) Παχ(ὼν) ιβ̅ ἰνδ(ικτίονοc) γ̅ Διοκ(λητιάνου) *(sic)* ν̅α̅ Jouguet, μ(ηνὶ) παχ(ῶνι) ιβʹ ἰνδ(ικτιῶνι) ζʹ (?) Διοκλ(η) ... Strzygowski/Krumbacher, μ(ηνὸc) παχ(ὼν) ιβʹ ἰνδ(ικτιῶνοc) γʹ (?) Διοκλη(τιανοῦ) Lefebvre, Μ(ΗΝ)Ο(C) ΜΠΑΧ(ΩΝ) Ι̅Β̅ ΙΝ(ΔΙΚΤΙΩΝΟC) Γ̅ ΔΙΟ-Κ(ΛΗΤΙΑΝΟΥ) Υ̅Ν̅Α̅ MacCoull

Orthographica etc: **1** λαμπρείνεται: λαμπρύνεται; κατωκεῖ: κατοικεῖ (MacCoull; Fournet: κατῳκεῖ) vel κατῴκει (Krumbacher, Baumstark, Jouguet); λυτουργοῦcιν: λειτουργοῦcιν **2** γερέρουcιν: γεραίρουcιν **3** μεγαλιότητοc: μεγαλειότητοc (Mac Coull, Fournet) vel μεγαλότητοc (Krumbacher, Lefebvre); ἀώρατοc: ἀόρατοc; ποικίλοιc: ποικίλαιc; βρωτοῖc: βροτοῖc **4** ἀπιράνδρου: ἀπειράνδρου; Γεωργίω(ι): Γεωργίου

[Gelobt sei Jesus Christus, der Abkömmling] Abrahams, der schimmernd glänzt, ganz ohne jede Trübung, in dem die ganze Fülle der Gottheit wohnt, dem die himmlischen Heerscharen den Lobdienst leisten, (**2**) *[heilige Engel (und) heilige Erz]engel, und ihn ohne Unterlaß auszeichnen, indem sie mit dreimal heiliger Stimme folgende Worte singen: Heilig, heilig, heilig bist du, Herr; voll (ist) der Himmel und die Erde* (**3**) *deiner heiligen Herrlichkeit. Denn sie sind gefüllt von deiner Pracht, vielfach erbarmungsvoller Herr, weil du, der du unsichtbar im Himmel bist, es auf dich genommen hast, dich mit mannigfaltigen Kräften wirkend unter den Menschen* (**4**) *aufzuhalten, nachdem du Fleisch geworden warst aus der Jungfrau und Gottesmutter Maria. Werde (unser) Beistand unter Pater Theodor als Vorstand und Georgios als Diakon und Verwalter. Am 12. Pachon der dritten Indiktion, im Jahre 451 Diokletianischer Ära.*

Kommentar:

1 Am Beginn des erhaltenen Texts ist deutlich αμ zu erkennen, davor das rechte Ende eines weiteren α̣ (oder λ̣: Fournet). Vermutlich ist Christus, auf den das folgende Zitat aus dem Kolosserbrief (s.u.) besser als auf eine nur gewaltsam herzustellende Nennung des Himmels (Koenen/MacCoull) paßt, als Sohn Abrahams oder als Sohn Davids, des Sohnes von Abraham tituliert (vgl. an ganz hervorgehobener Stelle in Mt. 1, 1: βίβλοϲ γενέϲεωϲ 'Ιηϲοῦ Χριϲτοῦ υἱοῦ Δαυὶδ υἱοῦ 'Αβραάμ). Die Lücke am Zeilenanfang würde wohl zulassen [εὐλογημένοϲ 'Ι(ηϲοῦ)ϲ Χ(ριϲτὸ)ϲ ὁ υἱὸϲ 'Αβρ]α̣άμ oder [☧ εὐλογημένοϲ 'Ι(ηϲοῦ)ϲ Χ(ριϲτὸ)ϲ υἱὸϲ 'Αβρ]α̣άμ.[570] Bei einer solchen Textherstellung wird Christus, der auch im Mittelpunkt der auf dem Relief dargestellten Szenen steht,[571] durch drei Relativsätze (ὃϲ ..., ἔνθα ..., ᾧ ...) charakterisiert. Mit dieser Stilfigur vgl. PVindob. G 41043 *verso* 2-4 (o. S. 156), dessen Paralleltexte, Coptica Lovaniensia 27; PBarc. inv. 154b 23 - 155a 1, Christus immerhin mit zwei Relativsätzen belegen.

Mit ἀγλαῶϲ greift der Text ein ausgesprochen dichterisches Wort auf, das bei den Kirchenvätern nur selten in Komposita erscheint.

---

[570] Ein Christogramm vor dem Beginn des Textes (ähnlich wie OHall 5880, 2 [u. S. 200]) konjizierten sowohl MacCoull als auch Fournet, der übrigens in seiner Übersetzung entsprechend der hier erwogenen Ergänzung «[Le Christ ...]» einsetzte (ebd. 241; vgl. ebd. seinen Kommentar zu **1**).

[571] Eingehende Analyse des dort abgebildeten Einzugs in Jerusalem und des im Himmel thronenden Christus bei Sacopoulo a.O. (o. Anm. 565).

ἀχλῦϲ: Das ursprünglich in der Dichtung benutzte Wort wurde von Fachschriftstellern übernommen und hielt sich in späterer Prosa, ist in christlichen Schriften jedoch äußerst selten (vgl. LSJ und Bauer/Aland s.v. ἀχλύϲ; für Komposita Lampe).

ἔνθα κατω(ι)κεῖ πᾶν τὸ πλήρωμα τῆϲ θεότητοϲ: Vgl. Col. 2, 9 (ὅτι ἐν αὐτῷ (scil. Χριϲτῷ) κατοικεῖ πᾶν τὸ πλήρωμα τῆϲ θεότητοϲ),[572] ferner 1, 19 (ὅτι ἐν αὐτῷ εὐδόκηϲεν πᾶν τὸ πλήρωμα κατοικῆϲαι). Sowohl der Sinn als auch die formale Entsprechung mit dem vorhergehenden und dem nachfolgenden Relativsatz legen die Deutung von κατωκει als Präsens nahe.

1-2 ὧ(ι) λυ̣τουργ̣οῦϲιν αἱ ἄνω ϲτ̣ρ̣α|[τιαί, ἅγιοι ἄγγελοι ἅγιοι ἀρχά]γ̣γελοι: Da die oberste Planke auf der rechten Seite teilweise abgeschabt ist, wurde das Zeilenende von **1** recht verschieden hergestellt. Die moderne Photographie bei Fournet (fig. 4) bestätigt jedoch Strzygowskis Transskription ω λυτουργουϲιν und läßt die von Jouguet erdachte Ausdeutung auf ωϲ επουρ(αν)ιου Cιναι völlig unmöglich erscheinen.[573]

Im übrigen würde auch die grammatische und sachliche Erklärung der Worte ὡϲ ἐπουρανίου Cιναὶ ἄνω bzw. ἄνω[θεν] erhebliche Schwierigkeiten bereiten, wie die Übersetzungen von Jouguet/Simaika («comme du haut d'un Sinaï céleste») und MacCoull 232 («on the peak of truly heavenly Sinai») unschwer erkennen lassen. In den seltenen Fällen seines Gebrauchs als Präposition ist ἄνω[574] bis auf Ausnahmen des dichterischen Sprachgebrauchs[575] niemals dem Genitiv nachgestellt, während ἄνωθεν überhaupt nur eine adverbiale Funktion haben kann. Zudem wohnt Gott nicht auf dem Berg Sinai,[576] sondern steigt auf ihn unter beträchtlicher Wolkenentwicklung, ganz anders also als hier in **1** beschrieben, zu seinen seltenen Audienzen herab.[577] Man könnte allenfalls an eine Formulierung wie «höher (ἀνώ[τερον]) als der gleichsam himmlische Berg Sinai» denken, die sich jedoch ebenfalls nicht allzu gut in den Zusammenhang einfügen würde.

---

572 MacCoull 233.

573 Ungewöhnlich wäre zudem die von Jouguet hergestellte Abkürzung ἐπουρ(αν)ίου. Ganz unvereinbar mit Form und Lage der erkennbaren Spuren ist die (unemendierte) Transskription von MacCoull: ωϲ επουρανιον ϲιναι ανω[(Druckfehler?).

574 Vgl. LSJ s.v. ἄνω [B] B.

575 LSJ a.O. B. 2.

576 Trotz Ps. 67, 17 LXX τὸ ὄροϲ ὃ εὐδόκηϲεν ὁ θεὸϲ κατοικεῖν ἐν αὐτῷ.

577 Vgl. z.B. Exod. 16, 10 ἡ δόξα θεοῦ ὤφθη ἐν νεφέλῃ (auf dem Sinai).

Hingegen sind die Buchstaben, wie sie schon Strzygowsky las, mit der von Baumstark vorgeschlagenen Emendation jener Lesung zu ϲτρ̣α[578] und seiner lückenlosen Ergänzung des Nachfolgenden auf Anhieb verständlich.[579] Für deren hier aus Platzgründen vorgenommene Modifizierung mit dem Attribut ἅγιοι vgl. neben PDêr-Balizeh fol. II *recto* 11-13 (o. S. 174)[580] auch Melk. Mark. (Brightman 131, 23-25; Cuming 37, 4f: ϲοὶ παραϲτήκουϲιν χίλιαι χιλιάδεϲ καὶ μύριαι μυριάδεϲ ἁγίων ἀγγέλων καὶ ἀρχαγγέλων ϲτρατιαί κτλ.). In Anschluß an dieselben Worte bietet Kacm. fol. 132v (93 Macomber) mit λειτουργούντων ϲοι eine Entsprechung zu ῷ λειτουργοῦϲιν in **1**.[581]

2 ἀπαύϲτωϲ: Adverbial auch in OHall 5852, 11,[582] PVindob. G 19880, 7 (Wessely 436) und, mit dem hier üblichen ἀκαταπαύϲτωϲ, in Const. apost. 8, 12, 27 (SC 336, 192);[583] ἀκαταπαύϲτοιϲ ϲτόμαϲιν z.B. in Anaph. Melk. Mark. (Brightman 131, 29; Cuming 37, 9) und Kacm. fol. 132v; vgl. Sunnarti fr. 3+4, 5 (u. S. 207).

γεραίρω wird in christlicher Literatur nur selten gebraucht (zuerst in Ep. Diogn. 3, 5; vgl. Lampe s.v.). Doch steht das Verbum im vorliegenden liturgischen Zusammenhang nicht völlig unerwartet, wie aus der Junktur ϲτόμαϲιν ἀπαύϲτοιϲ γεραίροντεϲ in Nil. Anc. ep. 232 hervorgeht.

ἐν τριϲαγία(ι) φωνῇ(ι): Vgl. die Ankündigung des Sanctus mit τὸν ἐπινίκιον καὶ τριϲάγιον ὕμνον in Melk. Mark. (Brightman 131, 30; Cuming 37, 10) und Kacm. fol. 133r.

---

578 Auf dem Photo meine ich sogar die Umrisse der Rundung des ρ zu erkennen. Vgl. auch Cyrill. Hieros. catech. 5, 6 (SC 126, 154) ταῖϲ ὑπερκοϲμίοιϲ ... ϲτρατιαῖϲ.

579 Daher ist es völlig unnötig, hier mit Fournet, der Baumstarks Textherstellung nicht erwähnte, die ihn selbst für eine Inschrift des achten nachchristlichen Jahrhunderts verwunderlich anmutende Verwendung eines strikt poetischen, in der adverbialen Form allein in Aesch. Eum. 672 bezeugten αἰανῶϲ zu vermuten (der ϲτρατιῶν αἰωνίων gedenkt übrigens tatsächlich in diesem Zusammenhang Const. apost. 8, 12, 27 [SC 336, 192]). Als nachfolgenden Text zog Fournet 241 die von ihm allerdings für zu kurz erachtete Wendung πά|[ντεϲ οἱ ἄγγελοι (καὶ) ἀρχά]γγελοι bzw. πά|[ντα τὰ Cεραφὶμ (καὶ) Χερουβὶμ (καὶ) ἄ]γγελοι oder πά|[ντεϲ οἱ θρόνοι (καὶ) ἄγγελοι (καὶ) ἀρχά]γγελοι in Betracht.

580 Mit Verben des Preisens erscheinen ἄγγελοι und ἀρχάγγελοι nacheinander in Sunnarti fr. 3+4, 3-4 (u. S. 206f).

581 λειτουργεῖν kehrt in diesem Zusammenhang auch in gleichzeiligen byzantinischen Hymnen wieder (nr. 2, 5; 3, 4 bei P. Maas: ByzZs 18 [1909] 313f).

582 Neu ediert von L. Koenen, Ein christlicher Prosahymnus des 4. Jhdt.s: Antidoron M. David (Leiden 1968) 51f, der dies zu ⟨ἀκατ⟩απαύϲτωϲ ändern wollte.

583 In Const. apost. 8, 12, 48 (204) jedoch αἰνῶμέν ϲε ἀπαύϲτωϲ.

ἄ(ι)δοντες: Im selben Zusammenhang steht ᾄδοντα in Melk. Mark. (Brightman 131, 30; Cuming 37, 10), Kacm. fol. 133r und Sunnarti fr. 1+2+5+6+7, 2 (u. S. 207).

(καὶ) λέγοντες: Vgl. καὶ λέγοντα unmittelbar vor dem Sanctus in Vat. gr. 1970 und Mess. gr. SS. Salv. 177 von Melk. Mark. (Brightman 132, 1; Cuming 37, 10); PBerol. 17032 *recto* 6 (o. S. 151); OHall 5880, 6 (u. S. 201).

Ein dreimaliges ἅγιος wird auch in OHall 5880, 8f (u. S. 201) und PRyl. Copt. 33[584] mit εἶ κύριε fortgeführt.

2-3 πλήρης ὁ οὐ(ρα)νὸς (καὶ) ἡ γῆ τῆ[ς ἁγί]|α⟨ς⟩ ṣọụ δ̣[ό]ξ̣ης: Vgl. PDêr-Balizeh fol. II *recto* 23f (o. S. 174); Melk. Mark. (Brightman 132, 2; Cuming 11f).[585]

3 καὶ γὰρ πεπλήρωνται ... ὅτι: Für die Begründung der vorherigen Aussage πλήρης κτλ. (**2**) mit Christi Erdenleben vgl. Melk. Mark. (Brightman 132, 11-13; Cuming 39, 2-4): πλήρης γάρ ἐστιν ὡς ἀληθῶς ὁ οὐρανὸς καὶ ἡ γῆ τῆς ἁγίας σου δόξης διὰ τῆς ἐπιφανείας[586] τοῦ κυρίου καὶ θεοῦ καὶ σωτῆρος ἡμῶν Ἰησοῦ Χριστοῦ (ganz ähnlich Kacm. fol. 133r/v [94 Macomber]).

Für die hier möglicherweise herzustellende μεγαλ⟨ε⟩ιότης als eine auch dem christlichen Gott zugesprochene Eigenschaft vgl. N. Gonis / Cornelia E. Römer, Ein Lobgesang auf den Vater der Größe in P.Kellis II 94: ZPE 120 (1998).

πολυεύσπλαγχνε: Im selben Zusammenhang mit der Gnade, die den Menschen durch die Herabsendung des Gottessohnes erwiesen wurde, steht εὔσπλαγχνε bzw. εὔσπλαγχνος πατήρ im Post-Sanctus der Jakobosanaphora (Mercier 86, 14 und 18).[587] Auch im folgenden finden sich dort Übereinstimmungen mit der vorliegenden Erwähnung von Christi Erdenleben (Mercier 86, 22-25): ὃς κατελθὼν ἐκ τῶν οὐρανῶν καὶ <u>σαρκωθεὶς</u> ἐκ πνεύματος ἁγίου καὶ <u>Μαρίας τῆς</u> ἁγίας ἀει<u>παρθένου καὶ θεοτόκου συναναστραφείς τε τοῖς ἀνθρώποις</u> πάντα ᾠκονόμησε κτλ. (vgl. auch τοῖς ἀνθρώποις συνανεστράφη καὶ ἐκ παρθένου ἁγίας σαρκωθείς κτλ. im Post-Sanctus von Basil. Byz. [Brightman 325, 31-326, 1]).

---

[584] Kommentierte Edition von R. Daniel: ZPE 42 (1981) 73f.

[585] Für ähnlichlautende Formulierungen s. weiterhin o. Anm. 535.

[586] Unerwähnt bleibt die Epiphanie hingegen in PRyl. gr. 465 *recto* 1f (o. S. 77) und OBritMus. nr. 54036 *recto* 1.

[587] Vgl. die εὐσπλαγχνία in Anaph. Gr. Greg. l. 79 Gerhards. Für die Schreibung von -γχ-in der Form -χ- unter Anführung von Belegen mit σπλά(γ)χνα und ἄσπλα(γ)χνος vgl. K. Dieterich, Untersuchungen zur Geschichte der griechischen Sprache von der hellenistischen Zeit bis zum 10. Jahrhundert (Leipzig 1898) 116.

Fournet 242 z.St. teilte mit, daß in **3** über den Nomina sacra κ(ύρι)ε und οὐ(ρα)νοῖϲ die Abkürzungsstriche mit Farbe nachgetragen sind.

τοῖϲ βροτοῖϲ: Dieses sonst nur in christlicher Dichtung aufgegriffene poetische Wort wird im 7. Jh. in einem Prosawerk des Modestos von Jerusalem[588] *In dormitionem Mariae* (PG 86, 2, 3297BC) gleich in mehreren Komposita im Zusammenhang mit der menschlichen Gestalt (βροτόμορφοϲ) des Menschenerschaffers (βροτοπλάϲτηϲ) und dem Menschentum (βροτογενήϲ) der Gottesgebärerin Maria verwendet (vgl. auch θεομητρικοῖϲ ἰδιώμαϲι ebd. 3297C).

3-4 Im überlieferten Text, den zuerst MacCoull als zusammenhängenden Satz herstellte,[589] lassen sich die Worte ποικίλαιϲ δυνάμεϲιν nicht sinnvoll anschließen.[590] Mit Koenens von MacCoull 230 Anm. 3 im Apparat in Erwägung gezogenen Vorschlag, ⟨ϲυν⟩ών zu lesen (mit Akzentuierung von εὐδόκηϲαϲ als finiter Verbform),[591] würde eine syntaktisch hinnehmbare Verbindung von ποικίλαιϲ δυνάμεϲιν zum Vorhergehenden erzielt.[592] Doch bliebe auch dann, ebenso wie im Fall einer Beibehaltung der Überlieferung, die erhebliche Schwierigkeit bestehen, daß der anschließende Ausdruck ἐν ἡμῖν

---

588 Gestorben 634 n. Chr.

589 Vgl. allerdings schon die Übersetzung von Gerhards (s.u. Anm. 591).

590 Schon MacCoull 230 Anm. 3 lehnte den aus dem überlieferten Text resultierenden Sinn «being invisible to the manifold powers» ab. Fournet 242f glaubte hingegen, daß diese Worte aufgrund einer parallelen Satzstruktur in gleicher Weise wie τοῖϲ βροτοῖϲ von ϲυναναϲτραφῆναι regiert würden und wollte so das Fehlen eines Artikels ἐν vor ποικίλαιϲ δυνάμεϲιν erklären. Weil er diese Beeinflussung durch das Verbum ϲυναναϲτραφῆναι auf eine «Kontamination» zurückführte – so daß auch nach seiner Interpretation der Satz nicht ganz in Ordnung sein kann –, trug er ihr in seiner Übersetzung, deren Gesamtsinn dem von MacCoull mit ἔν⟨ει⟩ hergestellten Text entspricht, keine Rechnung (ebd. 241): «puisque, invisible dans les cieux, au milieu des diverses puissances, tu as consenti à vivre parmi nous, les mortels, incarné de la Vierge Marie».

591 Vgl. die Wiedergabe bei MacCoull 232 Anm. 4: «for although in heaven you were invisible among manifold powers, you were content among us, among mortals, to dwell.» An einen solchen Wortlaut dachte offensichtlich bereits Gerhards S. 198 bei seiner Übersetzung «der du im Himmel unsichtbar wohntest, von mannigfaltigen Mächten umgeben, und der du dennoch Umgang haben wolltest mit uns, den Vergänglichen».

592 Allerdings wird durch ⟨ϲυν⟩ών die so natürlich anmutende Kombination ἀόρατοϲ ὤν preisgegeben, bei der das Partizip diesem Begriff eine leicht konzessive, als Kontrast zu ϲαρκωθείϲ aufzufassende Bedeutung beilegt (gegen die Annahme der Unvereinbarkeit von Christi Unsichtbarkeit mit seinem irdischen Wirken wandte sich z.B. Orig. in Joh. 6, 156 [GCS Orig. 4, 140]: ἵνα μή τιϲ ὑπολάβῃ ἕτερον εἶναι τὸν ἀόρατον ... παρὰ τὸν ἐνανθρωπήϲαντα καὶ ἐπὶ τῆϲ γῆϲ ὀφθέντα καὶ τοῖϲ ἀνθρώποιϲ ϲυναναϲτραφέντα), und der Kontrast stattdessen auf eine Gegenüberstellung des Umgangs mit den himmlischen «mannigfaltigen Kräften» und des Verkehrs mit den Menschen auf Erden verlagert.

mit den nachfolgenden Worten τοῖς βροτοῖς zusammengefaßt und daher mit dem Verbum συναναστραφῆναι anstelle eines sonst üblichen bloßen Dativs verbunden werden müßte.[593]

Dieser zweite grammatikalische Anstoß würde mit der ebenfalls auf Koenen zurückgehenden, in MacCoulls Text aufgenommenen Konjektur ⟨ἔν⟩ει (mit Akzentuierung von εὐδοκήσας als aoristischem Partizip)[594] entfallen. Allerdings würde durch die hieraus resultierende Unterordnung des Partizips εὐδοκήσας unter die finite Verbform ⟨ἔν⟩ει[595] das Gewicht des Satzes, dessen einleitende Konjunktion ὅτι dann mit ἔν⟨ει⟩ zu verbinden wäre, stärker auf Christi unsichtbarer himmlischer Präsenz liegen als auf Christi Menschwerdung und seinem irdischen Wirken, obgleich gerade diese Erscheinung unter den Menschen im Post-Sanctus vieler Liturgien hervorgehoben wird.[596] Bei beiden Vorschlägen von Koenen stellt sich zudem die Frage nach Sinn und Zweck der in diesem liturgischen Zusammenhang singulären Aussage, daß Christus im Himmel von mannigfaltigen Kräften umgeben sei, womit wohl die Engel gemeint sind.[597]

---

[593] Zu dieser grammatischen Schwierigkeit vgl. MacCoull 230 Anm. 3 und Fournet 242. Gleichwohl nahm Fournet in seinem Text diese völlig singuläre Verbindung in Kauf. Zwar war auch er dazu geneigt, ἐν ἡμῖν und τοῖς βροτοῖς nicht auf die gleiche Ebene zu stellen, sondern nur die letzteren beiden Worte von συναναστραφῆναι abhängen zu lassen, doch wurde er zu dieser Vermutung offenbar allein aufgrund von Überlegungen bezüglich der Satzsymmetrie bewogen (a.O. 243) und machte keinen Versuch, eine solche Unterscheidung zwischen den beiden Ausdrücken in seiner Übersetzung («à vivre parmi nous, les mortels») zu berücksichtigen.

[594] Eine von Fournet angeführte Parallelstelle aus einem voranaphorischen Teil der modernen Chrysostomosliturgie bietet allerdings die finite Verbform (Brightman 354, 18): βουλήσει γὰρ ηὐδόκησας (scil. Χριστέ ὁ θεός) σαρκὶ ἀνελθεῖν ἐν τῷ σταυρῷ; vgl. Const. apost. 8, 12, 30 (SC 336, 194) εὐδόκησεν αὐτὸς .... ἄνθρωπος γενέσθαι.

[595] Die genaue Wiedergabe dieser syntaktischen Unterordnung würde zu weiteren Problemen führen. Eine den Aorist vorzeitig deutende Übersetzung mit «nachdem du dich dazu verstanden hast, dich unter den Menschen aufzuhalten», ist jedenfalls auszuschließen. MacCoulls Übersetzung ordnet das Partizip bei und gibt es als Präteritum wieder: «as you are invisible in the heavens amidst manifold power, and you were content to dwell».

[596] Vgl. schon Const. Apost. 8, 12, 30 (SC 336, 194) εὐδόκησεν αὐτὸς γνώμῃ σῇ ὁ δημιουργὸς ἀνθρώπου ἄνθρωπος γενέσθαι.

[597] In diesem Sinne sind offenbar die himmlischen δυνάμεις aufzufassen, die Christus in Method. Ol. conv. 3, 6 (GCS Method. 33, 1) verläßt, um auf Erden wie ein guter Hirt nach dem aus seiner Herde verlorenen Menschen zu suchen. Vgl. auch die δυνάμεις οὐράνιαι in byzantinischen gleichzeiligen Hymnen (nr. 2, 4; 3, 3 bei Maas: ByzZs 18 [1909] 313f). Doch würde man bei der im vorliegenden Text erfolgten Betonung des Substantivs δυνάμεις mit ποικίλος anstelle eines bloßen ἐνεῖναι nicht einen Hinweis darauf erwarten, daß Christus jedenfalls einen weit höheren Rang als die ihn umgebenden Engel einnimmt,

Tatsächlich scheint der Ausdruck ποικίλαις δυνάμεσιν der Deutung dieser Stelle eine andere Richtung zu weisen. Bei den Kirchenvätern erscheint er oft als Zitat von Hebr. 2, 4[598]: συνεπιμαρτυροῦντος τοῦ θεοῦ σημείοις τε καὶ τέρασιν καὶ ποικίλαις δυνάμεσιν; vgl. auch 2 Cor. 12, 12 (σημείοις τε καὶ τέρασιν καὶ δυνάμεσιν); Act. 2, 22 (δυνάμεσι καὶ τέρασι καὶ σημείοις); 5, 12 (ἐγίνετο σημεῖα καὶ τέρατα πολλὰ ἐν τῷ λαῷ). Es handelt sich dabei um wundersame Kräfte, die Gott seinen irdischen Verkündern zur Bestätigung seines Wortes verliehen hat. Die Formulierung konnte jedoch auch auf Christi Wirken bezogen werden. So schließt Hippol. c. Noet. 18, 7[599] eine Aufzählung von Wundern Jesu mit dem Ausdruck ποικίλας δυνάμεις ἀποτελῶν ab.[600] Bei Johannes von Damaskos (gest. 749 n.Chr.) hingegen versucht Gott den der Sünde verfallenen Menschen anfänglich mit Naturkatastrophen, der babylonischen Sprachverwirrung, dem Erscheinen seiner Propheten sowie σημείοις καὶ τέρασι καὶ ποικίλαις δυνάμεσι zu erziehen, um ihn schließlich durch seine Niederkunft in Menschengestalt zu erlösen.[601] Von «mannigfaltigen Kräften» sprachen die Kirchenväter also in recht verschiedenen Zusammenhängen.[602] Bei allen jedoch beziehen sich die ποικίλαι δυνάμεις auf kraftvolles, oft wundersames Wirken, das auf der Erde stattfindet.

Auch im Post-Sanctus mancher Liturgien ist Gottes wundersames Wirken mit vergleichbaren Ausdrücken erwähnt. Frühestes Beispiel sind die *Constitutiones apostolicae*, wo über den menschgewordenen Christus mit Rückgriff auf den Act. 5, 12 (s.o.) für die Apostel verwendeten Ausdruck gesagt wird: σημεῖά τε καὶ τέρατα ἐν τῷ λαῷ ποιήσας.[603] Im Post-Sanctus der armeni-

---

wie er z.B. in Hebr. 1, 4-14 eindrücklich herausgestellt ist (vgl. z.B. Serap. 1 [13], 11 κύριε τῶν δυνάμεων)?

598 So z.B. Ps.Did. Caec. trin. 1, 18, 33 (ed. J. Hönscheidt [1975] 114).

599 Ed. R. Butterworth, Hippolytus of Rome Contra Noetum (London 1977) 91, 7f.

600 Vgl. Hippol. in Ps. frg. 18 (GCS Hippol. 1, 2, 146, 18: ποικίλας δυνάμεις τελεῖ); eingegangen in das dogmatische Florilegium in Thdrt. Eran. flor. 2 (157, 5 Ettlinger).

601 Joh. Damasc. expos. fid. 45, 15 (107 Kotter = PTS 12).

602 Keine Hilfe für den vorliegenden Text bieten Stellen, an denen auf die mannigfaltigen Kräfte Gottes bei der Frage nach der Einheit seines Seins eingegangen wird (Greg. Nyss. opif. 6 [PG 44, 140 AB]: πῶς ἄν τις ἐπὶ τοῦ Θεοῦ διὰ τῶν ποικίλων δυνάμεων τὸ πολυμερὲς τῆς οὐσίας κατοπτεύσειεν; vgl. Basil. spir. 22 [SC 17bis, 326]: ἁπλοῦν τῇ οὐσίᾳ, ποικίλον ταῖς δυνάμεσιν; nach Phot. bibl. cod. 249 [Anon. vit. Pyth.] p. 440b 10 sind wir Menschen ἐκ ποικίλων δυνάμεων συνεστῶτες).

603 Const. Apost. 8, 12, 32 (SC 336, 194).

schen Anaphora Kyrills von Alexandrien hat hingegen Gott vor Christi Niederkunft die Menschen *omnibus signis et miraculis* ermahnt (Hänggi/Pahl³ 338, nr. 464 l. 44).[604] Wenn in der koptischen Anaphora des Johannes von Bosra (oder Bostra) über Christus ausgesagt wird: *et per operationem varii generis miraculorum, diversis etiam curationum modis sanavit corpora nostra* (Hänggi/Pahl³ 294, nr. 437 l. 89sq.), weisen die Worte *varii generis* möglicherweise auf eine Wiedergabe des Adjektivs ποικίλοϲ, hier allerdings verbunden mit τέρατα, hin. Von durch die Heiligen bewirkten δυνάμειϲ ist wiederum im Post-Sanctus von Basil. Byz. die Rede (Brightman 325, 10).

Zwar ist die Verbindung ποικίλαιϲ δυνάμεϲι in einem Post-Sanctus sonst unbelegt, doch legen die angeführten Stellen auch hier eine Deutung der «mannigfaltigen Kräfte» auf ein irdisches Wirken Gottes nahe. Zu lösen bleibt die Frage nach dem syntaktischen Bezug des Dativs ποικίλαιϲ δυνάμεϲι, der sich im überlieferten Text schwerlich als Dativus instrumentalis bzw. Dativus modi deuten ließe.[605] Ein weiteres Problem stellen die Worte ἐν ἡμῖν dar, die ja nur schwer mit ϲυναναϲτραφῆναι zu verbinden wären (s.o.). Vermutlich ist die Niederschrift des Textes korrupt. Neben ἐν ἡμῖν hätte wohl ein von ϲυναναϲτραφῆναι abhängiges Partizip[606] wie z.B. ἐνεργῶν stehen müssen. Mit diesem Verbum hat auch der Verfasser einer unter dem Namen des Johannes Chrysostomos überlieferten Predigt, vielleicht Severian von Gabala, in seinem Zitat den Wortlaut des Hebräerbriefes (s.o.) modifiziert.[607] Da der Gesamtsatz eine Gegenüberstellung von Gottes unsichtbarer göttlicher Präsenz im Himmel und seiner menschlichen Fleischwerdung enthält, beziehen sich hier die «mannigfachen Kräfte», mit denen Gott in unserer Mitte wirkte, vermutlich nicht auf die von Gott vor Christi Erdenle-

---

[604] Der Text bietet starke Anklänge an die oben genannte Stelle bei Johannes von Damaskos. Beide erwähnen zuerst die Ränke des Teufels, reden dann von Gottes Erbarmen mit den Menschen, zählen seine zahlreichen Erziehungsversuche auf, innerhalb deren von jenen Zeichen und Wundern die Rede ist, und reden anschließend von Christi Menschwerdung als letztem Mittel zur Erlösung der Menschen.

[605] Nicht vergleichbar ist Orig. c. Cels. 3, 14 (GCS Orig. 1, 213, 28/30): τοῦ θεοῦ ... ποικίλῃ ϲοφίᾳ καὶ ποικίλαιϲ δυνάμεϲι ϲυϲτήϲαντοϲ πρότερον μὲν τὸν ἰουδαϊϲμὸν μετὰ δ' αὐτὸν τὸν χριϲτιανιϲμὸν κτλ.

[606] Daß in diesem Kolon ein Glied ausgefallen ist, zeigt sich auch bei der Rekonstruktion des Satzrhythmus (s.u. 198f).

[607] Ps.(?) Joh. Chrys. de caeco nato 1 (ClavisPG 4582; PG 59, 544): ἐνεργοῦντοϲ τοῦ Θεοῦ ϲημείοιϲ καὶ τέραϲι καὶ ποικίλαιϲ δυνάμεϲι κτλ.

ben gegebenen Zeichen,[608] sondern auf das Wirken des Gottessohns nach seiner Geburt als Mensch.[609]

4 Mit ἀπειράνδρου θεομήτορος sind die gängigen Marienepitheta παρθένου und θεοτόκου, womit die Göttlichkeit von Christi Natur bekräftigt wird,[610] in ausgewähltere Begrifflichkeit umgesetzt (vgl. Fournet 243; schon Men. Sic. 372f formuliert παρθένος γ' ἔτι / ἄπειρος ἀνδρός).

ἐπίκουρος ist in christlicher Literatur völlig ungebräuchlich (kein Lemma bei Lampe und Bauer/Aland). Nachdem Fournet überzeugend herausgestellt hat, daß am Satzende οἰκονόμο(υ) zu lesen und die anschließende Datumsangabe nicht, wie bei MacCoull, mit Anleihen aus der koptischen Orthographie zu erklären, sondern in regelmäßigem Griechisch herzustellen ist, darf man wohl nicht mehr mit einem beabsichtigten Wechsel vom Genitiv zum Dativ rechnen, der dann auch in den auf Georgios zu beziehenden Amtsbezeichnungen ergänzt werden müßte, sondern sollte vielmehr die Schreibung Γεωργίω(ι) als bloßen Lapsus betrachten.

Zur Lesung der Jahreszahl am Ende vgl. MacCoull 232-234 und Fournet 243f.

Θεοδώρου προέδρο(υ): Koptischer Patriarch von Alexandrien (731-743); vgl. MacCoull 233.

Der Gebrauch äußerst erlesener, zum Teil poetischer Wörter wie ἀγλαός, ἀχλύς (**1**), γεραίρω (**2**), βροτός (**3**) und ἐπίκουρος (**4**) ist auffällig und zeugt ebenso wie die gesuchte Umschreibung Marias als ἀπείρανδρος θεομήτωρ (**4**) von einer deutlichen Stilisierung. MacCoull versuchte, auch eine rhythmische Struktur des Textes in Einzelgliedern mit gleichmäßiger Anzahl akzentuierter Silben zu erkennen und dies durch eine optische Gliederung des gedruckten Textes darzustellen. Doch ist in ihm, selbst wenn man die bei MacCoull noch nicht vollständig ergänzten ersten beiden Zeilen außer Betracht läßt, eine solche regelmäßige Wiederkehr der Akzentzahl pro Kolon nicht so

---

[608] Verlockend wäre allerdings die mit ἐν ἡμῖν ⟨ἐνεργήσας⟩ εὐδό⟨κ⟩ησας mögliche Rückführung der Korruptel auf ein Homoioteleuton.

[609] Zur asyndetischen Verbindung von Partizipien, die dem finitiven Verbum in jeweils anderer Weise unterzuordnen sind, vgl. R. Kühner / B. Gerth, Ausführliche Grammatik der griechischen Sprache 2^3, 2 (Hannover/Leipzig 1904) 104.

[610] Für ihre Menschlichkeit steht hingegen σαρκωθείς.

recht wahrzunehmen.[611] Doch hat der Verfasser, wie die unten gedruckte Gliederung zeigt, tatsächlich die Rhythmisierung in Kola durch eine wiederkehrende Anzahl schwerer Hebungen (bei beliebiger Anzahl unbetonter Silben) beabsichtigt, eine bisweilen als «Prosahymnus» bezeichnete Form von Kunstprosa, die gerade in liturgischen Texten öfter zu beobachten ist.[612]

[εὐλογημένος Ἰ(ησοῦ)ς Χ(ριστὸ)ς	(3)
ὁ υἱὸς Ἀβρ]ạάμ	(2)
ὃς[613] ἀγλαῶς λαμπρείνεται	(2)
ἀχλῦς παντελῶς μὴ[614] κεκτημένος,	(3)
ἔνθα κατω(ι)κεῖ	(2)
πᾶν τὸ πλήρωμα τῆς θεότητος,	(3)
ὧ(ι) λυṭουργοῦσιν αἱ ἄνω cṭρạ|²[τιαί,	(3)
ἅγιοι ἄγγελοι	(2)
ἅγιοι ἀρχά]γγελοι,	(2)
(καὶ) ἀπαύστως αὐτὸν γερέρουσιν	(3)
ἐν τρισαγία(ι) φωνῆ(ι)	(2)
ᾄ(ι)δοντες (καὶ) λέγοντες·	(2)
ἅγιος ἅγιος ἅγιος	(3)
εἶ κ(ύρι)ε·	(2)
πλήρης ὁ οὐ(ρα)νὸς	(2)

611 Akzentzahlen pro Kolon bei MacCoull: 3-3/4-2-3-3 in **1**; ab **2**, also nach der Lücke: 3-2-2-3-2-3-2-2-2-3-3-2-3-4 bzw., bei dem anderen Lösungsversuch für die Korruptel in **3**: 3-2-2-3-2-3-2-2-2-2-3-2-3-4.

612 Zu dieser noch in allen ihren Aspekten geklärten Erscheinung vgl. A. Dihle, Die Anfänge der griechischen akzentuierenden Verskunst: Hermes 82 (1954) 198f; Koenen, Prosahymnus a.O. (o. Anm. 582) 32f. Zu den besonders in der Gregoriosliturgie begegnenden traditionelleren, rhetorischen Elementen der Kunstprosa vgl. H. Engberding, Die Kunstprosa des eucharistischen Hochgebets der griechischen Gregoriusliturgie: Mullus, Festschr. Th. Klauser = JbAC Erg.-Bd. 1 (1964) 100-110.

613 In griechischer akzentuierender Dichtung, und ebenso in der rhythmisierten Prosa, werden Praepositiva (Artikel, Relativa, Präpositionen etc.) als akzentlos behandelt (P. Maas / C.A. Trypanis, Sancti Romani Melodi cantica. Cantica genuina [Oxford 1963] 1, 512).

614 Auch μή ist akzentlos wie die Praepositiva (Maas a.O.).

(καὶ) ἡ γῆ τῆ[ϲ ἁγί]|³α̣⟨ϲ⟩ ϲ̣ο̣υ̣ δ̣[ό]ξη̣ϲ̣· (3)
(καὶ) γὰρ πεπλήρωνται τῆϲ μεγαλιότητόϲ ϲου (2)
πολυεύϲπ⟨λ⟩α⟨γ⟩χνε κ(ύρι)ε, (2)

ὅτι ἐν οὐ(ρα)νοῖϲ ἀώρατοϲ ὢν (3)
ποικίλοιϲ δυνάμεϲιν (2)
⟨ἐνεργῶν⟩ ἐν ἡμῖν (2)

εὐδό⟨κ⟩ηϲαϲ τοῖϲ βρωτοῖϲ ϲυν|⁴αναϲτραφῆναι (3)
ϲαρκωθεὶϲ ἐκ τῆϲ ἀπιράνδρου (2)
θεομήτοροϲ Μαρίαϲ. (2)

Die einzige Stelle, an der die Sequenz 3-2-2 durchbrochen wird, ist das Kolon πᾶν τὸ πλήρωμα τῆϲ θεότητοϲ (**1**) mit drei statt der zu erwartenden zwei Akzente. Alle meine Lückenergänzungen außer [ἅγιοι ἄγγελοι ἅγιοι ἀρχά]γ̣γελοι (**2**) sind völlig unabhängig von der Überlegung zustandegekommen, wie ein gleichmäßiger Prosarhythmus herzustellen sei.

18. Ostrakon Hall 5880 (van Haelst, Catalogue nr. 819): Ante-Sanctus und Sanctus

Die kommentierte Editio princeps dieser einseitig beschriebenen Tonscherbe lieferte Hall.[615] Der Zeichnung nach zu urteilen scheint sich die Ausdehnung der links unten immer später einsetzenden Zeilen nach der unregelmäßigen, durch zufälligen Abbruch entstandenen Scherbenform zu richten.

Das Ostrakon wurde von Hall mit Textzeugen von Melk. Mark. in Verbindung gebracht. Während jedoch die Übereinstimmungen nicht ausschließlich Melk. Mark. (Brightman 131, 24-132, 8; Cuming 37, 6-38, 1), sondern fast in gleichem Maße auch zahlreiche andere Liturgien betreffen (z.B. Jakobosanaphora [Mercier 84, 28-86, 4]; Basil. Byz. und Chrys. Byz. [Brightman 322f bzw. Parenti/Velkovska nr. 32, 10]), weichen nicht nur Einzelheiten (Zeile **5**), sondern die gesamte Konstruktion des Satzes erheblich von all diesen griechischen Liturgien ab.

Die Niederschrift auf einem Ostrakon mit Nennung des Schreibers (Pater Johannes) zu Anfang und eines Datums am Ende zeigt, daß dieser Text nicht in eine Liturgie gehört, sondern der privaten Erbauung dienen sollte. Das schließt natürlich eine Beeinflussung durch ein Meßformular nicht aus, zumal dem koptischen Schreiber angesichts seiner trostlosen Griechischkenntnisse eine selbständige Formulierung griechischer Sätze kaum zuzutrauen ist.[616] Anna di Bitonto Kasser verglich dieses Ostrakon mit einem ähnlich knappen Ante-Sanctus auf dem ODeir el Gizāz 28.[617]

Ostrakon Hall 5880[618]

ⲁⲡⲁ ⲉⲓϩⲁⲛⲛⲏⲥ
⳨ τα πωλεαμετα χοιρουβιν

---

[615] H.R. Hall, Coptic and Greek texts of the Christian period from ostraca, stelae etc. in the British Museum (London 1905) 15f; mit Abzeichnung auf Taf. 12.

[616] Überlegungen über die mutmaßliche Bestimmung des Ostrakon auch bei H. Leclerq, Art. Ostraka: DACL 13, 1, 92.

[617] A. di Bitonto Kasser, Ostraca greci e copti a Deir el Gizāz: Aegyptus 70 (1990) 57-72; dort 69.

[618] Zur Textdarstellung s.o. S. 17.

καϊ εϊξαπτερϊκαϊ coϊραφιν
τες τερϊξϊν : καϊλεπτωντα :
ανημ̄ν̄ουμεν : την δυναμϊν
τεφρεγοντα : δεδρακοντ[α
καϊ λεγοντα : επϊνϊτεϊ[ον
των υμνον : αγϊος : αγϊος.
αγϊος · εϊ κ(υρι)ε +

εκραφει μεϊ παωνε
η

7 επϊνϊτεϊ[ον]: επϊνϊτε[ον] Hall

Orthographica etc.: **2** πωλεαμετα χοιρουβιν: πολυόμματα Χερουβίμ **3** εϊξαπτερϊκαϊ coϊραφιν: ἑξαπτέρυγα Cεραφίμ **4** τες τερϊξϊν : καϊλεπτωντα: ταῖc πτέρυξιν καλύπτοντα **5** ανημ̄ν̄ουμεν: ἀνυμνοῦcιν (Hall: ἀνυμνοῦμεν) **6** τεφρεγοντα : δεδρακοντ[α]: πεφρικότα κεκραγότα **7** επϊνϊτεϊ[ον]: ἐπινίκιον **8** των: τόν **10** εκραφει: ἐγράφη vel ἔγραφε (Hall); μεϊ παωνε: μηνὶ Παοῦνι

Pater Johannes. – (CHRISTOGRAMM) – Die vieläugigen Cherubim und die sechsflügeligen Seraphim, die mit den Flügen <ihr Antlitz> verbergen, (**5**) *besingen schaudernd deine Macht, indem sie lauthals das Siegeslied rufen: Heilig, heilig, heilig bist du, Herr. – (KREUZ) –*
(**10**) *Verfaßt am achten Pauni.*

Kommentar:

4 Eigentlich ist, wie z.B. in Melk. Mark. (Brightman 131, 27), zu καλεπτωντα (καλύπτοντα) als Objekt τὸ πρόcωπον zu erwarten.

5 Ein Querstrich erscheint über demselben Wort auch in ODeir el Gizāz 28, 2f (ῡμ̄[νου]|cεν).[619] Die Worte ανημνουμεν την δυναμιν wurden von Hall als Einschub betrachtet. Dem Schreiber ist freilich durchaus die Bildung der Endung der ersten Person des Plurals anstelle der hier erforderlichen Form ἀνυμνοῦcιν zuzutrauen. Die Worte ἀνυμνοῦcιν τὴν δύναμιν, die vielleicht mit

---

[619] In PGM O. 3, 6 (7./8. Jh.; abgedruckt bei Koenen, Prosahymnus a.O. [o. Anm. 582] 39) stellt hingegen ανυμ̄ν̄ῑ eine Abkürzung für ἀνυμν(οῦc)ι dar.

dem in **6** nachfolgenden Wort zu verbinden wären, sind allerdings in keinem weiteren Ante-Sanctus belegt.

6 Das Erschaudern der Engel vor Gott, das m.E. hier mit dem bislang unerklärten τεφρεγοντα angedeutet wird, kehrt wieder in einem inhaltlich vergleichbaren Hymnus in PVindob. G 40195, 2 bzw. PRyl. Copt 33, 12. Dazu führte R.W. Daniel: ZPE 42 (1981) 74f weitere Belege aus byzantinischen Hymnen und ein bei C.D.G. Müller, Die Engellehre der koptischen Kirche (Wiesbaden 1959) 81 erwähntes und ebd. 270 referiertes koptisches Zeugnis an. Auch im Ante-Sanctus der koptischen Matthaiosanaphora werden die himmlischen Heerscharen als «dastehend in Furcht und Zittern» bezeichnet.[620]

6-7 Vgl. κεκραγότα καὶ λέγοντα in Anaph. Gr. Greg. (l. 64 Gerhards) und in Messan. gr. SS. Salv. 177 sowie Vat. gr. 1970 von Melk. Mark. (Brightman 131, 30-132, 1; Cuming 37, 10).

8-9 Für εἶ κύριε nach dreimaligem ἅγιοϲ s.o. S. 192 zu Inscr. Kopt. Mus. Kairo inv. 753, 2.

10 Hall wollte ἔγραφε herstellen und als Subjekt dazu den in **1** genannten Pater Johannes verstehen. Vgl. aber z.B. OZucker 36, 18,[621] wo die Abkürzung vor der Datumsangabe mit Sicherheit zu ἐγρ(άφη) aufzulösen ist.

11 η, offenbar das Zahlzeichen für die Angabe des Tages, ist eingekreist.

---

620 Im Euchologion des Weißen Klosters Z 100 p. 138, 18.

621 Nach dem Abdruck bei Koenen, Prosahymnus a.O. (o. Anm. 582) 31f.

19. Sunnartifragmente (van Haelst, Catalogue nr. 1062): Gratiarum actio, Ante-Sanctus, Post-Sanctus, Akklamationen, Herabsendungs- und Wandlungsbitte, Einsetzungsbericht

Abb. Taf. 12; die 1968 von Erich Dinkler in der Kirche auf der Nilinsel Sunnarti im heutigen Sudan aufgefundenen neun Pergamentfragmente, die sich jetzt im Institut für Papyrologie der Ruprecht-Karls-Universität Heidelberg befinden,[622] gab zuerst C.D.G. Müller heraus.[623] Bald darauf ordnete Gamber in Zusammenarbeit mit Quecke die einzelnen Fragmente bestimmten Teilen eines eucharistischen Hochgebets alexandrinischen Typs[624] mit der Sequenz von Ante-Sanctus, Post-Sanctus, Herabsendungs- und Wandlungsbitte und dem daran anschließendem Einsetzungsbericht zu.[625] Dazu lieferte er Textproben, ohne allerdings eine Textedition im strengen Sinne zu beabsichtigen,[626] und datierte die Fragmente vermutungsweise in das 10. Jahrhundert.[627] Die in ihnen erhaltene liturgische Textfassung könnte seiner Ansicht nach vielleicht noch in das 4./5. Jahrhundert zurückgehen.[628] Allem Anschein nach in Unkenntnis der Überlegungen von Gamber und Quecke, die sich bei der erneuten Revision der Fragmente für die vorliegende Edition als zutreffend herausgestellt haben, kam Roca-Puig in einem eigenen Rekonstruktionsversuch zu ähnlichen, wenn auch offenbar nicht so weitgehenden

---

[622] Herrn Prof. Dr. Hagedorn danke ich für die freundliche Erlaubnis, die Fragmente am Ort einzusehen, Frau Elke Fuchs für die Photographie der Fragmente in ihrer neuen Zusammensetzung. Weitere Hilfe erfuhr ich in Heidelberg von Herrn Dr. Wolfgang Habermann.

[623] C.D.G. Müller, Deutsche Textfunde in Nubien: E. Dinkler (Hrsg.), Kunst und Geschichte Nubiens in christlicher Zeit (Recklinghausen 1970) 251-254; mit Abb. 208-216 (ebd. 257).

[624] Die Möglichkeit, daß es sich um Reste eines unbekannten Anaphorenformulars handele, hatte bereits Müller, Textfunde 253 in Erwägung gezogen.

[625] K. Gamber, Zur Liturgie Nubiens: OstkirchlStud 20 (1971) 195-198. Vgl. K. Quecke: Orientalia N. S. 40 (1971) 368.

[626] Vgl. Gamber, Liturgie 186. Die Zeilen der von ihm rekonstruierten Textpartien, die jetzt fr. 3, **3-6**; fr. 1+2+5+6+7, **9-10** und **15-20** entsprechen, geben nicht die auf den Fragmenten erkennbare Zeilenabteilung wieder.

[627] Ebenso R. Roca-Puig, Anàfora de Barcelona i altres pregàries (Missa del segle IV) (Barcelona 1994) 46.

[628] Gamber, Liturgie 186.

Ergebnissen,[629] edierte davon bisher jedoch nur ein fr. 1+2+5+6+7, **15-20** entsprechendes Teilstück.[630]

Ein rechter Rand läßt sich in fr. 4 und 5 erkennen, während die untere Hälfte von fr. 8 unbeschrieben ist und somit einen mindestens 3 cm breiten unteren Rand bildet. Gamber, Liturgie 186 wies darauf hin, daß fr. 1 und 2 sowie fr. 3 und 4 jeweils aneinandergefügt werden können. Zudem vermutete er, daß fr. 5 rechts von der oberen Hälfte von frg. 1 zu lokalisieren sei,[631] und rechnete mit einer Zusammengehörigkeit von fr. 6 und 7, ohne allerdings mitzuteilen, ob und in welcher Weise sie zusammenzufügen seien. Von fr. 8 nahm er an, daß es an den Schluß gehöre.

Bei den Vorbereitungen für die jetzige Neuedition hat sich zusätzlich ergeben, daß fr. 7 rechts vom Oberteil von fr. 1 anzufügen ist und auf seiner rechten Seite wiederum an fr. 5 angrenzt. Den Zwischenraum zwischen den oberen Hälften von fr. 7 und 5 füllt fr. 6 aus.

Die jetzt durch die Neulesung hinzugekommenen Anfangszeilen in fr. 3+4, **1-2** enthalten offenbar Reste des die Anaphora einleitenden Dankgebets. Schon Gamber, Liturgie 186f, der die beiden Fragmente als Überleitung zum Sanctus betrachtete, hatte darauf hingewiesen, daß das in fr. 3-4, **3-4** erwähnte Lobsingen auf Gott durch Engel und Erzengel in der griechischen Gregoriosanaphora[632] schon vor der direkten Überleitung zum Sanctus, also noch innerhalb des eigentlichen Dankgebets untergebracht ist. Auch in der Gratiarum actio der Jakobosanaphora (Mercier 84, 27) werden Engel und Erzengel in der Reihe derjenigen Elemente und Mächte aufgezählt, die Gott lobsingen. Anschließend leitet dort die Erwähnung von Cherubim und Seraphim (Mercier 84, 28ff) wie im vorliegenden Text zum Sanctusruf über. Zu einer solchen Stellung dieser Zeilen am Ende des die Anaphora einleitenden Dankgebets paßt auch die nun erkennbare Erwähnung von Gott im Akkusativ

---

[629] Auch er wies auf die Abfolge des Einsetzungsberichts hinter der Herabsendungs- und Wandlungsbitte hin und lieferte, ebenso wie Müller 252 und Gamber, Liturgie 187, Parallelen für die vorher auf demselben Fragment erhaltene Akklamation, ließ aber das von Gamber und Quecke an den Beginn gestellte Ante-Sanctus und Post-Sanctus unerwähnt.

[630] Roca-Puig 47; dazu vgl. ebd. 46 Anm. 8. Gambers Rekonstruktion ließ er hierbei unerwähnt.

[631] Die Pergamentfragmente sind daraufhin entsprechend diesen Erkenntnissen zusammengesetzt und erneut photographiert worden; vgl. C.D.G. Müller, Ergänzende Bemerkungen zu den deutschen Textfunden in Nubien: Oriens Christianus 62 (1978) 135-143; dort Taf. 14 und 15.

[632] Hänggi/Pahl[3] 358, nr. 475 l. 17sq.; l. 26-29 Gerhards; Müller, Textfunde 252 Anm. 12 hatte bereits fr. 1+2+5+6+7, **10** in Beziehung zur Gregoriosanaphora gesetzt.

(fr. 3+4, **1-2**; vgl. Anaph. Greg. l. 17 Gerhards[633]) sowie seine Bezeichnung als ἀμέτρητος (wie in Anaph. Greg. l. 20 Gerhards).

Trotz zahlreicher Ähnlichkeiten mit der griechischen Gregoriosanaphora weicht der vorliegende Text jedoch in wichtigen Punkten von ihr ab. Abgesehen von seiner auf ein ursprünglicheres Stadium der Textentwicklung hinweisenden Knappheit liegt ein wesentlicher Unterschied darin, daß die Eigentümlichkeit der Gregoriosanaphora, Christus in zweiter Person anzureden, in diesen Fragmenten nicht wiederkehrt.[634] Weitere Unterschiede ergeben sich durch das Eingehen der vom Priester nach dem Sanctus-Ruf gesprochenen Worte auf die drei Personen der Trinität[635] und in dem Gewicht, das ihre Fortführung auf den Heiligen Geist legt.

Die platzsparende Schreibweise bewog Müller, Textfunde 251 dazu, «eher an ein Handbuch für den Presbyter oder Diakon ... vielleicht für irgendwelche Kasualien» als an «eine liturgische Prachthandschrift für den Altargebrauch» zu denken. Während er ebd. 251f also die Möglichkeit erwog, daß die Fragmente einem Buch entstammten oder «wenige Seiten einer privaten oder lokalen Sammlung zu liturgischem Gebrauch» seien, betrachtete Gamber, Liturgie 186 die Fragmente als Reste eines nur einseitig beschriebenen langen, schmalen[636] Blattes, das eine Art (Längs-)Rolle gebildet habe, vielleicht aber auch auf Holz aufgeklebt gewesen sei.[637] Die Photographie zeigt einige wenige erhaltene Schriftzeichen auf der Rückseite von fr. 1 und 2 mit derselben Ausrichtung von oben und unten, die auch der Text auf der Vorderseite hat,[638] und auf der gesamten Rückseite, auch der übrigen Fragmente,

---

[633] An vergleichbarer Stelle in Basil. Byz. (Brightman 322a 6f).

[634] Dazu schon Gamber, Liturgie 188; vgl. besonders fr. 1+2+5+6+7, **21**.

[635] Wie in der Jakobosanaphora (Mercier 86, 8-11).

[636] Aus der neuen Zusammensetzung resultiert jedoch ein eher breites Blatt; ähnlich breit ist Qaṣr Ibrim fr. III a/b (o. S. 102).

[637] Vgl. E. Dinkler, Deutsche Ausgrabungen im sudanischen Niltal 1967-1969: HeidelbJbb 18 (Berlin etc. 1974) 1-21, ebd. 18.

[638] Die Mitteilung von Müller, Textfunde 251, daß die Pergamentfetzen zweiseitig beschrieben seien, scheint für alle Fragmente zu gelten, was auf der Photographie allerdings nicht erkennbar ist (die Rückseite des hinter Glas fixierten Originals liegt auf Papier auf und wurde daher von mir nicht überprüft). Das Wenige, was auf der Photographie der Rückseite von fr. 1+2 lesbar ist, sei hier mitgeteilt:

Sunnarti fr. 1+2 *verso*

1]̣[. . .]̣[
2]ε̣ν̣[. .]τ̣ο

eine starke Verschmutzung und Abrißspuren, die in der Tat an eine Anklebung und gewaltsame Ablösung denken lassen. Den Text der Rückseite hat man zum Zeitpunkt des Aufklebens offenbar als unwichtig erachtet.[639]

Die Rubrizierung bezeichnet nicht immer, wie in fr. 3+4, den Text des Diakons. In fr. 1+2+5+6+7, **12** beginnt ein rubrizierter Text mit der aller Wahrscheinlichkeit nach den Priester betreffenden Anweisung εκφ(ωνωc), und auch die Worte des Post-Sanctus und der Einsetzungsbericht in fr. 1+2+5+6+7, **3-8** bzw. **21-24** gehören mit Sicherheit dem Priester.[640]

Sunnarti fr. 3+4[641]

(ca. 6)] ̣ ν ̣ [*(ca. 17-18)* *//*] θ̣(εο)ν τọ[ν
(+4) αμ]ετριτ[ο]ν · θ[(εο)]ν ̣ ̣ [*(ca. 2)* *//*]κ̣[?] ̣ ̣ λον · cε
̣ ̣ ανακρα]ζọυcιν αγγελοι · // cε δοξολογ[ο]υ̣-

(dazwischen 8 Zeilen ohne erhaltene Schrift)

]ειχε̣[
] ̣ ̣ α[
] ̣ αcο[
]θ(ε)ε[
]ηγιν̣[ ] ̣ [
] ̣ ̣ ̣ ̣ [
] ̣ ̣ ̣ ̣ ̣ [

Auf der Schwarzweißphotographie könnte mir der ein oder andere Buchstabenrest entgangen sein, wenn er mit roter Farbe geschrieben war. Neben der Erkenntnis, daß die Rückseite von fr. 1+2 ursprünglich offenbar über ihre ganze Fläche hinweg beschrieben war, haben wir durch das Nomen sacrum im Vokativ in **14** die Gewißheit, daß es sich auch hier um einen liturgischen Text bzw. ein Gebet handelte. Die wenigen erhaltenen Buchstaben lassen keine sichere Aussage darüber zu, ob der Text von demselben Schreiber wie die Vorderseite geschrieben wurde, schließen dies aber auch nicht aus.

639 Vgl. Müller, Bemerkungen a.O. (o. Anm. 631) 137.

640 Wenn der von Gamber, Liturgie 187 mit Anm. 9 hergestellte Bezug von fr. 1+2+5+6+7, **10** ο γαρ λαοc κτλ. zu einer Stelle aus der Gregoriosanaphora (l. 288sq. Gerhards) zutrifft, dann sind auch diese rubrizierten Worte wohl dem Priester zuzuschreiben. Andererseits sind die zweifellos vom Priester vorgetragenen Zeilen fr. 1+2+5+6+7, **15-20** und fr. 3+4, **1-6** mit schwarzer Tinte geschrieben.

641 Rote Buchstaben sind in dieser Edition kursiv wiedergegeben. Der Spiritus, den der Schreiber als bloßen Punkt markiert hat, wird aus technischen Gründen in der Transskription in Spiritus asper bzw. lenis unterschieden. Zu den übrigen hier geltenden Prinzipien der Textdarstellung s.o. S. 17.

ϲιν οι αρχα]γγελοι · ϲε Χερου//β̣ειν και τα Ϲ̣[ε-
ραφιμ υμν]ο̣λ̣ο̣γο̣υ̣ϲιν ακα//ταπαυ⟨ϲτοιϲ⟩ ϲτομα̣ϲ[ιν
(ca. 11)] . . . ων̣[τ]//υ̣ϲ .– ***Δ*** *: πρ̣[ο<ϲ>ϲχω-*
μεν *(+ ca. 15)*] . [*(+ ca. 12)*

Fragmenta 3 et 4 coniunxit Gamber adiuvante Quecke **1** Hammerstaedt: fortasse · [ϲε τον μονον αληθινον//] θ̣(εο)ν **2** Hammerstaedt: fortasse [ημιν αμ]ετριτ[ο]ν vel [ολωϲ αμ]ετριτ[ο]ν vel [παϲιν αμ]ετριτ[ο]ν **3** [ανακρα]ζ̣ουϲιν Hammerstaedt **3-4** δοξολογ[ο]υ̣[ϲιν οι αρχα]γγελοι Hammerstaedt: δοξολογ[ουϲι αρχα]γγελοι Gamber **4-5** Ϲ̣[εραφιμ υμν]ο̣λ̣ο̣γο̣υ̣ϲιν Hammerstaedt: [Ϲεραφειν υ]μνουϲιν Gamber **5** ακα//ταπαυ⟨ϲτοιϲ⟩ ϲτομα̣ϲ[ιν] Hammerstaedt (ακα[τ]απαυϲτ[οιϲ ϲτομαϲι] Gamber) **6** fortasse [μεθ' ων ημειϲ] **6-7** πρ̣[ο<ϲ>ϲχω|μεν] Hammerstaedt

Orthographica etc.: **2** ἀμ]ετριτ[ο]ν: ἀμέτρητον **6** . . . ων̣[τ]//υ̣ϲ: βοῶντεϲ? (Gamber)

[dich (?) || zu rühmen (?), dich, den einzig wahren (?)] Gott, den [(?) für uns (oder: für alle, oder: völlig)] unermeßlichen Gott, [...] dich [...] rufen (die) Engel aus, dich verherrlichen [die Erz]engel, dich besingen (die) Cherubim und **(5)** *die Seraphim mit nimmermüden Mündern, [(?) zusammen mit denen auch wir (dich besingen) (?)] und rufen: – DIAKON: Laßt uns unsere Aufmerksamkeit schenken! – [...]*

Sunnarti fr. 9

]αραϲ[

Müller: temptaverim [- - - π]αραϲ[τηκουϲι - - -]

Sunnarti fr. 1+2+5+6+7

] . [.]α̣ . . [
(+ 8/9) υμνο]λ̣[//ο]γουντα · ἀ(ι)δο[ντα *(+ ca. 4)*
(+ ca. 5) *αγιοϲ ει] κ̣αι πα//ν̣αγιον · ὁ θ(εο)ϲ̣ [//* *]* . . . *[*
(ca. 10) *] ἁγιοϲ δε̣ κ̣//αι παναγιον κ̣//αι ὁ μο-*
5 *νογενηϲ ϲ]ο̣υ υ(ιο)ϲ ο κ(υριο)ϲ ἡ̣//μων*
και θ̣(εο)//ϲ Ι(ηϲου)ϲ [ο] Χ(ριϲτο)ϲ · ἀ-
6 *γιο]ν δ[ε και] // παναγιον · κ̣α̣ι̣ // τ̣ο̣ π̣ν̣(ευμ)[α] // ϲ̣ο̣υ̣ τω αγι-*
ο]ν̣ · δι' ου τα π̣//α̣ντα εν τω(ι) ο̣υ̣(ρα)//ν̣ων και τα ἐ-

πι της γης ἁγια̣//ζεται · δ̣ι̣ὰ τ//ο̣υτο αινο̣υ̣μεν
ὑμνουμεν ευ[λο]//γο̣[υμε]ν̣ αιτ̣//ουμεν οι π[αντεc
coι : *ὁ γαρ λαοc c̣[ου* και η εκ⟨κ⟩λητια]//c̣ ⟦ο⟧`c´ου κ̣[αι η
κληρ[ο]ν̣ομια cọυ̣ [ικετευει cε . . .]τ̣όυ[*(+ 2/3)* δεc-
π̣ο̣τα : *εκφ(ωνωc) εκλ̣[* *(+ca. 11)* *ε]λε̣ῆ̣c̣[ον ημαc ο θ(εο)c*
ὁ̣] π(ατη)ρ ἡ̣[μ]ων · και ἐπ̣ι̣[*(ca. 9)* *] . [* *(ca. 10)*
(+ 1/2) οικτι]ρμων cου ἐ[*(ca. 20)*
και δ]εομεθα και π̣[αρακ]//α̣λ̣[ουμεν cε κ(υρι)ε · ο-
πωc απ]ο̣cτιλαc το πν̣(ευμ)//α̣ cου τ[ο αγιον εξ ου(ρα)νου
επι τ]α̣ προκυμενα δ//ωρα τ̣α̣υ̣[τα επι τουτον
τον αρτ]ο̣ν κ̣αι επι το [πο]//τηριον το̣[υτο και *(+ ca. 3?)*
ποιηcη(ι)]c̣ των μεν [αρ]//τ̣ον cω̣μ̣α̣ τ̣[ο δε ποτη-
ρι]ον αιμα Χ(ριcτο)υ τ̣ηc̣ [και]//ν̣ηc διαθηκηc̣
καθωc] αυτ̣ο̣ . . [ὁ κ(υριο)c
ἡμω]//ν̣ και θ(εο)c Ι(ηcου)c ο Χ(ριcτο)c [(5/6)
τη(ι) νυ]κ̣τ̣ι η(ι) [παρεδιδου] // ἐ̣κ̣ο̣υ̣c̣ιω[c εαυτον
υπερ των αμαρτιων ημων] ε̣λαβ[εν αρτον
] . . [

Fr. 1 et 2 coniunxit Gamber adiuvante Quecke; fr. 5-7 addidit Hammerstaedt **1-14** Hammerstaedt **2-3** temptaverim ἀ(ι)δο[ντα και λε|γοντα· αγιοc ει] **15-20** fragmenta composuit sententiam adumbravit Gamber, singulas litteras accuratim edidit Roca-Puig **15** [και δ]εομεθα Gamber: [cοὶ δ]εόμεθα Roca-Puig **15-16** π̣[αρακ]//α̣λ̣[ουμεν cε κ(υρι)ε · ο|[πωc απ]ο̣cτιλαc Hammerstaedt: [παρακαλουμεν ινα εξαπο]cτιλαc Gamber, c[ὲ παρακαλοῦμεν κ(ύρι)ε | ὅπωc ἐξαπ]οcτείλῃc Roca-Puig **16** τ[ο αγιον εξ ου(ρα)νου] Hammerstaedt **17-18** τ̣α̣υ̣[τα επι τουτον | τον αρτ]ον Hammerstaedt: ταῦ[τα ἐπὶ τὸν | ἄρτον τοῦτ]ον Roca-Puig **18-19** το̣[υτο και *(+3?)* | ποιηcη(ι)]c Hammerstaedt (vel το̣[υτο και οπωc | ποιηcῃ]c?): το[ῦ | ποιῆ-cα]ι Roca-Puig (brevius) **19-20** τ̣[ο δε ποτη|ρι]ον Hammerstaedt (Gamber): Χ̣[ρ(ιcτο)ῦ τὸ δὲ πο|τήριο]ν Roca-Puig **20** Χ(ριcτο)υ legit Müller **21-24** Hammerstaedt

Orthographica etc.: **3+4** παναγιον: πανάγιοc **6** τω : τό **7** ου(ρα)νων: οὐρανῷ(ι) **10** coι: cε; [εκ⟨κ⟩ληcια]c̣: ἐκκληcία **16** απ]ο̣cτιλαc: ἀποcτείλῃc **17** προκυμενα: προκείμενα **19** των: τόν.

[die ...] anstimmen, singen, [und zwar mit diesen Worten: Heilig bist du] und allheilig, Gott [...]; heilig aber und allheilig auch (**5**) *dein eingeborener Sohn, unser Herr und Gott Jesus Christus; heilig aber [und] allheilig auch dein Heiliger Geist, durch den alles im*

Himmel und auf der Erde geheiligt wird; deswegen preisen, besingen, loben (und) bitten wir dich allesamt: **(10)** *– Denn dein Volk [und] deine [Kirche] und dein Erbteil [fleht dich an,] indem (?) es (?) spricht (?): Gebieter, (VERNEHMLICH:) ... [...] erbarme dich [unser, Gott,] unser Vater; und blicke (?) auf [deine Welt (?) durch (?)] dein Erbarmen [...].* – **(15)** *Wir bitten dich und rufen [dich] an, [Herr, damit] du deinen [Heiligen] Geist [vom Himmel] auf diese deine vorliegenden Gaben herabsendest, [auf dieses] Brot und auf diesen Kelch, und das Brot zum Leib, den Kelch [aber]* **(20)** *zum Blut Christi des Neuen Testaments machst. [So wie] unser [Herr] und Gott Jesus Christus selbst (?) [... in der] Nacht, in der er [sich selbst] freiwillig [hingab für unsere Sünden, Brot] nahm [...]*

Sunnarti fr. 8

] .. [
] ε̣υ̣λ̣ο̣[γηcαc
] κ̣αι c̣φραγ̣[ιcαc
]μιν τηc μαθη̣τ̣αιc[

1- 4 Hammerstaedt

Orthographica etc.: **4** τηc: τοῖc.

nachdem er es gesegnet [...] und mit dem Kreuzzeichen gesiegelt hatte, [...] den Jüngern [...]

Kommentar:

Sunnarti fr. 3+4

1 Das ν in fr. 3 (vor der langen Lücke) ist vielleicht Rest eines Infinitivs (cε αἰνεῖν, cὲ δοξάζειν o.ä.). Danach scheint ein Hochpunkt zu stehen. Die nachfolgende Lücke würde folgende Herstellung der ersten Zeile erlauben [cὲ || δοξάζε]ι̣ν · [cὲ τὸν μόνον ἀληθινὸν] θ(εὸ)ν κτλ. Vgl. den Beginn von Anaph. Gr. Greg.: ἀληθῶc γὰρ ἄξιόν ἐcτιν καὶ δίκαιον cὲ αἰνεῖν, cὲ ὑμνεῖν, cὲ εὐλογεῖν, cὲ προcκυνεῖν, cὲ δοξάζειν τὸν μόνον ἀληθινὸν θεὸν κτλ. (l. 14sqq. Gerhards).

2 Nach θ[(εο)]ν könnte vielleicht α̣ι̣λ[oder ω̣λ̣[gelesen werden. Die beiden Füße von Vertikalen vor λον bilden möglicherweise einen einzigen Buchstaben: η̣?

3 ἀνακράζουϲιν im Zusammenhang mit den himmlischen Mächten auch in Anaph. Gr. Greg. (l. 29 Gerhards).[642]

4 Für den durch die Länge der Lücke wohl erforderten Artikel vor ἀρχάγγελοι, der keine Entsprechung vor ἄγγελοι hat, vgl. sofort anschließend den nicht vor den Cherubim, dann aber vor den Seraphim gesetzten Artikel τά.

5 ὑμνολογεῖν auch Anaph. Gr. Greg. (l. 63 Gerhards); ἀκαταπαύϲτοιϲ ϲτόμαϲιν in Anaph. Gr. Greg. (l. 52 Gerhards); Anaph. Melk. Mark. (Brightman 131, 29f; Cuming 37, 9); Kacm. fol. 132v (93 Macomber).

6 Bei der Form β̣ο̣ων̣[τ]υ̣ϲ ist wohl eine Verwechslung von υ mit ε anzunehmen, womit sich OHall 5880, 2 und 4 vergleichen ließe (o. S. 200f). Das Verbum erscheint auch in der Jakobosanaphora (Mercier 86, 3), Basil. Alex. (Renaudot^2 1, 64), Melk. Mark. (Brightman 131, 30; Cuming 37, 10) und Anaph. Gr. Greg. (l. 63 Gerhards), steht jedoch in diesen Zeugnissen als Partizipium im Neutrum (βοῶντα) inmitten[643] einer Reihe von Ausdrücken des Preisens, die sich auf die himmlischen Wesen, namentlich auf Cherubim und Seraphim beziehen.

Möglicherweise ist am Zeilenbeginn ein Relativsatz mit maskulinem Subjekt, z.B. [μεθ' ὧν ἡμεῖϲ] (scil. ϲὲ ὑμνολογοῦμεν) β̣ο̣ών̣[τ]εϲ, zu ergänzen, so daß in ähnlicher Weise wie in PBarc. inv. 154b 19 (μεθ' ω̣͙ν και υμειϲ υμνουντεϲ λεγοντεϲ)[644] zusätzlich zu den himmlischen Heerscharen die Gemeinde in die Einleitung des Sanctus einbezogen wird. Auch in Anaph. Gr. Greg. bringen die Priesterworte die Gemeinde, hier allerdings mit einer finiten Form von βοᾶν, mit dem Lobgesang der Himmelsscharen in Verbindung: βοήϲωμεν ἅπερ ἐκεῖνα[645] ταῖϲ ἀϲιγήτοιϲ ἀνακράζει φωναῖϲ (l. 50sq. Gerhards).[646] Im Unterschied zu jenen Stellen würde sich jedoch, wenn wirklich

---

[642] Diese Stelle ist nicht vergleichbar mit der Partizipform κεκραγότα l. 64 Gerhards im Anschluß an die Erwähnung der Seraphim (Text s.u. zu fr. 1+2+5+6+7, **2**); vgl. OHall 5880, 6 (o. S. 201).

[643] Nicht also, wie hier, am Schluß.

[644] Lies: μεθ' ὧν καὶ ἡμεῖϲ ὑμνοῦντεϲ, λέγοντεϲ (Roca-Puig 13; oder aber besser: ὑμνοῦντεϲ λέγομεν?). Sofort danach steht der dreifache ἅγιοϲ-Ruf.

[645] Die von Gerhards (wie schon von Renaudot^2 1, 94) übernommene Form ἐκεῖναι ist sinnlos.

[646] In Const. apost. 8, 12, 27 (SC 336, 192) wird die Gemeinde mit den Worten καὶ πᾶϲ ὁ λαὸϲ ἅμα εἰπάτω, in Serap. 1 (13), 10 mit μεθ' ὧν δέξαι καὶ τὸν ἡμέτερον ἁγιαϲμὸν

bereits hier das Einstimmen der Gemeinde in den Lobgesang der Himmelsmächte erwähnt worden ist, der Sanctus-Ruf der Gemeinde nicht direkt daran anschließen.

6-7 Der Hab-Acht-Ruf des Diakons[647] folgt in Gr. Greg. (l. 65 Gerhards) und Basil. Alex. (Renaudot[2] 1, 64)[648] auf die Ankündigung des Loblieds der Seraphim (in Basil. Alex. auch der Cherubim) und steht dort gleich vor dem durch die Gemeinde gerufenen dreifachen «Heilig». An der vorliegenden Stelle, mit der die Erwähnung des Lobgesangs von Cherubim und Seraphim, wie in fr. 1+2+5+6+7, **2** erkennbar, noch nicht abgeschlossen ist, erwartet man diese Aufforderung, mit der der Diakon die Gemeinde meist unmittelbar vor einem ihrer Einwürfe aufrüttelt,[649] eigentlich noch nicht, sondern erst in fr. 1+2+5+6+7, **2-3** (oder in fr. 1+2+5+6+7, **10**).

Stattdessen fordert der Diakon in Gr. Greg. (l. 53 Gerhards) an einem mit der vorliegenden Stelle vergleichbaren Ort, zwischen der Ankündigung des Lobgesanges der Gemeinde und der eingehenden Beschreibung der Cherubim, die Gemeinde mit den Worten εἰϲ ἀνατολὰϲ βλέπετε auf, gen Osten zu blicken. Derselbe Befehl erfolgt auch in Basil. Alex. (Renaudot[2] 1, 67) zwischen der Nennung der himmlischen Mächte und der Cherubim und Seraphim.

Vermutlich geht die sonderbare Stellung des vorliegenden Diakonenrufs nicht auf eine besondere liturgische Überlieferung, sondern auf ein Versehen zurück, das in einer Gemeinde mit nubischer Muttersprache leicht eintreten konnte.

λεγόντων zusammen mit den Himmelsmächten als Vortragende des ein einziges Mal erfolgenden dreifachen Sanctus-Rufs genannt. Auch PDêr-Balizeh fol. II *recto* 11-24 (o. S. 174) und PBerol. 17032 *recto* 6 (o. S. 151) verbinden den Ruf der himmlischen Scharen und der Gemeinde auf jeweils ihre Weise zu Einem, während Melk. Mark. und Gr. Kyrill. die Rufe wiederholen lassen (o. S. 180 zu PDêr-Balizeh fol. II *recto* 19-24).

647 Die erkennbaren, schon von Müller zutreffend als eingekreistes δ und π gelesenen Buchstaben (vgl. Texfunde 252) schließen die von Gamber, Liturgie 186 erwogene Rekonstruktion mit Λ(αόϲ?) : ἅ[γιοϲ - - -] aus.

648 Die in den neuzeitlichen liturgischen Editionen durchweg begegnende Schreibweise προϲχῶμεν (anstelle von προϲϲχωμεν) wurde auch hier in der Ergänzung angenommen.

649 Vgl. auch Anaph. Gr. Greg. (l. 209 Gerhards) bzw. Basil. Alex. (Renaudot[2] 1, 67); ohne anschließenden Zwischenruf der Gemeinde allerdings auch in Kacm. fol. 138v (96 Macomber) und in der koptischen Matthaiosanaphora (Weißes Kloster Z 100 p. 139, 1).

7 Unter den in **6** befindlichen Buchstaben ục ist eine schwarze gepunktete Linie erkennbar. Der einzige Buchstabenrest aus **7**, das ziemlich senkrecht unter dem c von **6** gelegene Oberteil einer Rundung (ọ, ẹ, ρ̣, θ̣?), ist schwarz.

Sunnarti fr. 9

Das Fragment könnte auf fr. 3+4 folgen und vor die ebenfalls mit schwarzer Farbe geschriebenen Zeilen von fr. 1+2+5+6+7, **1-2** gehören.

Für eine mögliche Ergänzung zu παραςτήκουςι vgl. Anaph. Melk. Mark. (Brightman 131, 23 und 25; Cuming 37, 4 und 6); Anaph. Basil. Alex. (Renaudot[2] 1, 64: ᾧ παραςτήκουςιν ἄγγελοι καὶ ἀρχάγγελοι κτλ.) und Anaph. Gr. Greg. (l. 32 Gerhards: χίλιαι χιλιάδες coὶ παραςτήκουςι). Später erscheint dort im Zusammenhang mit den Seraphim παραςτήκει (l. 54 Gerhards)[650].

Sunnarti fr. 1+2+5+6+7

1-3 Nachdem in fr. 3+4 die Gratiarum actio durch die Erwähnung der Lobgesänge der himmlischen Scharen fortgeführt worden ist und der Priester hierauf allem Anschein nach die Teilnahme der Gemeinde am Lobgesang angekündigt hat, erscheint hier nun vor der ausführlichen, auf die drei Trinitätspersonen bezogenen Heiligpreisung (**3-8**), die den Priesterworten der Jakobosanaphora im Anschluß an die Sanctus-Rufe der Gemeinde ähnelt (s.u. z.St.), eine Reihe von Verben des Preisens, die offenbar als Partizipien auf die in fr. 3+4, **4** genannten himmlischen Wesen, die Cherubim und Seraphim, zurückzubeziehen sind. Sicherlich hat in der Lücke zwischen **2-3** kein der Gemeinde zuzuweisender Ruf mit dreifachem ἅγιος Platz in der Formulierung, in der er z.B. in PDêr-Balizeh fol. II *recto* 23f (o. S. 174), Inscr. Kopt. Mus. Kairo inv. 573, 2 (o. S. 188) und OHall 8f (o. S. 201) ausgeschrieben ist. Da die anschließend in **3-8** erhaltenen Worte aller Wahrscheinlichkeit nach dem Priester gehören, hat dieser Text die Worte der Gemeinde, die vermutlich an dieser Stelle gesprochen wurden,[651] offenbar nicht mitverzeichnet, sondern sich auf die Worte von Priester und Diakon beschränkt.

---

[650] Zu der nach Renaudot[2] 1, 94 in Par. gr. 325 und auch in Kacm. überlieferten, im Koine-Griechisch üblichen unaugmentierten Plusquamperfektform vgl. Blass/Debrunner / Rehkopf § 66, 1. Gerhards schrieb hier (als Konjektur?) παρειςτήκει.

[651] Allerdings erfolgte der Sanctus-Ruf der Gemeinde vielleicht erst in **10**.

2 Vgl. Anaph. Greg. l. 63-67 Gerhards: ὑμνολογοῦντα ᾄδοντα βοῶντα δοξολογοῦντα, κεκραγότα καὶ λέγοντα. – ὁ διάκονος λέγει· προ⟨c⟩cχῶμεν. – ὁ λαὸc λέγει· ἅγιοc, ἅγιοc, ἅγιοc κτλ.

3-7 Vgl. die an den Sanctus-Ruf der Gemeinde anschließenden Priesterworte in Gr. Greg. (l. 71 Gerhards: ἅγιοc, ἅγιοc εἶ κύριε καὶ πανάγιοc) und Const. apost. 8, 12, 29f (SC 336, 192: ἅγιοc γὰρ εἶ ὡc ἀληθῶc καὶ πανάγιοc ... ἅγιοc δὲ καὶ ὁ μονογενήc cου υἱόc).[652] Mit ἅγιοc εἶ ... καὶ πανάγιοc setzen auch die Worte (des Priesters oder der Gemeinde?) in PBerol. 17032 *recto* 7f ein (o. S. 151), in denen auf jede der drei Trinitätspersonen eingegangen wird, auf den Sohn und den Heiligen Geist allerdings kürzer als hier.[653] Mit demselben Gleichmaß wird in der Jakobosanaphora jede der drei Trinitätspersonen vom Priester nach dem Sanctus heiliggepriesen (Mercier 86, 8-11): ἅγιοc εἶ βαcιλεῦ τῶν αἰώνων καὶ πάcηc ἁγιωcύνηc κύριοc καὶ δοτήρ· ἅγιοc καὶ ὁ μονογενήc cου υἱὸc ὁ κύριοc ἡμῶν Ἰηcοῦc Χριcτόc, δι' οὗ τὰ πάντα ἐποίηcαc, ἅγιον δὲ καὶ τὸ πνεῦμά cου τὸ πανάγιον τὸ ἐρευνῶν τὰ πάντα καὶ τὰ βάθη cου τοῦ θεοῦ καὶ πατρόc.

Nicht nur angesichts der vergleichbaren Priesterworte anderer Liturgien, sondern auch aufgrund der Länge des Textes ist es völlig undenkbar, daß es sich bei diesen Zeilen um den Sanctus-Ruf der Gemeinde handeln könnte.

7-8 Im Post-Sanctus der Anaph. Basil. Alex. (Renaudot^2 1, 65) heißt es ἡγίαcεν ἡμᾶc τῷ πνεύματι τῷ ἁγίῳ; vgl. Cyrill. Hieros. catech. myst. 5, 7 (SC 126, 154): παντὸc γάρ, οὗ ἂν ἐφάψηται τὸ ἅγιον πνεῦμα, τοῦτο ἡγίαcται καὶ μεταβέβληται.

8-10 Vgl. Anaph. Gr. Greg. nach der Darbringung bzw. vor der Herabsendungs- und Wandlungsbitte (l. 194 Gerhards: cὲ αἰνοῦμεν, cὲ εὐλογοῦμεν). Das eine Bitte ausdrückende αἰτοῦμεν[654] scheint nach den drei Verben des Preisen und Lobsingens fehl am Platze.[655] Es läßt sich nicht völlig ausschließen, daß erst diese Worte, und nicht bereits ein in fr. 3+4, **6** zu ergänzender Nebensatz, den Sanctus-Ruf der Gemeinde vorbereiten. Somit hätte dieser Abschnitt, in dem der Priester in **3-9** dann noch vor dem Gemeinde-

---

652 So auch Basil. Byz. (Brightman 324a 8f).

653 Die hiermit nah verwandten Priesterworte von Chrys. Byz. (Brightman 324b 7-9 bzw. Parenti/Velkovska nr. 33, 2) s.o. S. 153.

654 Vgl. PBarc. inv. 155a 2f (11 Roca-Puig) αιτουμεθα και παρακαλουμεν cοι.

655 Aufgrund seiner (im Prinzip durchaus zutreffenden) Einordnung von fr. 5 rechts von der oberen Hälfte von fr. 1 konstruierte Gamber, Liturgie 187 in **9**: [cε υ]μνουμεν ευ[λογ]ουμενοι ... [

sanctus solche Worte ausspräche, für die es in anderen Liturgien nur anschließend an das Gemeindesanctus Parallelen gibt, jedoch einen ganz singulären Aufbau.[656]

8 Auf das α von δι̣α̣ scheint versehentlich ein Spiritus gesetzt zu sein, wie vielleicht auch in **11** (s. Komm. z.St.) und offenbar in **12** ([ἐ]λ̣έη̣ϲ̣[ον]).

8-9 Auffällig ist der völlig unvermittelt erscheinende Wechsel von roter zu schwarzer Tinte.

10-14 Andere Liturgien, die auch an das Post-Sanctus die Herabsendungs- und Wandlungsbitte anschließen, schalten dazwischen eine kurze Erwähnung der Darbringung der Gaben ein, mit Ausnahme von PDêr-Balizeh, wo beide Abschnitte direkt hintereinander stehen.[657] Im vorliegenden Text ist dieser Übergang mit einer Akklamation weiter ausgedehnt, scheint jedoch keine Darbringung enthalten zu haben (vgl. Roca-Puig 47).

10-13 Müller, Textfunde 252 wies auf Ähnlichkeiten mit einer Akklamation innerhalb der Interzessionen von Anaph. Gr. Greg. hin (l. 288sq. Gerhards): ὁ γὰρ λαόϲ ϲου καὶ ἡ ἐκκληϲία ϲου ἱκετεύει ϲε, καὶ διά ϲου καὶ ϲύν ϲοι τὸν πατέρα, λέγουϲα· (je dreimal von Gemeinde und Priester:) ἐλέηϲον ἡμᾶϲ ὁ θεὸϲ ὁ ϲωτὴρ ἡμῶν. Ähnlich wie hier[658] erfolgt diese Akklamation vor der Herabsendungsbitte in der Jakobosliturgie (Mercier 90, 17f: ὁ γὰρ λαόϲ ϲου καὶ ἡ ἐκκληϲία ϲου ἱκετεύει ϲέ. [Gemeinde:] ἐλέηϲον ἡμᾶϲ κύριε ὁ θεὸϲ ὁ πατὴρ ὁ παντοκράτωρ) und in Kacm. fol. 137r/v (96 Macomber: ὁ γὰρ λαόϲ ϲου καὶ ἡ ἐκκληϲία ϲου ἱκετεύει ϲὲ καὶ λέγει· [Gemeinde, dann dreimal der Priester:] ἐλέηϲον ἡμᾶϲ ὁ θεὸϲ ὁ πατὴρ ὁ παντοκράτωρ). Für die Verwendung von κληρονομία verwies Roca-Puig 46 auf die syrische Anaphora des Severos von Antiochien (Hänggi/Pahl³ 283 nr. 434 l. 78-81 nach Einsetzungsbericht und Anamnese bzw. vor der Herabsendungsbitte: *et*

---

[656] Die Priesterworte in **3-8** stünden dann für ein erstes, allein von Seraphim und Cherubim gesungenes Sanctus. In der Markos/Kyrillosliturgie, deren Fassungen ja allesamt den Sanctus-Ruf verdoppeln (s.o. S. 180 im Kommentar zu PDêr-Balizeh fol. II *recto* 19-24), geht jedoch dieser erste Sanctus-Ruf von Cherubim und Seraphim, der, den anschließenden Diakonenworten παύϲαϲθε τῇ ἰδίᾳ φωνῇ in Vat. gr. 2281 nach zu urteilen, in manchen Fassungen offenbar bereits ebenfalls von der Gemeinde mitgesprochen wurde, in Formulierung und Länge nicht erheblich über den zweiten, von der Gemeinde als solcher getanen Einwurf hinaus. Nur in Mess. gr. SS. Salv. 177 hat das erste, als Lobgesang von Cherubim und Seraphim hingestellte Sanctus in Form eines äußerst knappen, offenbar vom Priester gesprochenen Trishagions.

[657] Die betreffenden Stellen s.o. S. 181 zu PDêr-Balizeh fol. II *recto* 25 - *verso* 2.

[658] Gamber, Liturgie 187 rekonstruierte ο γαρ λαοϲ [- - -] ϲου [- - - και η] κληρονομια ϲο[υ].

propter haec populus enim tuus et hereditas tua supplicat te et per te et tecum patrem tuum. – miserere mei, Deus pater omnipotens, et aspice clamorem et gemitus populi tui) und auf die syrische Anaphora des Herrenbruders Jakobos (Hänggi/Pahl[3] 271, nr. 432 l. 65, ebenfalls zwischen Anamnese und Herabsendungsbitte).[659]

10 Erneut ein Übergang von roter zu schwarzer Farbe innerhalb eines Satzes ohne Sprecherwechsel (vgl. **8-9**).

11 Statt]τ̣όυ[könnte auch]γ̣όυ[stehen: Vielleicht [λέ]γ̣ου[cα, δέc]|π̣ο̣τα?

12 Die Buchstabenreste nach dem aspirierten ἡ bzw. ἥ würden besser zu β̣ als zu c̣ passen, doch kann die hier eingesetzte Ergänzung [ἐ]λ̣έη̣c̣[ον] aufgrund der zu **10-13** verzeichneten Parallelen einige Wahrscheinlichkeit beanspruchen.

13 κ̣α̣ὶ ἐπ̣ί̣[cκεψαι τὸν κόcμον cου . . .]? Vgl. die voranaphorische Bitte der Jakobosliturgie (Mercier 58, 5f; Text o. Anm. 659) und *aspice etc.* in Anaph. Sev. Ant. (Text. s.o. zu **10-13**); Anaph. Basil. Byz. (Brightman 336a 29f: ἐπίcκεψαι ἡμᾶc ἐν τῇ χρηcτότητι cου κύριε).

14 Die Kürze der Lücke vor [οἰκτι]ρμῶν läßt keine Ergänzung wie [διὰ | τῶν οἰκτι]ρμῶν cου zu (vgl. Lit. Basil. Byz. [Brightman 320, 18]: διὰ τῶν οἰκτιρμῶν τοῦ μονογενοῦc υἱοῦ cου). Die erhaltene Wortverbindung kehrt wieder in den Interzessionen der modernen Basileiosanaphora (Brightman 409, 13f: μνήcθητι κύριε κατὰ τὸ πλῆθοc τῶν οἰκτιρμῶν cου καὶ τῆc ἐμῆc ἀναξιότητοc). Eine andere Wendung mit οἰκτιρμῶν enthält ein Gebet aus Qaṣr Ibrim *verso* 6f:[660] ἔκτεινον τὴν χεῖρα τὴν πλήρη ἐλέουc καὶ οἰκτιρμῶν καὶ τὰc βραχίοναc cου.

15-20 Die Herabsendungs- und Wandlungsbitte stimmt eng überein mit den spätantiken Zeugen der Markos/Kyrillosanaphora (PRyl. gr. 465 *recto* 25 - *verso* 3 [o. S. 79f]; PVindob. G 26134 *recto* [o. S. 97]; OBritMus. nr. 54036 *recto* 15-18, aber auch mit PDêr-Balizeh fol. II *recto* 26 - *verso* 2 (o. S. 175) und, abgesehen von einigen Umstellungen am Anfang, auch mit PBarc. inv. 155a 2-7, Coptica Lovaniensia nr. 27 und (ihr Beginn mit dem dort schon abbrechenden) PVindob. G 41043 *verso* 6f (o. S. 156).[661] Starke

---

[659] An ähnlichem Platz steht λαόc und κληρονομία auch in der koptischen Matthaiosanaphora (Weißes Kloster Z 100, p. 143, l. 7f). Voranaphorisch heißt es in der Jakobosliturgie (Mercier 58, 5f): cῶcον ὁ θεὸc τὸν λαόν cου καὶ εὐλόγηcον τὴν κληρονομίαν cου, ἐπίcκεψαι τὸν κόcμον cου ἐν ἐλέει καὶ οἰκτιρμοῖc.

[660] Text o. S. 170 im Kommentar zu PVindob. G 41044 *verso* 5-6.

[661] Deutlich anders Const. apost. 8, 12, 39 (SC 336, 198-200) und Serap. 1 (13), 15.

Erweiterungen bieten die Liturgien in byzantinischer Zeit (Anaph. Melk. Mark. [Brightman 133, 31-134, 18; Cuming 46, 1-28];[662] Kacm. fol. 137v-138v [96f Macomber]; Anaph. Gr. Greg. [l. 197-224 Gerhards]; Anaph. Basil. Alex. [Renaudot² 1, 67sq.]; Jakobosanaphora [Mercier 90, 22-92, 12]; Anaph. Chrys. Byz. [Brightman 329b 15-330b 10 bzw. Parenti/Velkovska nr. 35, 2-5]; Anaph. Basil. Byz. [Brightman 329a 26-330a 11]), die zudem, bis auf die beiden letztgenannten,[663] als grammatisches Subjekt in die Wandlungsbitte den Heiligen Geist einsetzen.

Nach der Zusammensetzung von fr. 1+2 mit fr. 5+6+7 kann auch im unteren, auf fr. 1+2 erhaltenen Teil die Bestimmung von Zeilenbeginn und -ende mit größerer Sicherheit erfolgen. Mit den hier aufgenommenen Ergänzungen ergibt sich freilich nur für die Zeilenanfänge in **15**, **19** und **20** eine wirklich glatte Lösung, während ein gleichmäßiger Zeilenbeginn an den Übergängen von **15-16**, **16-17** und **17-18** nur mit Abweichungen von dem an dieser Stelle eigentlich recht feststehenden liturgischen Formular bzw. der zugegebenermaßen problematischen Annahme eines vom Schreiber nach dem ersten [ἐπι] in **17** gelassenen Zwischenraums herstellen konnte (s.u. z.St.). Eine überzeugendere Ergänzung jener Zeilen mögen andere finden.

15 κ(ύρι)ε wurde aus Platzgründen ergänzt. In den antiken Paralleltexten fehlt eine solche Gottesanrede, vgl. aber Anaph. Basil. Alex. (Renaudot² 1, 67: φιλάνθρωπε, ἀγαθέ, κύριε); Anaph. Melk. Mark (Brightman 133, 32; Cuming 46, 1: φιλάνθρωπε, ἀγαθέ); Anaph. Basil. Byz. (Brightman 329a 29: ἅγιε ἁγίων).

15-16 Setzte man [ἐξαπ]ọϲτιλαϲ ein, ergäbe sich die Schwierigkeit, daß davor noch Platz für einen einzigen weiteren Buchstaben wäre. Mit [o|πωϲ] vgl. PBarc. inv. 155a 3 (und 18); Const. Apost. 8, 12, 39 (SC 336, 198). Auch Roca-Puig 47 (vgl. ebd. 52f) bereinigte den Text zu [ὅπωϲ ἐξαπ]οϲτείληϲ, während Gamber, Liturgie 188 mit ἵνα ... ἐξαποϲτίλαϲ ... ποιήϲηϲ die Herabsendungsbitte als Partizip der Wandlungsbitte grammatisch unterordnete. Doch fehlte dann eine sinnvolle Ergänzung des (selbst m i t dem beiordnenden καί) recht kurzen Zeilenendes von **18**.

[662] Vgl. den Kommentar zu PRyl. gr. 465 *recto* 25 o. S. 86.

[663] Anaph. Chrys. Byz. (Brightman 330b 2 bzw. Parenti/Velkovska nr. 35, 4); Anaph. Basil. Byz. (Brightman 329a 32).

Für die Ergänzung ἐξ οὐρανοῦ vgl. PVindob. G 26134 *recto* 0-1 (o. S. 97); Coptica Lovaniensia 27 und PBarc. inv. 155a 4f.[664]

17 ἐπὶ τ]ᾴ wäre für die Lücke bei normaler Schrift zwar einen Buchstaben zu kurz, doch könnte zwischen dem mit höchster Wahrscheinlichkeit zu erwartenden [ἐπί] und dem [τ]ᾴ etwas Raum gelassen worden sein.

17-18 Bei Ergänzung mit der aus der byzantinischen Markos/Kyrilloslitur-gie[665] bekannten Wortstellung [ἐπὶ τὸν ἄρτον | τοῦτ]ο̣ν (vgl. Roca-Puig) würde am Beginn von **18** ein Buchstabe unausgefüllt bleiben.[666]

18 Am Zeilenende vor dem ergänzten καί könnte sich (wie in **12**) die Anweisung εκφ(ωνωϲ) bzw. εκφ(ωνηϲει)[667] befunden haben.

20 So wörtlich PBarc. inv. 155a 6f: αιμα Χρ(ιϲτο)υ | τηϲ καινηϲ διαθηκηϲ; vgl. Coptica Lovaniensia nr. 27.[668]

21-23 Weitere Beispiele für die Stellung des Einsetzungsberichts nach der Herabsendungs- und Wandlungsbitte s.o. S. 181 (zu PDêr-Balizeh fol. II *recto* 25 - *verso* 2). Für die Textherstellung vgl. PRyl. gr. 465 *recto* 4-7;[669] Anaph. Melk. Mark. (Brightman 132, 15-17; Cuming 39, 1f); Kacm. fol. 134 r (94 Macomber).

21 Für die Ergänzung von καθώϲ vgl. PBarc. inv. 155a 7[670] und Coptica Lovaniensia nr. 27.

23 ἔλαβεν ἄρτον mit finitem Verbum in Serap. 1 (13), 12 und Anaph. Basil. Alex. (Renaudot² 1, 66), als Partizip in Const. apost. 8, 12, 36 (SC 336, 196); PRyl. gr. 465 *recto* 7; Melk. Mark. (Brightman 132, 19; Cuming 39, 4); Kacm. fol. 134r; Jakobosanaphora (Mercier 88, 4); Anaph. Basil.

---

664 Zu kurz wäre auch das von Gamber und Roca-Puig einfach mit τ[ὸ ἅγιον] ergänzte Zeilenende in **16**.

665 Brightman 134, 9; Cuming 46, 14; Kacm. fol. 138v.

666 Gambers Rekonstruktion mit δωρα [επι τον αρτον τουτο]ν ist aufgrund der hiermit unvereinbaren Buchstabenreste nach δῶρα und der größeren Länge der zu ergänzenden Textlücke auszuschliessen.

667 Vgl. Sin. gr. 2148 und Vat. gr. 1970 in Melk. Mark. (Brightman 134, 12; Cuming 46, 23); Kacm. fol. 138v (97 Macomber); Anaph. Gr. Greg. (l. 211 Gerhards); Anaph. Basil. Alex. (Renaudot² 1, 67).

668 Gambers Lesung κ(υρίο)υ statt Χ(ριϲτο)ῦ trifft nicht zu.

669 Auch die dazu o. S. 82 die angegebenen Belege für [ἑκ]ο̣υϲίωϲ (**22**); weiterhin Anaph. Gr. Greg. (l. 148sq. Gerhards: τῇ γὰρ νυκτὶ ᾗ παρεδίδηϲ *(sic)* αὐτὸϲ ϲεαυτὸν τῆϲ ϲεαυτοῦ ἐξουϲίαϲ). Etwas früher bei der Erwähnung seines freiwilligen Todes in der Jakobosanaphora (Mercier 86, 27) und Anaph. Basil. Byz. (Brightman 327a 24).

670 Roca-Puig 12: καθωϲ `και´ αυτωϲ ηνικα | εμελλεν παραδιδοναι ⟨εαυτον⟩ λαβων αρτον και ευχαριϲτηϲαϲ και εκαλεϲεν (lies ἔκλαϲεν) και εδωκεν τοιϲ μαθηταιϲ | αυτου λεγων λαβετε φαγετε κτλ.

Byz. (Brightman 327a 27); Anaph. Chrys. Byz. (Brightman 327b 27 bzw. Parenti/Velkovska nr. 33, 2); Anaph. Gr. Greg. (l. 151 Gerhards).

Sunnarti fr. 8

Wie schon Gamber, Liturgie 186 vermutete, gehört dieses Stück an das Ende der in den Sunnartifragmenten überlieferten liturgischen Sequenz. Die Erwähnung der Jünger muß nicht unbedingt zur Brotbrechung gehören,[671] sondern könnte auch auf das anschließende Nehmen des Kelchs passen.[672]

2 εὐλογήϲαϲ jeweils bei Brot und Kelch in PRyl. gr. 465 *recto* 9 und 13 (dort ergänzt); PDêr-Balizeh fol. II *verso* 15 (ergänzt) und 21; Melk. Mark. (Brigthman 132, 21 bzw. 133, 5; Cuming 40, 8 bzw. 24); Anaph. Basil. Alex. (Renaudot^2 1, 66); Anaph. Gr. Greg. (l. 156 und 168 Gerhards); Anaph. Basil. Byz. (Brightman 328a 1 und 10).[673] Nur beim Kelch steht das Verbum in der Jakobosanaphora (Mercier 88, 14), nur beim Brot in Anaph. Chrys. Byz. (Brightman 327b 30-328b 1 bzw. Parenti/Velkovska nr. 33, 2).

3 ϲφραγίϲαϲ hat sonst nur PBerol. 17032 *verso* 3f (beim Brot) und 6 (beim Kelch; o. S. 152).

---

671 Ausschließlich bei der Brotbrechung in PBerol. 17032 *verso* 3-5 (o. S. 152); Anaph. Chrys. Byz. (Brightman 328b 8f bzw. Parenti/Velkovska nr. 33, 2); in PDêr-Balizeh fol. II *recto* 22 wird auf die in zuvor *verso* 16 erwähnten Jünger und Apostel mit dem Personalpronomen hingewiesen (so wohl auch in PVindob. G 16545 *verso* 7 [o. S. 59] der Markos/Kyrillosliturgie); vgl. Const. apost. 8, 12, 37 (SC 336, 198).

672 Die Nennung von Jüngern und Aposteln wiederholt beim Nehmen des Kelchs Serap. 1 (13), 14; PRyl. gr. 465 *recto* 14; Melk. Mark. (Brightman 133, 5; Cuming 40, 27f); Kacm. fol. 135r (95 Macomber); Anaph. Basil. Alex. (Renaudot^2 1, 66); Anaph. Gr. Greg. (l. 170sq. Gerhards); Jakobosanaphora (Mercier 88, 15); Anaph. Basil. Byz. (Brightman 328a 12f).

673 PVindob. G 16545 *verso* 6f (ergänzt) bei den Kelchworten (die Brotbrechung ist verloren).

GRIECHISCHE WORT- UND NAMENS-INDICES*

*a) (Voranaphorische?) Totenfürbitte (PRyl. gr. 465 verso **11-21***

* Fette Zahlen bezeichnen die Texte in der Reihenfolge der vorliegenden Edition, z.B. entspricht **3** dem PVindob. G 16545 +17047/38329/38379, wobei in diesem Fall mit dem Zusatz A das Oberteil PVindob. G 16545 von dem mit B gekennzeichneten Unterteil PVindob. G 17047 / 38329/38379 unterschieden ist (bei den Sunnartifragmenten wird fr. 3+4 mit **19**A, fr. 9 mit **19**B, fr. 1+2+5+6+7 mit **19**C und fr. 8 mit **19**D angeführt). Anschließend wird (gegebenenfalls) mit r *recto*, mit v *verso* bezeichnet (bzw. in Qaṣr Ibrim 1964 [=**8**] mit V die Vorderseite, mit R die Rückseite). Wort- und Stellenangaben in spitzen Klammern < > betreffend vom Editor vorgenommene Einfügungen, eckige Klammern [ ] zeigen Ergänzungen an. Sind diese zusätzlich mit eingeklammerten Fragezeichen gekennzeichnet, wurden sie nur im Apparat oder im Kommentar in Betracht gezogen.

*b) Katechumenengebet und -entlassung vor der Markos/Kyrillosanaphora (Qaṣr Ibrim fr. III a/b recto **1-15**)*

*c) Friedensgebet vor der Markos/Kyrillosanaphora (Qaṣr Ibrim fr. III a/b recto **15-27***

d) Gebet nach dem Friedenskuß vor der Markos/Kyrillosanaphora (Qaṣr Ibrim fr. III a/b verso 1-8)

*e) Anaphoren (**1-8** Markos/Kyrillosanaphora; **9-19** andere Anaphoren)*

νύξ **4** r 5; [**16** v 12]; **19**C 22

ὁ [**3**B r 10]; **4** r 1, 3, 4, 5; **5** v 7, 8; **6**a/b v 12, 16; **6**c v 1; [**7**, 6, 7, 8]; **9**, 3 (bis), <4>; **12** r 7, 8, <8>; [**13** v 2]; **16** r 6, 24; **16** v 3, 6, 7, [12]; **17**, [1 (?)], 2; **19**C 3, 4, 5, [5], 10, [12, 13, 21], 21; τοῦ (masc.) **1** r 8, 9, [23]; **1** v 8, [24]; **2** r [8 (bis)], <8>, [23]; [**3**A r 6]; [**3**B v 3]; **4** r 2, 20 (bis); [**4** v 1, 2]; **5** r 5; **6**a/b v 24 (bis); [**6**c r 7]; **8** 1/2 V 6; [**8** 3 V 2]; [**8** 3 R 0]; **9**, 1, 4; **10**, 1, [1]; **11** r 13, 15, 19; **11** v 4, 9, 13; **13** v [1], 2; **16** r 29; [**16** v 1]; τῷ(ι) (masc.) **1** r [3], 6; **2** r 3, 4, 5; **3**B r 4, 8; **6**a/b v [12], 14, 20 (bis), 22; **15** r 3, [4]; [**16** r 9, 10], 15, [16]; **19**C 7; τόν **1** r [3], 6, 24, 26; **2** r [3], 6; [**3**A r 6, 14 (?)]; **3**A v 15; **4** r 6, 8, [8, 17], 18, 19, [26]; **5** r 2, 4; **6**a/b v 20, 22; [**6**c r 7]; **8** 1/2 V 4, 5; [**8** 3 V 2]; **8** 1/2 R 5; **10**, [3], 4, 6, [7], 8 (bis); **11** r 18, 19; **12** r 9 (?); **12** v 12; **13** v 4, [5]; [**15** r 3]; **16** r [1], 21, 28; **16** v 26, 28, 30; **18**, 8; **19**A [1 (?)], 1; **19**C [13 (?), 18], 19; οἱ [**3**A r 17]; **4** v 1; **16** r 1; [**19**A 4]; **19**C 9; τῶν (masc.) **1** r 21; **1** v 11; 15; 18, [26]; **6**c r 4; **6**c v 2, 3 (bis), 4, 5; **7**, 9; **8** 1/2 V [3], 7; **8** 1/2 R 3, 4; **11** r 6, 14; **11** v 11; **14**, 1, 4, <15>; [**15** r 2]; **16** r 21; τῶν (masc./fem./neutr.?) **11** r 3, 18; τοῖϲ (masc.) **4** r [9], 15; [**4** v 3]; **11** v 15; [**12** v 4]; **13** v 3; **16** v 16; **17**, 3; **19**D 4; τούϲ **1** r 27; **1** v 3, 7, 8, 9, 10, 25; **3**A r 8, [10]; **3**B v 6; **7**, [0, 2, 4], 7, 8; **11** v 5, 11, 13, 14 (bis), 16, 17 (bis?); **16** r 18; ἡ [**4** r 1]; **6**c v 2, [2], 3, 4; [**7**, 9]; **10**, 11 (bis); **11** v 10; **13** v 1; **16** r 24; **17**, 2; [**19**C 10 (bis)]; τῆϲ **1** r 8, 19, 25, 26; **1** v [6], 18; **2** r 7, [18]; **3**A r 10; **3**A v 10; **4** r [1], 3, 11, 15; **4** v 2; **6**a/b v 23-24; **6**c r 2; **6**c v [1 (bis)]; **8** 3 V 3; **9**, 7, 9; [**10**, 1]; **11** r 8, 12; **11** v 8; **12** v 9; **13** v 1, [2]; **14**, 2; **16** r 24, 25, 30; **16** v 7; **17**, 1, 2, 3, 4; **19**C 8, 20; τῇ(ι) **4** r 5; **6**a/b v 11; **11** r 9, 17 (bis); [**16** v 12]; [**19**C 22]; τήν **1** r 11 (bis), 12, 22, 24; **1** v 13; **2** r [11], 11 (bis); 21, 23; **3**A r [5, 12], 13; **3**B r 6 (bis); **3**A v 4, [13]; **3**B v 5, 6, 8; **4** r <3>, [12], 17, [18, 20], 21, 22, 23; **6**a/b v 26, [27]; **6**c r 5, 7; [**6**c v 8]; **11** v 6; **16** v <28b (?)>, 29, 31; **18**, 5; αἱ **17**, 1; τῶν (fem.) **3**A r 6; **3**B r 8; **4** r [5], 7; **16** v 14; [**19**C 23]; ταῖϲ **1** r 22; [**2** r 22]; **6**a/b v 15; [**6**c r 6]; **10**, 2; **16** r 16, 18, 19; **16** v 10; **18**, 4; τάϲ **1** v 11, 20; **3**A r 14; **6**a/b v [9], 9, [13]; [**6**c v 8]; **8** 1/2 R 4-5; **11** r 3, 14, 20 (bis); τό (nom.) **1** r 15, [25]; [**2** r 14]; **3**A v [2], 10, 11, 15, [15]; [**4** v 7]; **5** v 4; **11** v 10; **12** r 8 (bis); **12** v 9, [9]; **16** v 8, 18 (bis), 24 (bis); **17**, 1; **19**C 6 (bis); τοῦ (neutr.) **1** r 8; [**2** r 7]; **4** r [3], 11 (bis); [**6**a/b v 24]; [**15** r 1]; τῷ (neutr) [**1** r 17]; τό (acc.) **1** v 5; 10; **3**A v 5; **4** r 13, 18, 26 (bis), 27; [**4** v 1]; **5** r 3; **10**, 10; **11** r 18; **13** v [5], <7>; **15** r [3 (bis)], 3; **16** r 17, 27 (bis), 30; **16** v 20, 27; **19**C 16 (bis), 18, 19; τό (nom./acc.) **12** r 12; τά (nom.) **1** r 13; [**2** r 12]; [**6**a/b v 28]; [**10**, 9]; **16** r 13, [15]; **18**, 2; **19**A 4; **19**C 7 (bis); τῶν (neutr.) **1** r 21 (bis); **2** r 20, [20]; [**4** r 8, 24]; **6**c r 4; **10**, 4; **11** r 13; **11** v 8; τοῖϲ (neutr.) **1** r 16; **2** r 15; τά (acc.) **1** r 4, 5, [26]; **1** v 14; **2** r [4], 5, 24 (?); **4** r 24, 26; **5** r 1; **6**a/b v <20>, 21, [22]; **6**c r 8; **11** r [12], 19; **11** v 4, 7; **15** r 4, [5]; **16** r [0], 27; **19**C 17

ὁδόϲ **3**B r 6

οἰκονόμοϲ **17**, 4

οἰκουμένη **4** r 23

οἰκτιρμόϲ **11** r 6; **19**C 14

οἶνοϲ **16** v 6

ὀλιγοψυχέω **3**B r 2; **11** v 14-15; **16** r 4-5

ὅλοϲ [**4** r 8]

ὅλωϲ [**19**A 2 (?)]

ὁμιλία **1** v 18

ὁμοίωϲ [**3**A v 4]; **16** v 6, 20

ὁμοίωϲιϲ **1** r 7; **6**a/b v 23

ὁμολογέω **3**B v 7; **4** r 19, [21]; **16** v <28b (?)>, 31 (?)

f) (Nachanaphorisches) Inklinationsgebet (PVindob. G 41044 verso)

g) (Nachanaphorisches) Dankgebet nach Kommunion (PLitLond. 232 verso)

WEITERE INDICES

a) Schlagwörter

b) Eingehender behandelte Stellen, meist aus nicht in diese Edition aufgenommenen Texten

c) Verzeichnis der aufgenommenen Texte

d) Nummern der Texte nach van Haelst

Fundorte von Abbildungen der nicht reproduzierten Stücke

Nr. 5: PVindob. G 26134 *recto* und *verso* (5./6. Jh.; Epiklese und Doxologie der Markos/Kyrillosanaphora auf Papyruscodexblatt): Treu/Diethart Taf. 34; *recto* auch bei Hammerstaedt, Präzisierungen: ZPE 110 (1996) Taf. 2.

Nr. 6: Qaṣr Ibrim fr. III a/c *recto* und *verso* (10./11. Jh.; Reste zweier Pergamentcodexblätter mit Meßgebeten vor der Anaphora, anschließender Gratiarum actio und Interzessionen aus der Markos/Kyrillosliturgie): Frend / Dragas: JbAC 30 (1987) Taf. 2.

Nr. 7: Qaṣr Ibrim fr. III d (Interzessionsgebet der Markos/Kyrillosanaphora auf einseitig beschriebenem Pergamentblatt): Frend/Dragas a.O. Taf. 2.

Nr. 8: Qaṣr Ibrim 1964, 4/12 (Interzessionsgebete auf beidseitig beschriebenem Papiercodexblatt): Frend/Dragas/Kontoyiannis: JbAC 35 (1992) Taf. 3 a-f.

Nr. 9: Qaṣr Ibrim «Athanasiusanaphora» (Bitte um Frieden und um die Kirche auf einseitig beschriebenem Pergamentblatt mit oben verziertem Rand): Frend/Dragas: JbAC 30 (1987) Taf. 3 d.

Nr. 12: PBerol. 17032 *recto* und *verso* (ca. 5./6. Jh.; Pergamentblatt mit Sanctus und Einsetzungsworten): K. Treu: ArchPap 21 (1971) Taf. 6 b.

Nr. 13: PVindob 41043 *verso* (6. Jh.; Postsanctus, Offerte, Bitte um Herabsendung des Hl. Geistes; Briefrückseite): Treu/Diethart Taf. 21.

Nr. 14: PCair. 10935A (2. Hälfte 6. Jh.; Gebet für die Verstorbenen auf Papyrusblatt; Rückseite leer): Bastianini/Gallazzi: ZPE 58 (1985) Taf. 4 c.

Nr. 15: PVindob 41044 *recto* und *verso* (6./7. Jh.; Bitte um Herabsendung des Hl. Geistes auf uns und die eucharistischen Gaben): Treu/Diethart Taf. 30.

Nr. 16: PDêr-Balizeh fol. II *recto* und *verso* (Oxford, Bodleian Library: MS. Gr. liturg. c. 3; Ende 6. oder 7. Jh.; Papyrusblatt mit Interzessionen, Ante-Sanctus, Sanctus, Epiklese, Einsetzungsbericht und Anamnesis aus einem liturgischen Codex): Roberts/Capelle Taf. 3 und 4.

Nr. 17: Cair. Mus. copt. 753: (Ante-Sanctus, Sanctus und Post-Sanctus auf Stifterinschrift vom 7.5.735 aus der Marienkirche in Alt-Kairo): Fournet fig. 1-4

Nr. 18: Ostrakon Hall 5880 (einseitig beschrieben; Antesanctus; Sanctus): Abzeichnung bei H.R. Hall, Coptic and Greek texts of the Christian period from ostraca, stelae etc. in the British Museum (London 1905) Taf. 12.

Tafel I

a) **Nr. 1;** PStrasb. gr. inv. 254 *recto*: Markosanaphora (verkleinert: 75 %)

b) **Nr. 2;** PLitLond. 232 *recto*: Markos / Kyrillosanaphora (Originalgröße; *by permission of the British Library*)

Tafel II

a) **Nr. 1;** PStrasb. gr. inv. 254 *verso*: Markosanaphora (verkleinert: 75 %)

b) **Nr. 2;** PLitLond. 232 *verso*: Dankgebet nach Kommunion (Originalgröß *by permission of the British Library*)

Tafel III

Nr. 3; PVindob. G 16545
+ G 17047/38329/38379
recto: Markos/Kyrillosanaphora
(verkleinert: 90 %;
Photo: Österreichische
Nationalbibliothek)

Tafel IV

Nr. 3; PVindob. G 16545
+ G 17047/38329/38379
verso: Markos / Kyrillosanaphora
(verkleinert: 90 %;
Photo: Österreichische
Nationalbibliothek)

Tafel V

Nr. 4; PRyl. gr. 465 *recto*: Markos/Kyrillosanaphora (Originalgröße; *reproduced by courtesy of the Director and University Librarian, the John Rylands University Library of Manchester*)

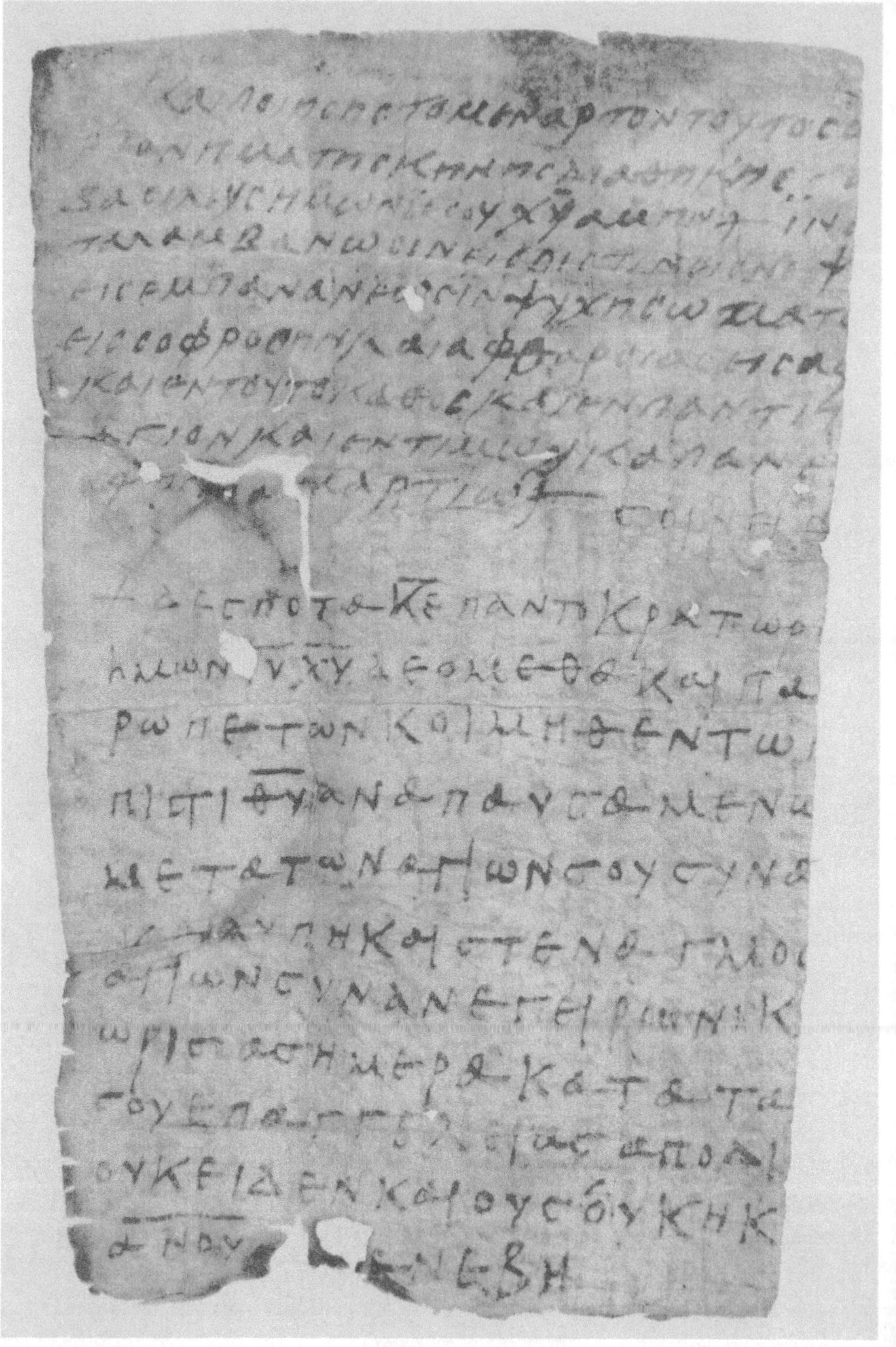

Tafel VI

Nr. 4; PRyl. gr. 465 *verso*: Markos/Kyrillosanaphora; Fürbitte für die Verstorbenen (Originalgröße; *reproduced by courtesy of the Director and University Librarian, the John Rylands University Library of Manchester*)

Tafel VII

Nr. 10; PVindob. G 19937: Constitutiones apostolicae 8, 12, 6f (verkleinert: 80 %)

Tafel VIII

Nr. 11; PWürzb. 3 *recto*: Interzessionsgebet (Originalgröße)

Tafel IX

Nr. 11; PWürzb. 3 *verso*: Interzessionsgebete (Originalgröße)

Tafel X

Nr. 11; Sun
fragmente:
Anaphora (v
kleinert: 95

GPSR Compliance

The European Union's (EU) General Product Safety Regulation (GPSR) is a set of rules that requires consumer products to be safe and our obligations to ensure this.

If you have any concerns about our products, you can contact us on ProductSafety@springernature.com

In case Publisher is established outside the EU, the EU authorized representative is:

Springer Nature Customer Service Center GmbH
Europaplatz 3
69115 Heidelberg, Germany

Batch number: 10809472

Printed by Printforce, the Netherlands